城市照明安装工程施工图集

张 华 主编

中国建筑工业出版社

图书在版编目（CIP）数据

城市照明安装工程施工图集/张华主编. —北京：中
国建筑工业出版社，2015.7
ISBN 978-7-112-18117-9

Ⅰ.①城… Ⅱ.①张… Ⅲ.①城市公用设施-照明-
工程施工-图集 Ⅳ.①TU113.6-64

中国版本图书馆 CIP 数据核字（2015）第 098071 号

为适应城市照明工程建设的发展，保证城市照明工程的施工质量，提升城市照明品质，根据《城市道路照明工程施工及验收规程》CJJ 89—2012 的要求，在全面总结多年来城市照明工程设计、施工、运行维护等实践经验的基础上，吸收了国内外照明行业可借鉴的先进施工方法和新技术、新材料、新工艺等，组织编写了《城市照明安装工程施工图集》。

本图集系统介绍了变压器与箱式变电站安装、配电装置与控制、架空线路、电缆线路、接地安全保护、道路照明灯具安装、景观照明灯具安装、城市照明节能设备安装施工方法和技术要求，并提供了城市照明常用的各种技术数据资料，全书共九个章节。

本图集实用性强，可供城市照明工程设计、施工、验收、运行维护和材料招标投标等专业人士使用，也可作为城市照明设备生产企业有关技术人员学习参考用书。

责任编辑：杨　杰　张伯熙
责任设计：李志立
责任校对：陈晶晶　刘　钰

城市照明安装工程施工图集
张　华　主编
*
中国建筑工业出版社出版、发行（北京西郊百万庄）
各地新华书店、建筑书店经销
霸州市顺浩图文科技发展有限公司制版
环球印刷（北京）有限公司印刷
*
开本：787×1092毫米　横 1/16　印张：23½　字数：567 千字
2015 年 9 月第一版　　2015 年 9 月第一次印刷
定价：**58.00** 元
ISBN 978-7-112-18117-9
（27351）

编写委员会

主编单位：中国市政工程协会城市照明专业委员会
　　　　　常州市城市照明管理处
参编单位：苏州市城市照明管理处　　　　　　　　无锡市照明管理处
　　　　　南京市路灯管理处　　　　　　　　　　南通市城市照明管理处
　　　　　连云港市城市照明管理处　　　　　　　乐雷光电技术（上海）有限公司
　　　　　广州胜亚灯具制造有限公司　　　　　　丹阳市华东照明灯具有限公司
　　　　　飞利浦（中国）投资有限公司　　　　　苏州市华工照明科技有限公司
　　　　　上海五零盛同信息科技有限公司　　　　常州国能电气有限公司
　　　　　常州固耐安电器有限公司　　　　　　　江苏宏微科技有限公司
　　　　　苏文电能科技有限公司
主　　编：张华
副主编：麦伟民　沈宝新　刘锁龙　倪磊
编　委：胡彦　姚悦　凌伟　储建忠　孙晨晖　魏志辉　吴明波　叶峰　刘磊实
　　　　徐劲　蔡卫强　相华　姚家其　邹军　聂盈霞　王芬　邓云塘　浦敏
　　　　卢强　黄亚红　朱鸿如　贺建平　唐剑东　张辰

图名	城市照明安装工程施工图集	图号	CZ

3

前　言

为进一步提高城市照明工程设计、施工质量，规范施工工艺，合理控制工程造价，促进科技进步，确保城市照明设施的安全可靠，本着节能环保、经济合理、维护方便的原则，在住房城乡建设部颁发的《城市道路照明工程施工及验收规程》CJJ 89—2012 的基础上，参照国家相关城市照明标准、规范，并在广泛征求意见的基础上，结合城市照明安装工程施工的实际情况组织编写了这部《城市照明安装工程施工图集》。

一、编制依据

1. 《城市道路照明设计标准》CJJ 45。
2. 《城市夜景照明设计规范》JGJ/T 163。
3. 《20kV 及以下变电所设计规范》GB 50053。
4. 《灯具一般安全要求与试验》GB 7000.1。
5. 《道路照明用 LED 灯性能要求》GB/T 24907。
6. 《高压/低压预装式变电站》GB/T 17467。
7. 《地下式变压器》JB/T 10544。
8. 《城市道路照明工程施工及验收规程》CJJ 89。
9. 《建筑电气工程施工质量验收规范》GB 50303。
10. 相关的现行国家标准和规范。

二、适用范围

本图集适用于新建、改建和扩建的电压为 10kV、容量在 500kVA 及以下的城市照明工程的施工及验收。使用本图集时，应遵照执行相关的现行国家规范和标准。

三、主要内容

1. 变压器与箱式变电站安装：10kV 架空引入线与变压器安装；室外柱上台架和地上变压器做法；箱式变电站土建基础和接地系统安装；以及地下式变电站土建基础和配电系统安装。

2. 配电装置与控制：分高、低压配电室建筑结构；高压开关柜室内进（出）线；低压双回路自投互复控制柜；室外杆上、落地配电箱结构与基础做法；电缆标志牌通用和室内外配电柜（箱、屏）、箱变等警示标志。

3. 架空线路：钢筋混凝土电杆的各种杆型卡盘；高、低压角钢横担及附件安装；常用拉线安装和高压、低压架空线路杆头结构安装。

4. 电缆线路：电缆沟及电缆与各种管线平行交叉敷设；电缆管块、架空和桥架敷设；1kV 塑料电缆中间、终端头制作安装；电缆人孔井、工作井通用做法以及隧道型电缆沟及支架安装。

图名	城市照明安装工程施工图集	图号	CZ

5. 接地安全保护：接地装置常用典型结构和水平带状接地装置；高架路防撞墙、桥桩、建筑物混凝土钢筋接地装置；箱式变、配电箱体（壳）接地；金属灯杆、高杆照明基础接地装置；配电室内接地装置沿墙敷设；架空线路分支接零系统重复接地和明敷钢管线路接地。

6. 道路照明灯具安装：道路照明常用灯具、中高杆照明、庭院灯等金属灯杆，混凝土基础安装；杆上路灯、高架路桥灯具系列安装。

7. 景观照明灯具安装：投光灯、草坪灯、线形灯、石材铺装地埋灯、干挂墙面、室内吊顶灯、水下灯具和梯形台阶柔性灯带安装。

8. 城市照明节能：城市照明器材；城市照明节能；城市照明智能控制系统；城市照明节能设计；城市照明运行中的控制节能。

四、设计一般要求

1. 城市照明设计是工程建设的前期工作，应根据道路的等级和照明标准，在安全、节能、适用、美观、经济合理的前提下，作出实施城市照明的计划和方案。

2. 本图集中涉及的施工安装方法既有传统的方法，又有目前正在推广使用的新技术，本图集未尽事宜，应按国家现行标准、规范执行。

3. 本图集中所列案例和所依据的标准、规范若有新版本，采用时应按新版本做相应的调整。

4. 本图集中除注明外，尺寸均以毫米（mm）为单位。

五、施工要求

1. 城市照明工程施工是整个城市基础设施工程的一部分，施工时除了做好本专业工程施工外，更要做好与电力、通信、天然气、自来水等其他专业的配合。

2. 变压器、箱变安装场所应选择无火灾、爆炸危险的地点，远离石油或天然气供应站、有化学腐蚀影响以及剧烈震动的场所。

3. 电缆沟槽、人（手）孔井、箱变、灯杆基础开挖填土应按设计要求及施工验收规程进行。

4. 砖砌体（如井、箱变基础等）应采用铺浆法砌筑，砂浆嵌填饱满密实，灰缝宽度均匀，壁面平整光洁。

5. 接地装置、地埋管线等隐蔽工程应在施工过程中进行中间验收，不符施工质量标准，不得下道工序施工，并做好记录。

6. 本图集中所有金属构件须热浸镀锌，现场施工焊接要做好防腐处理。

7. 现场施工时如遇有障碍无法按本图集施工，应以有关工程设计及国家标准规范为准。

8. 本图集与现行国家相关标准有矛盾时，应按国家相关标准要求执行。如本地区、本行业有特殊要求时，亦可按本地区、本行业标准执行。

图集由张华主编并主持全部编写工作。参加本图集编写工作的主要有：麦伟民、刘锁龙、倪磊等。在编写过程中李国宾、张金波、周正兴、冀晓健、吴建红、许秀芳、邹万流等同志对图集进行了审阅，并提出了宝贵意见和建议，对此表示诚挚的感谢。

图名	城市照明安装工程施工图集	图号	CZ

目　录

CZ1 变压器与箱式变电站安装

编制说明 ······ 3

10kV 架空引入线与变压器安装做法图 ······ 6

10kV 架空引入线穿墙做法图（一） ······ 7

10kV 架空引入线穿墙做法图（二） ······ 8

10kV 负荷开关及操作手柄在墙上安装图 ······ 9

低压母线铜排穿墙做法图（一） ······ 10

低压母线铜排穿墙做法图（二） ······ 11

低压架空线引入线装置安装做法图（一） ······ 12

低压架空线引入线装置安装做法图（二） ······ 13

低压架空线引入线装置安装做法图（三） ······ 14

低压架空线引入线装置安装做法图（四） ······ 15

10kV 室内引入电缆线与变压器安装做法图 ······ 16

室外柱上变压器安装做法图 ······ 17

室外柱上变压器安装附件加工图（一） ······ 18

室外柱上变压器安装附件加工图（二） ······ 19

室外地上变压器安装做法图（一） ······ 20

室外地上变压器安装做法图（二） ······ 21

室外地上变压器安装附件加工图 ······ 22

箱式变电站外形尺寸图（一） ······ 23

箱式变电站外形尺寸图（二） ······ 24

箱式变电站土建基础做法图（一） ······ 25

箱式变电站土建基础做法图（二） ······ 26

箱式变电站接地系统做法图 ······ 27

箱式变电站平面布置图 ······ 28

箱式变电站柜面布置图 ······ 29

箱式变低压柜面电器布置图 ······ 30

500kVA 箱式变电站一次系统图 ······ 31

500kVA 箱式变电站二次控制原理图 ······ 32

美式箱变外形尺寸图 ······ 33

美式箱变柜面、柜内平面布置图 ······ 34

美式箱变一次系统图 ······ 35

美式箱变二次控制原理图 ······ 36

美式箱变出线柜二次控制原理与端子排图 ······ 37

美式箱变基础图 ······ 38

美式箱变接地装置布置图 ······ 39

地下式变电站外形图 ······ 40

地下式变电站基础图 ······ 41

图名	目　录	图号	CZ

地下式变电站一次系统图 ················ 42

箱式变围栏图（PVC管）·············· 43

箱式变围栏部件图（PVC管）（一）········ 44

箱式变围栏部件图（PVC管）（二）········ 45

箱式变围栏图（铁艺）··············· 46

箱式变围栏部件图（铁艺）············· 47

CZ2 配电装置与控制

编制说明 ···················· 51

高、低压配电室建筑平面图 ············ 53

低压配电室建筑平面图 ·············· 54

低压配电室建筑结构图 ·············· 55

低压配电室基础结构图 ·············· 56

高压开关柜室内进（出）线示意图 ········ 57

室内高低压配电柜（屏）基础型钢安装图（一）·· 58

室内高低压配电柜（屏）基础型钢安装图（二）·· 59

10kV 常用供电系统方案图 ············ 60

室内高低压配电柜（屏）最小通道图 ······· 61

室内低压配电柜（屏）面做法图（一）······ 62

室内低压配电柜（屏）面做法图（二）······ 63

室内低压配电柜（屏）控制回路示意图 ····· 64

低压双回路自投互复控制柜做法图 ········ 65

低压双回路自投互复一、二次回路示意图 ···· 66

室外配电箱基础、盘面排列配线做法图 ····· 67

室外配电箱砖砌基础示意图 ············ 68

室外配电箱一、二次回路原理图（一）······ 69

室外配电箱一、二次回路原理图（二）······ 70

室外配电箱盘面排列、配线做法图（一）····· 71

室外配电箱盘面排列、配线做法图（二）····· 72

室内配电箱盘面排列、配线绑扎做法图（一）·· 73

室内配电箱盘面排列、配线绑扎做法图（二）·· 74

杆上配电箱安装及配件做法图（一）······· 75

杆上配电箱安装及配件做法图（二）······· 76

室内外配电柜（箱、屏）、箱变等警示标志（一）· 77

室内外配电柜（箱、屏）、箱变等警示标志（二）· 78

室内外配电柜（箱、屏）、箱变等警示标志（三）· 79

CZ3 架空线路

编制说明 ···················· 83

钢筋混凝土电杆附件装置示意图 ········· 85

混凝土电杆外径尺寸横担之间垂直距离 ····· 86

横担安装方向及各种杆型长盘安装图 ······ 87

混凝土电杆底盘、卡盘加工图 ·········· 88

10kV 高压角钢横担及附件加工图（一）····· 89

10kV 高压角钢横担及附件加工图（二）····· 90

10kV 高压角钢横担及附件加工图（三）····· 91

10kV 高压角钢横担及附件加工图（四）····· 92

低压角钢横担、抱箍及附件图（一）······· 93

低压角钢横担、抱箍及附件图（二）······· 94

高低压架空线路杆头结构示意图（一）······ 95

图名	目　　录	图号	CZ

高低压架空线路杆头结构示意图（二）   …………… 96

高低压绝缘子安装及附件加工图（一）   97

高低压绝缘子安装及附件加工图（二）   98

10kV 瓷横担及附件安装图（一）   ………… 99

10kV 瓷横担及附件安装图（二）   ………… 100

10kV 瓷横担及附件安装图（三）   ………… 101

10kV 瓷横担及附件安装图（四）   ………… 102

10kV 直线杆、终端杆带避雷线做法图（一）   … 103

10kV 直线杆、终端杆带避雷线做法图（二）   … 104

10kV 直线杆、终端杆带避雷线做法图（三）   … 105

10kV 直线杆、终端杆带避雷线做法图（四）   … 106

10kV 直线杆、终端杆带避雷线做法图（五）   … 107

10kV 直线杆、终端杆带避雷线做法图（六）   … 108

10kV 直线杆、终端杆带避雷线做法图（七）   … 109

混凝土电杆常用拉线做法图（一）   ………… 110

混凝土电杆常用拉线做法图（二）   ………… 111

混凝土电杆常用拉线做法图（三）   ………… 112

混凝土电杆常用拉线做法图（四）   ………… 113

混凝土电杆常用拉线做法图（五）   ………… 114

混凝土电杆常用拉线做法图（六）   ………… 115

混凝土电杆常用拉线做法图（七）   ………… 116

架空线路弧垂、绑扎、压接等做法图（一）   … 117

架空线路弧垂、绑扎、压接等做法图（二）   … 118

架空线路弧垂、绑扎、压接等做法图（三）   … 119

架空线路弧垂、绑扎、压接等做法图（四）   … 120

架空线路弧垂、绑扎、压接等做法图（五）   … 121

架空线路弧垂、绑扎、压接等做法图（六）   … 122

架空线路弧垂、绑扎、压接等做法图（七）   … 123

CZ4 电缆线路

编制说明   …………………………………… 127

电缆沟及电缆各种管线敷设做法图（一）   … 129

电缆沟及电缆各种管线敷设做法图（二）   … 130

电缆沟及电缆各种管线敷设做法图（三）   … 131

电缆沟及电缆各种管线敷设做法图（四）   … 132

电缆沟及电缆各种管线敷设做法图（五）   … 133

电缆沟及电缆各种管线敷设做法图（六）   … 134

电缆沟及电缆各种管线敷设做法图（七）   … 135

电缆标志桩、保护板做法图（一）   ………… 136

电缆标志桩、保护板做法图（二）   ………… 137

电缆在高架路、桥上敷设做法图（一）   …… 138

电缆在高架路、桥上敷设做法图（二）   …… 139

电缆在高架路、桥上敷设做法图（三）   …… 140

电缆在高架路、桥上敷设做法图（四）   …… 141

电缆在高架路、桥上敷设做法图（五）   …… 142

电缆在高架路、桥上敷设做法图（六）   …… 143

电缆在高架路、桥上敷设做法图（七）   …… 144

电缆在高架路、桥上敷设做法图（八）   …… 145

电缆在高架路、桥上敷设做法图（九）   …… 146

图名	目　录	图号	CZ

高架路灯管线敷设做法图 ·············· 147
高架路灯管线预埋管件 ·············· 148
高架过路管敷设示意图 ·············· 149
电缆穿配电室墙安装做法图 ·············· 150
电缆人（手）孔井通用做法图（一）·········· 151
电缆人（手）孔井通用做法图（二）·········· 152
电缆人（手）孔井通用做法图（三）·········· 153
电缆人（手）孔井通用做法图（四）·········· 154
电缆人（手）孔井通用做法图（五）·········· 155
电缆人（手）孔井通用做法图（六）·········· 156
电缆人（手）孔井通用做法图（七）·········· 157
电缆沟及支架做法图（一）·············· 158
电缆沟及支架做法图（二）·············· 159
电缆沟及支架做法图（三）·············· 160
电缆沟及支架做法图（四）·············· 161
1～10kV 电力电缆终端头做法图（一）······ 162
1～10kV 电力电缆终端头做法图（二）······ 163
1～10kV 电力电缆终端头做法图（三）······ 164
1～10kV 电力电缆终端头做法图（四）······ 165
1kV 塑料电缆中间接头制作安装图（一）···· 166
1kV 塑料电缆中间接头制作安装图（二）···· 167
1kV 塑料电缆中间接头制作安装图（三）···· 168
1kV 塑料电缆中间接头制作安装图（四）···· 169
电缆终端头在杆、墙上安装做法图（一）······ 170

电缆终端头在杆、墙上安装做法图（二）······ 171

CZ5 接地安全保护

编制说明 ·············· 175
接地装置常用结构及其工频接地电阻（一）···· 177
接地装置常用结构及其工频接地电阻（二）···· 178
接地装置常用结构及其工频接地电阻（三）···· 179
接地装置常用结构及其工频接地电阻（四）···· 180
带状、垂直接地装置做法图（一）·········· 181
带状、垂直接地装置做法图（二）·········· 182
接地装置、接地线连接做法图 ·············· 183
利用建筑构筑物钢筋接地做法图（一）······ 184
利用建筑构筑物钢筋接地做法图（二）······ 185
利用建筑构筑物钢筋接地做法图（三）······ 186
接地线引入配电室及沿墙敷设做法图 ······ 187
配电室内接地装置沿墙敷设做法图 ······ 188
跨越桥梁或建筑物伸缩缝做法图（一）······ 189
跨越桥梁或建筑物伸缩缝做法图（二）······ 190
接地线在混凝土柱、墙上安装 ·············· 191
箱式变、配电箱体（壳）接地做法图 ······ 192
金属灯杆接地线固定做法图 ·············· 193
高杆灯基础接地装置做法图 ·············· 194
架空线路重复接地做法图 ·············· 195
明敷钢管线路接地保护做法图（一）········ 196
明敷钢管线路接地保护做法图（二）········ 197

图名	目　录	图号	CZ

桥架接地保护敷设安装做法图 ……………… 198

CZ6 道路照明灯具安装

编制说明 ……………………………………… 201
道路照明常用灯具示意图 ………………………… 203
7～14m 单、双挑圆锥形灯杆 ………………… 204
7m 单、双挑圆锥形灯杆（一）………………… 205
7m 单、双挑圆锥形灯杆（二）………………… 206
7m 单、双挑圆锥形灯杆（三）………………… 207
7m 单、双挑圆锥形灯杆（四）………………… 208
7m 单、双挑圆锥形灯杆（五）………………… 209
7m 单、双挑圆锥形灯杆（六）………………… 210
8m 单、双挑圆锥形灯杆（一）………………… 211
8m 单、双挑圆锥形灯杆（二）………………… 212
8m 单、双挑圆锥形灯杆（三）………………… 213
9m 单、双挑圆锥形灯杆（一）………………… 214
9m 单、双挑圆锥形灯杆（二）………………… 215
9m 单、双挑圆锥形灯杆（三）………………… 216
10m 单、双挑圆锥形灯杆（一）……………… 217
10m 单、双挑圆锥形灯杆（二）……………… 218
10m 单、双挑圆锥形灯杆（三）……………… 219
11m 单、双挑圆锥形灯杆（一）……………… 220
11m 单、双挑圆锥形灯杆（二）……………… 221
11m 单、双挑圆锥形灯杆（三）……………… 222
12m 单、双挑圆锥形灯杆（一）……………… 223

12m 单、双挑圆锥形灯杆（二）……………… 224
12m 单、双挑圆锥形灯杆（三）……………… 225
13m 单、双挑圆锥形灯杆（一）……………… 226
13m 单、双挑圆锥形灯杆（二）……………… 227
13m 单、双挑圆锥形灯杆（三）……………… 228
14m 单、双挑圆锥形灯杆（一）……………… 229
14m 单、双挑圆锥形灯杆（二）……………… 230
14m 单、双挑圆锥形灯杆（三）……………… 231
11m、13m 投光灯锥形灯杆（一）…………… 232
11m、13m 投光灯锥形灯杆（二）…………… 233
花篮型中杆灯（一）……………………………… 234
花篮型中杆灯（二）……………………………… 235
花篮型中杆灯（三）……………………………… 236
花篮型中杆灯（四）……………………………… 237
框架型中杆灯（一）……………………………… 238
框架型中杆灯（二）……………………………… 239
框架型中杆灯（三）……………………………… 240
框架型中杆灯（四）……………………………… 241
3～6m 现浇混凝土基础示意图 ……………… 242
7～9m 现浇混凝土基础示意图 ……………… 243
10～12m 现浇混凝土基础示意图 …………… 244
13～16m 现浇混凝土基础示意图 …………… 245
7～10m 预制混凝土基础示意图 …………… 246
灯杆接线板、接线盒示意图 …………………… 247

图名	目　录	图号	CZ

混凝土杆上路灯安装图（一） ………………… 248
混凝土杆上路灯安装图（二） ………………… 249
混凝土杆上路灯安装图（三） ………………… 250
混凝土杆上里弄灯架图（一） ………………… 251
混凝土杆上里弄灯架图（二） ………………… 252
墙灯安装图 …………………………………… 253
高架防撞墙上路灯预埋件示意图 ……………… 254
高架防撞墙上路灯基础预埋件 ………………… 255
高架防撞墙上接线箱（箱体）（一） ………… 256
高架防撞墙上接线箱（箱体）（二） ………… 257
高架防撞墙上接线箱（箱门） ………………… 258
高架防撞墙上匝道灯盒安装图 ………………… 259
可倾式高杆灯结构示意图 ……………………… 260
升降式高杆灯结构示意图 ……………………… 261
高杆照明灯形图 ……………………………… 262
半高杆、高杆照明设施结构示意图 …………… 263
高杆灯混凝土基础示意图 ……………………… 264

CZ7 景观照明灯具安装

编制说明 ……………………………………… 267
硬质地面支架投光灯安装图 …………………… 269
草坪地埋支架投光灯安装图 …………………… 270
干挂石材墙身、地面投光灯安装图 …………… 271
平屋面支架投光灯安装图 ……………………… 272
泛光灯立柱安装图 …………………………… 273

硬质地面线形灯安装图 ………………………… 274
绿化内地埋线形灯安装图 ……………………… 275
干挂墙面线形灯安装图（一） ………………… 276
干挂墙面线形灯安装图（二） ………………… 277
绿化带地面草坪灯安装图 ……………………… 278
石材铺装地面草坪灯安装图 …………………… 279
石材铺装地埋灯安装图 ………………………… 280
干挂墙面点状灯具安装图 ……………………… 281
干挂石材墙身明装壁灯安装图 ………………… 282
嵌入式侧壁灯（干挂墙面） …………………… 283
顶棚嵌入式筒灯安装大样图 …………………… 284
内透光窗帘盒线型灯安装图 …………………… 285
瓦屋面投光灯（瓦楞灯）安装图 ……………… 286
坡屋面条形灯安装图 …………………………… 287
硬质地面水下照明灯安装图 …………………… 288
水中照明灯具安装图（一） …………………… 289
水中照明灯具安装图（二） …………………… 290
水下灯具（喷水池）安装图 …………………… 291
软质池底水下照明灯安装图 …………………… 292
梯形台阶柔性灯带安装图 ……………………… 293

CZ8 城市照明节能

编制说明 ……………………………………… 297
城市照明器材（一） ………………………… 298
城市照明器材（二） ………………………… 299

图名	目　录	图号	CZ

城市照明器材（三） ………………………………… 300

城市照明节能（一） ………………………………… 301

城市照明节能（二） ………………………………… 302

城市照明节能（三） ………………………………… 303

城市照明智能控制系统（一） ……………………… 304

城市照明智能控制系统（二） ……………………… 305

城市照明智能控制系统（三） ……………………… 306

城市照明智能控制系统（四） ……………………… 307

城市照明设计节能（一） …………………………… 308

城市照明设计节能（二） …………………………… 309

城市照明设计节能（三） …………………………… 310

城市照明运行中的控制节能措施 …………………… 311

CZ9 附录

附录A　电气制图 …………………………………… 315

附录B　常用电气图形符号 ………………………… 318

附录C　路灯常用技术数据资料 …………………… 334

　一、城市照明术语 ………………………………… 334

　二、基本电学定律和定理（附表 C-1），基本电学公式

　　　（附表 C-2） ………………………………… 343

　三、城市照明有关计算公式及相关符号

　　　（附表 C-3～附表 C-4） ……………………… 347

　四、常用单位换算表（附表 C-5～附表 C-14） ………… 354

参考文献 ……………………………………………… 361

图名	目　录	图号	CZ

CZ1 变压器与箱式变电站安装

图名	变压器与箱式变电站安装	图号	CZ1

变压器与箱式变电站安装

编制说明

本章主要包括10kV及以下室外柱上变压器和箱式变电设备安装。其中包括：10kV架空引入线与变压器安装；10kV电缆线引入室内与变压器安装做法；室外柱上台架安装和附件加工图；室外地上变压器及附件加工图；箱式变电站土建基础和接地系统安装；以及地下式变电站土建基础和配电系统安装等。除设计有特殊要求处，一般要求如下：

1. 变压器容量、电压等级及环境条件适用范围：10kV及以下变电站；户内油浸变压器容量：200～500kVA；户内干式变压器容量：30～500kVA；户外预装式变电站变压器容量：50～500kVA；适用环境条件：

（1）户内油浸变压器：应设置在无爆炸危险的场所、不致因腐蚀性气体、蒸汽、导电尘埃等有害介质或剧烈振动而严重影响安全运行的场所。环境温度为冬季变压器周围环境温度不低于−30℃；夏季通风室外计算温度不超过35℃；排风温度45℃。海拔高度1000m及以下。

（2）户内干式变压器：应设置在无爆炸危险的场所、不致因腐蚀性气体、蒸汽、导电尘埃等有害介质或剧烈振动而严重影响安全运行的场所。环境温度为＋40℃～−30℃。海拔高度1000m及以下。

（3）户外预装式变电站变压器：应设置在无火灾、爆炸危险、化学腐蚀及剧烈振动、地势较高，避开低洼积水处。环境温度为＋40℃～−25℃，海拔高度1000m及以下。

（4）当环境条件与上述不符合时，应按《油浸式电力变压器技术参数和要求》CB/T 6451、《电力变压器 第11部分：干式变压器》GB 1094.11和有关规定作适当调整。

2. 配电变压器应优先选用低损耗变压器，其能效指标应达到《三相配电变压器能效限定值及能效等级》GB 20052中的目标能效限定值要求，宜推广能效等级达到节能评价值的产品。如非晶态铁芯变压器等，它的铁损小，节电效果好，从而提高配电变压器能效。

3. 配电变压器负荷应考虑三相负荷平衡，提高功率因数，避免迂回供电，缩短供电半径，以减少电能损耗。选用的节能设备不应影响电能质量，尤其要防止谐波超标，保证用电质量。

4. 专用变压器及箱式变电站应设置在：

（1）接近电源、位处负荷中心，并应便于高低压电缆管线进出，设备运输安装应方便。

（2）避开具有火灾、爆炸、化学腐蚀及剧烈振动等潜在危险的环境，通风应良好。

（3）不易积水处。当设置在地势低洼处，应抬高基础并采取防水、排水措施，四周应留有足够的维护空间，并应避让地下设施。

（4）对景观要求较高或用地紧张的地段宜采用地下式变电站。

图名	编制说明	图号	CZ1

（5）本图集中变压器室的大小尺寸为推荐尺寸。如果具体工程设计的变压器室需要改变尺寸时，应按照实际订货的变压器外形尺寸和相应的标准进行调整，并满足相应规范要求。

5. 变压器接线组别选择 D，yn11 的三相配电变压器，高压绕组为三角形、低压绕组为星形且有中性点和"11"结线组别的三相配电变压器，D，yn11 结线比 Y，yn0 结线的零序阻抗要小得多，有利于单相接地短路故障的切除。因而在 TN 及 TT 系统接地形式的低压电网中，推荐采用 D，yn11 结线组别的配电变压器。

6. 变压器容量选择要满足路灯实际容量∑S 的需要，应将气体放电灯功率与镇流器功耗一起计算，还要注意计算容量不能只算光源功率的大小，还应该计算其工作电流的大小，因为供电部门安装的电表，其规格都按电流大小来配置。变压器的负荷率在 70％左右时传输能量的效率最高。

7. 专用变压器、箱式变电站应设置在道路红线内，便于日后的维护管理；设置在道路的城市电力通道一侧，可方便 10kV 电缆引接，降低 10kV 电缆工程量。

8. 地下式变压器免维护，防护等级高，可置于专用坑内，减少占地，地面低压配电部分可根据要求制作成灯箱广告，适用于环境景观要求高、用地紧张的地段。

9. 室外变压器安装方式宜采用柱上台架式安装，并应符合下列规定：

（1）柱上台架所用铁件必须热镀锌，台架横担水平倾斜不应大于 5mm；

（2）变压器在台架平稳就位后，应采用直径 4mm 镀锌铁线将变压器固定牢靠；

（3）柱上变压器应在明显位置悬挂警告牌；

（4）柱上变压器台架距地面宜为 3.0m，不得小于 2.5m；

（5）变压器高压引下线、母线应采用多股绝缘线，宜采用铜线，中间不得有接头，其导线截面应按变压器额定电流选择，铜线不应小于 $16mm^2$，铝线不应小于 $25mm^2$；

（6）变压器高压引下线、母线之间的距离不应小于 0.3m；

（7）在带电情况下，应便于检查油枕和套管的油位、油温、继电器等。

10. 跌落式熔断器安装位置距离地面应为 5m，熔管轴线与地面的垂线夹角宜为 15°～30°。熔断器水平相间距离不应小于 0.7m，在有机动车行驶的道路上，跌落式熔断器应安装在非机动车道侧。

11. 室内变压器就位应符合下列规定：

（1）变压器基础的轨道应水平，轮距与轨距应适合；

（2）当使用封闭母线连接时，应使其套管中心线与封闭母线安装中心线相符；

（3）装有滚轮的变压器就位后应将滚轮用能拆卸的制动装置加以固定。

12. 箱式变电站基础应高出地面 200mm 以上，尺寸应符合设计要求，结构宜采用带电缆室的现浇混凝土或砖砌结构，混凝土强度等级不应低于 C20；电缆室应采取防止小动物进入的措施；应视地下水位及周边排水设施情况采取适当防水排水措施。

13. 箱式变电站基础内的接地装置应随基础主体一同施工，箱体内应设置接地（PE）排和零（N）排，PE 排与箱内所有元件的金属外壳连接，并有明显的接地标志，N 排与变压器中性点

图名	编制说明	图号	CZ1

及各输出电缆的 N 线连接。在 TN 系统中，PE 排与 N 排的连接导体不小于 16mm² 铜线。接地端子所用螺栓直径不应小于 12mm。

14. 箱式变电站宜设置围栏，围栏应牢固、美观，宜采用耐腐蚀、强度高的材质，箱式变电站与设置的围栏周围应设专门的检修通道，宽度不应小于 800mm，围栏门应向外开启。箱式变电站和围栏四周应设置警示标牌。

15. 地下式变电站应具备自动感应和手动控制排水系统，应具备自动散热系统及温度监测系统。

16. 地下式变电站地坑的开挖应符合设计要求，地坑面积大于箱体占地面积的 3 倍，地坑内混凝土基础长宽分别大于箱体底边长宽的 1.5 倍；地坑承重应根据地质勘测报告确定，承重量不应小于变电站自身重量的 5 倍。

17. 地坑施工时应对四周已有的建（构）筑物、道路、管线的安全进行监测，应按要求把开挖时产生的积水抽干，确保施工质量和安全。

18. 地坑上盖宜采用热镀锌钢板或钢筋混凝土板，并应留有检修门孔。

19. 变压器、箱式和地下式变电站安装工程检查验收应符合下列规定：

（1）变压器、箱式和地下式变电站等设备、器材应符合规定，元机械损伤；

（2）变压器、箱式和地下式变电站应安装正确牢固，防雷接地等安全保护合格、可靠；

（3）变压器、箱式和地下式变电站应在明显位置设置，并应符合规定的安全警告标志牌；

（4）变电站箱体应密封，防水应良好；

（5）变压器各项试验应合格，油漆完整，无渗漏油现象，分接头接头位置应符合运行要求，器身无遗留物；

（6）各部接线应正确、整齐，安全距离和导线截面应符合设计规定；

（7）熔断器的熔体及自动开关整定值应符合设计要求；

（8）高低压一、二次回路接线图和每一回路标志牌等均应标注清晰、正确。

20. 变压器、箱式变电站安装工程交接验收应提交下列资料和文件：

（1）工程竣工图等资料；

（2）设计变更文件；

（3）制造厂提供的产品说明书、试验记录、合格证件及安装图纸等技术文件；

（4）安装记录、器身检查记录等；

（5）具备国家检测资质的机构出具的变压器、避雷器、高（低）压开关等设备的检验试验报告；

（6）备品备件移交清单。

21. 相关标准：

《电力变压器第 1 部分：总则》GB 1094.1
《电气装置安装工程电气设备交接试验标准》GB 50150
《起重机械安全规程　第 1 部分：总则》GB 6067.1

图名	编制说明	图号	CZ1

5

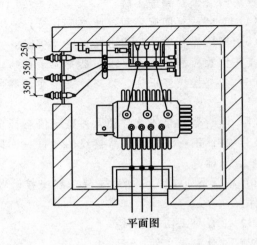

平面图

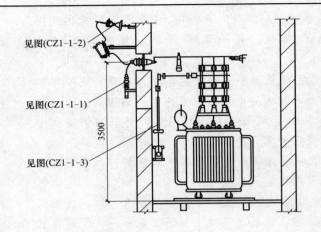

见图(CZ1-1-2)

见图(CZ1-1-1)

见图(CZ1-1-3)

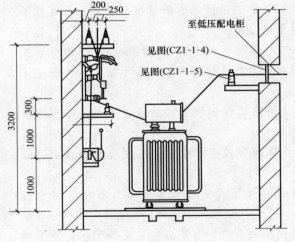

至低压配电柜

见图(CZ1-1-4)

见图(CZ1-1-5)

注：1. 变压器外壳、金属构架等均应接地。
    2. 低压中性母线可从墙洞与穿墙板之间的缝隙中穿过，也可沿变压器室地面引出。
    3. 母线的安装方式为平放。
    4. 变压器室最小尺寸：100～315kVA 变压器室长 3.2m，宽 2.8m；400～630kVA 变压器室长 3.5m，宽 2.9m。
    5. 变压器外廓与变压器室应留有适当距离，外廓至门的净距不应小于 1m，至后壁及侧壁的净距不应小于 0.8m。

图名	10kV 架空引入线与变压器安装做法图	图号	CZ1-1

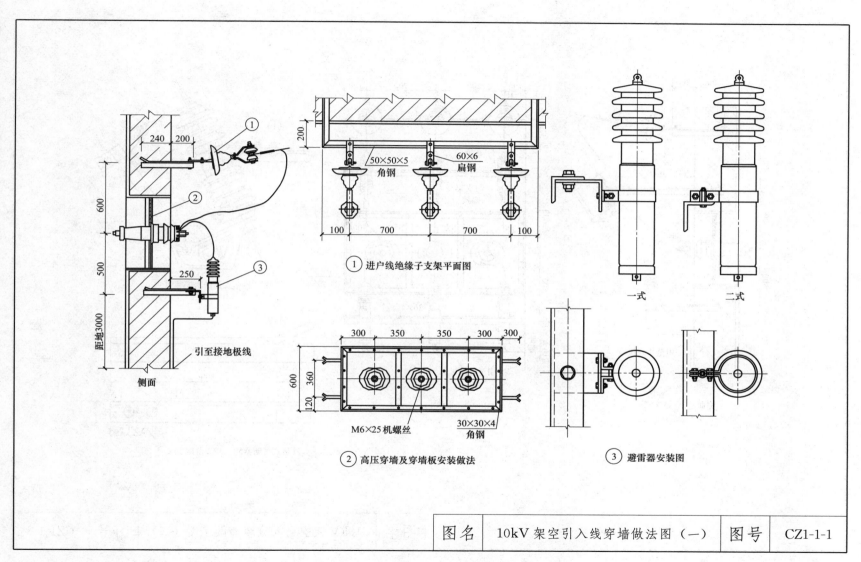

240 200

600

500

250

距地3000

引至接地极线

侧面

200

50×50×5 角钢

60×6 扁钢

100 700 700 100

① 进户线绝缘子支架平面图

一式　二式

300 350 350 300 300

600 360

120

M6×25机螺丝

30×30×4 角钢

② 高压穿墙及穿墙板安装做法

③ 避雷器安装图

图名	10kV 架空引入线穿墙做法图（一）	图号	CZ1-1-1

7

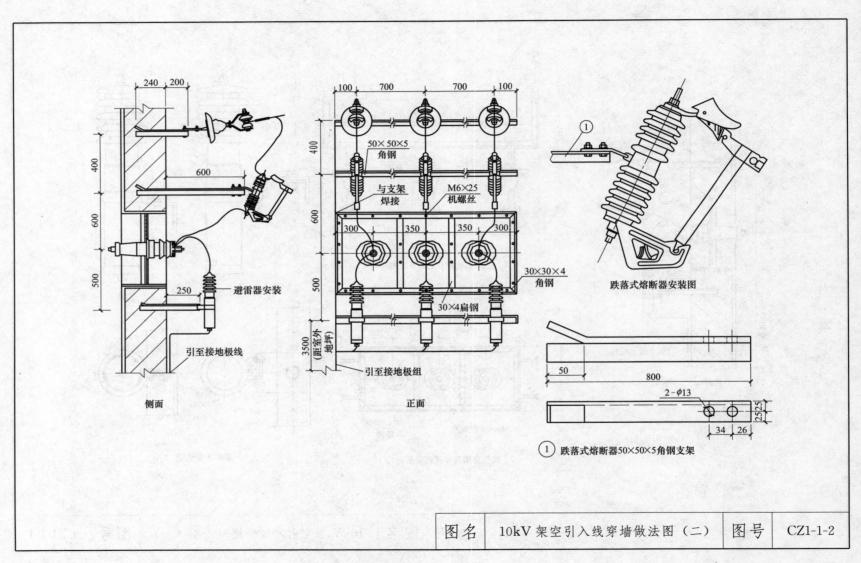

240 200

400

600

500

600

250

避雷器安装

引至接地极线

侧面

100 700 700 100

400

50×50×5
角钢

与支架
焊接

M6×25
机螺丝

600

300 350 350 300

500

30×30×4
角钢

30×4扁钢

3500（距室外地坪）

引至接地极组

正面

① 跌落式熔断器50×50×5角钢支架

跌落式熔断器安装图

50 800

2-φ13

25 25

34 26

图名	10kV架空引入线穿墙做法图（二）	图号	CZ1-1-2

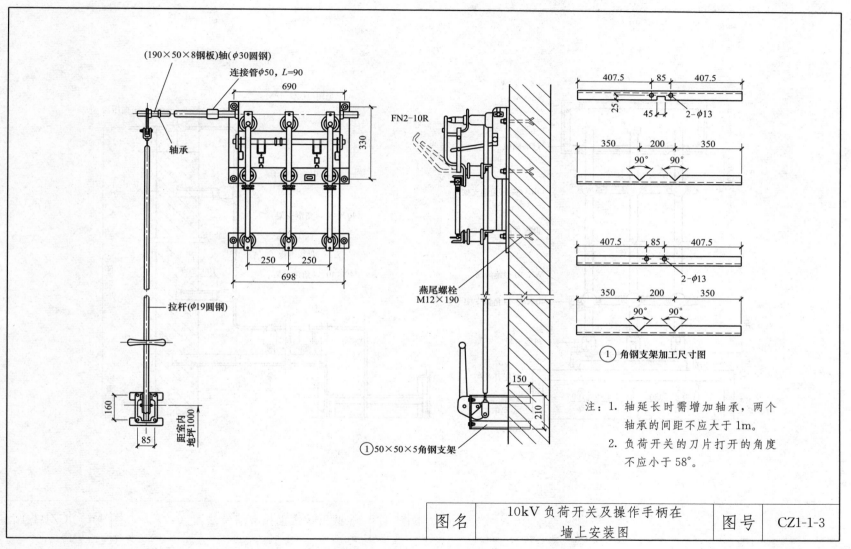

(190×50×8钢板)轴(φ30圆钢)

连接管φ50, L=90

690

轴承

FN2-10R

330

250 250

698

拉杆(φ19圆钢)

160

距室内地坪1000

85

燕尾螺栓M12×190

① 50×50×5角钢支架

150

210

407.5 85 407.5

25

45   2-φ13

350 200 350

90° 90°

407.5 85 407.5

2-φ13

350 200 350

90° 90°

① 角钢支架加工尺寸图

注：1. 轴延长时需增加轴承，两个
　　　轴承的间距不应大于1m。
　　2. 负荷开关的刀片打开的角度
　　　不应小于58°。

图名	10kV 负荷开关及操作手柄在 墙上安装图	图号	CZ1-1-3

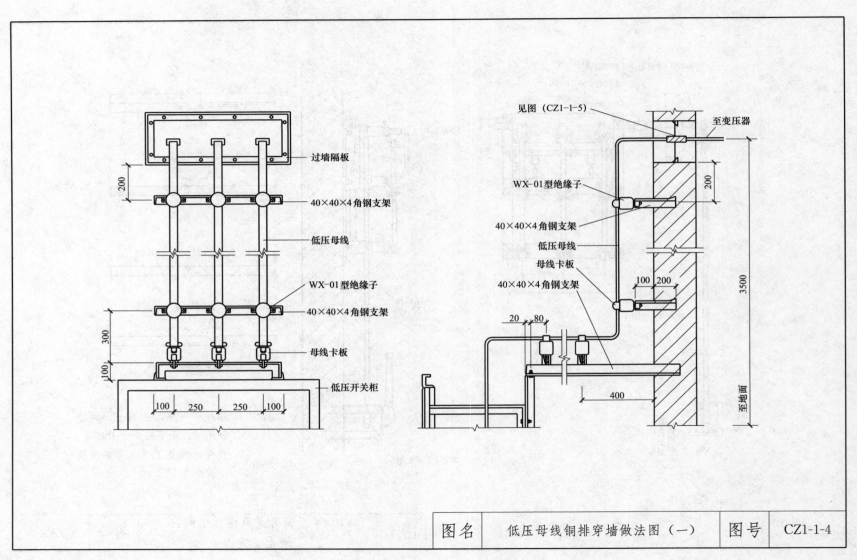

过墙隔板

40×40×4角钢支架

低压母线

WX-01型绝缘子

40×40×4角钢支架

母线卡板

低压开关柜

200

300

100

100 250 250 100

见图（CZ1-1-5）

至变压器

WX-01型绝缘子

40×40×4角钢支架

低压母线

母线卡板

40×40×4角钢支架

200

100 200

3500

20 80

400

至地面

| 图名 | 低压母线铜排穿墙做法图（一） | 图号 | CZ1-1-4 |

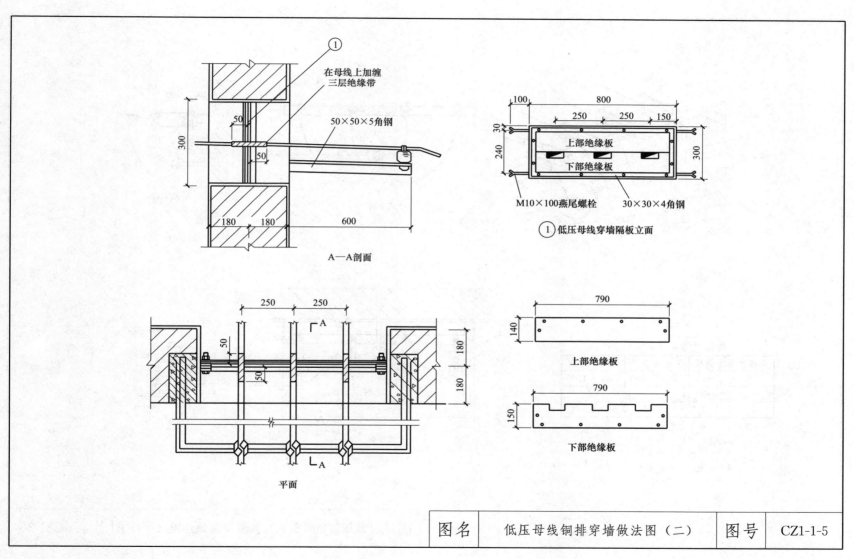

① 在母线上加缠
三层绝缘带

50×50×5角钢

300

50

50

180 180 600

A—A剖面

100 800

250 250 150

30

240 300

上部绝缘板

下部绝缘板

M10×100燕尾螺栓　　30×30×4角钢

① 低压母线穿墙隔板立面

250 250

50

50

180

180

A

A

平面

790

140

上部绝缘板

790

150

下部绝缘板

图名	低压母线铜排穿墙做法图（二）	图号	CZ1-1-5

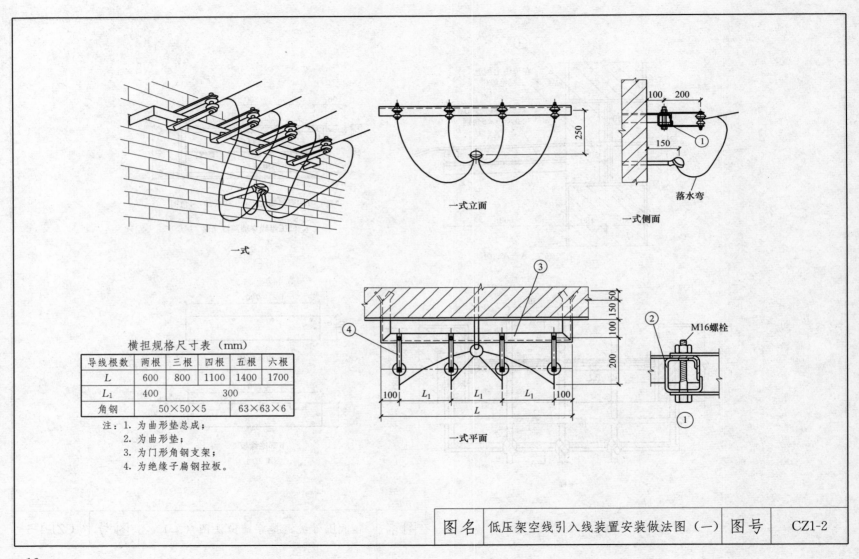

一式

一式立面

落水弯

一式侧面

横担规格尺寸表（mm）

导线根数	两根	三根	四根	五根	六根
L	600	800	1100	1400	1700
L_1	400		300		
角钢	50×50×5			63×63×6	

注：1. 为曲形垫总成；
    2. 为曲形垫；
    3. 为门形角钢支架；
    4. 为绝缘子扁钢拉板。

M16螺栓

一式平面

图名	低压架空线引入线装置安装做法图（一）	图号	CZ1-2

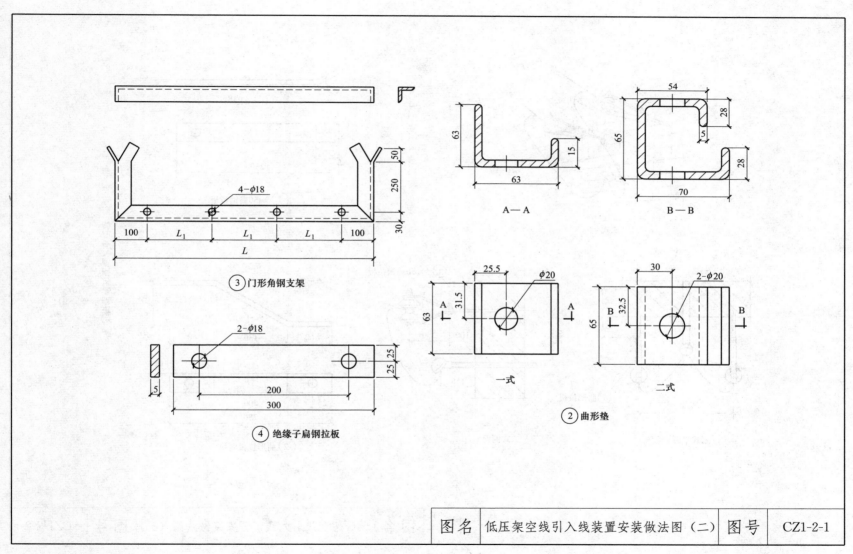

③ 门形角钢支架

4-φ18

50
250
30
100 L_1 L_1 L_1 100
L

A—A
63
63
15

B—B
54
28
5
65
28
70

④ 绝缘子扁钢拉板

2-φ18
25 25
5
200
300

② 曲形垫

一式
25.5
φ20
31.5
63
A   A

二式
30
2-φ20
32.5
65
B   B

图名	低压架空线引入线装置安装做法图（二）	图号	CZ1-2-1

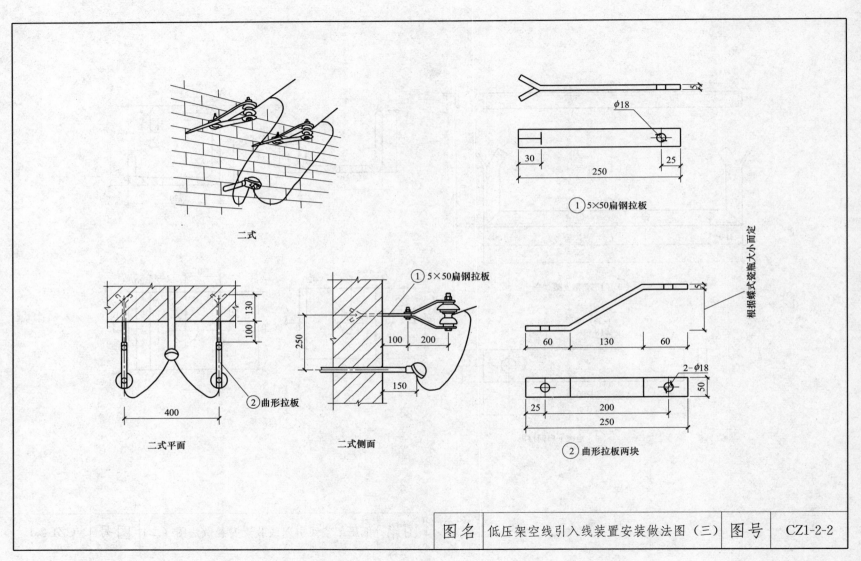

二式

二式平面

二式侧面

① 5×50扁钢拉板

② 曲形拉板

① 5×50扁钢拉板

② 曲形拉板两块

根据蝶式瓷瓶大小而定

| 图名 | 低压架空线引入线装置安装做法图（三） | 图号 | CZ1-2-2 |

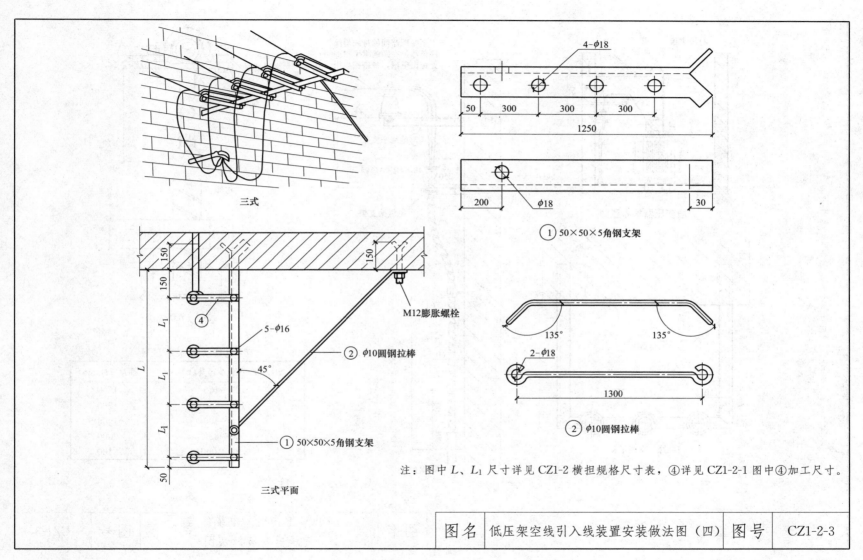

三式

4-ϕ18

50 300 300 300

1250

200 ϕ18

30

① 50×50×5角钢支架

150

150

150

150

L_1

④

5-ϕ16

M12膨胀螺栓

② ϕ10圆钢拉棒

L

L_1

45°

L_1

① 50×50×5角钢支架

50

三式平面

135° 135°

2-ϕ18

1300

② ϕ10圆钢拉棒

注：图中 L、L_1 尺寸详见 CZ1-2 横担规格尺寸表，④详见 CZ1-2-1 图中④加工尺寸。

图名	低压架空线引入线装置安装做法图（四）	图号	CZ1-2-3

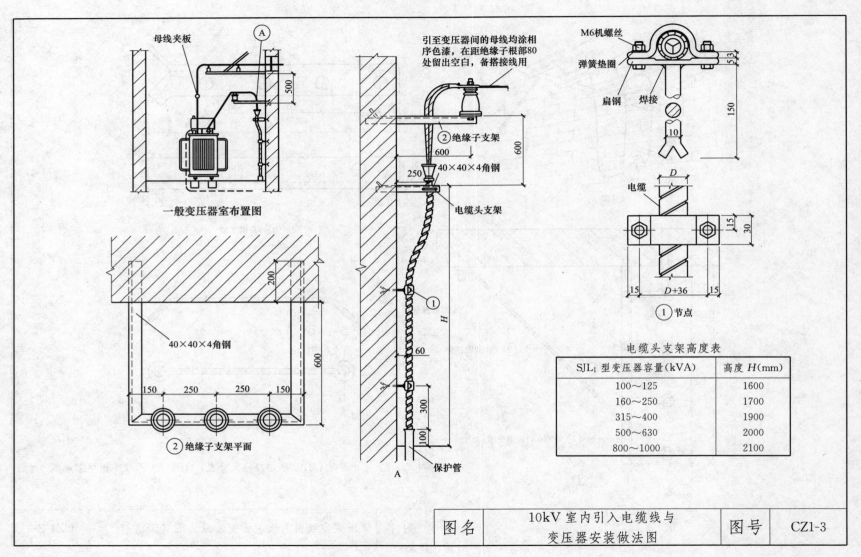

母线夹板

Ⓐ

一般变压器室布置图

40×40×4角钢

② 绝缘子支面平

引至变压器间的母线均涂相
序色漆,在距绝缘子根部80
处留出空白,备搭接线用

② 绝缘子支架

600

40×40×4角钢

250

电缆头支架

①

H

60

300

100

保护管

A

M6机螺丝

弹簧垫圈

扁钢   焊接

150

10

电缆

D

15
115
30

15   D+36   15

① 节点

电缆头支架高度表

SJL₁ 型变压器容量(kVA)	高度 H(mm)
100~125	1600
160~250	1700
315~400	1900
500~630	2000
800~1000	2100

图名	10kV 室内引入电缆线与 变压器安装做法图	图号	CZ1-3

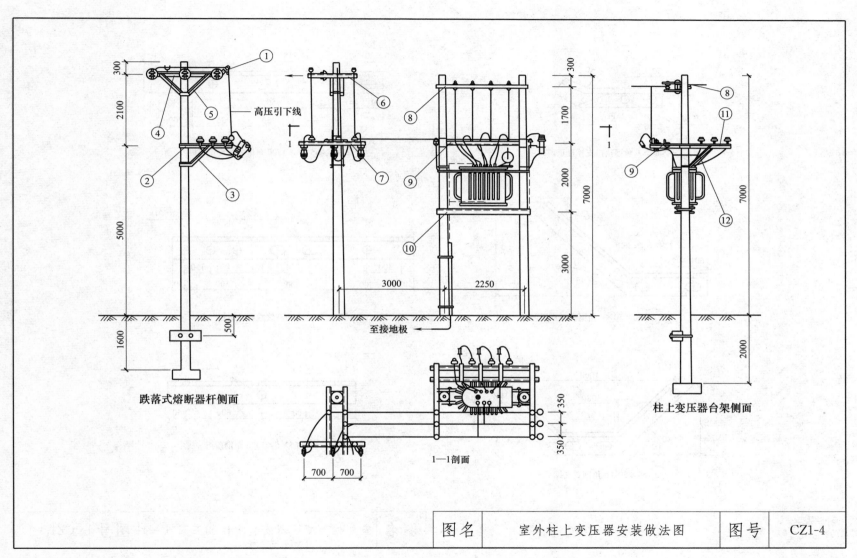

高压引下线

跌落式熔断器杆侧面

1—1剖面

柱上变压器台架侧面

| 图名 | 室外柱上变压器安装做法图 | 图号 | CZ1-4 |

17

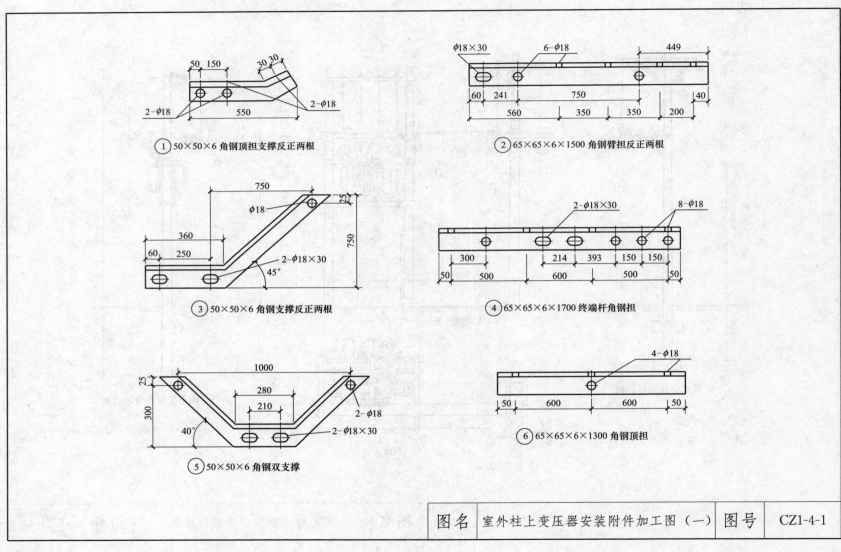

① 50×50×6 角钢顶担支撑反正两根

② 65×65×6×1500 角钢臂担反正两根

③ 50×50×6 角钢支撑反正两根

④ 65×65×6×1700 终端杆角钢担

⑤ 50×50×6 角钢双支撑

⑥ 65×65×6×1300 角钢顶担

图名	室外柱上变压器安装附件加工图（一）	图号	CZ1-4-1

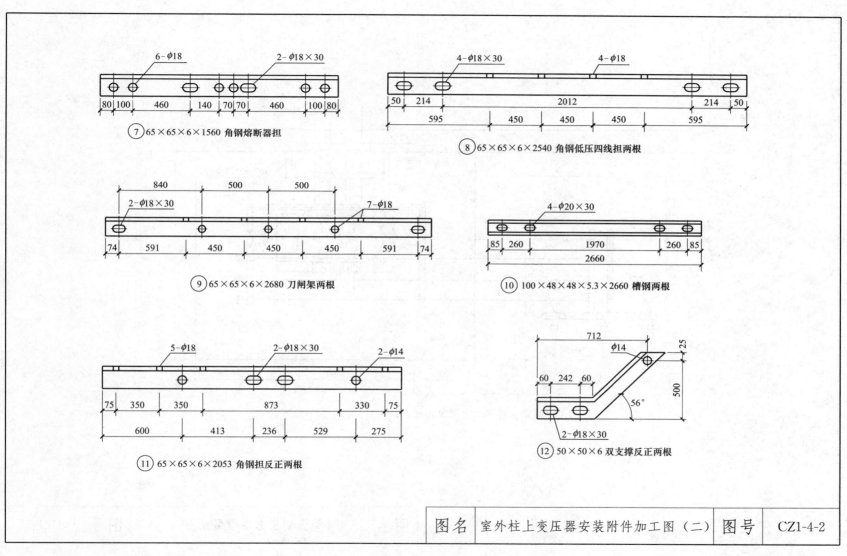

⑦ 65×65×6×1560 角钢熔断器担

⑧ 65×65×6×2540 角钢低压四线担两根

⑨ 65×65×6×2680 刀闸架两根

⑩ 100×48×48×5.3×2660 槽钢两根

⑪ 65×65×6×2053 角钢担反正两根

⑫ 50×50×6 双支撑反正两根

| 图名 | 室外柱上变压器安装附件加工图（二） | 图号 | CZ1-4-2 |

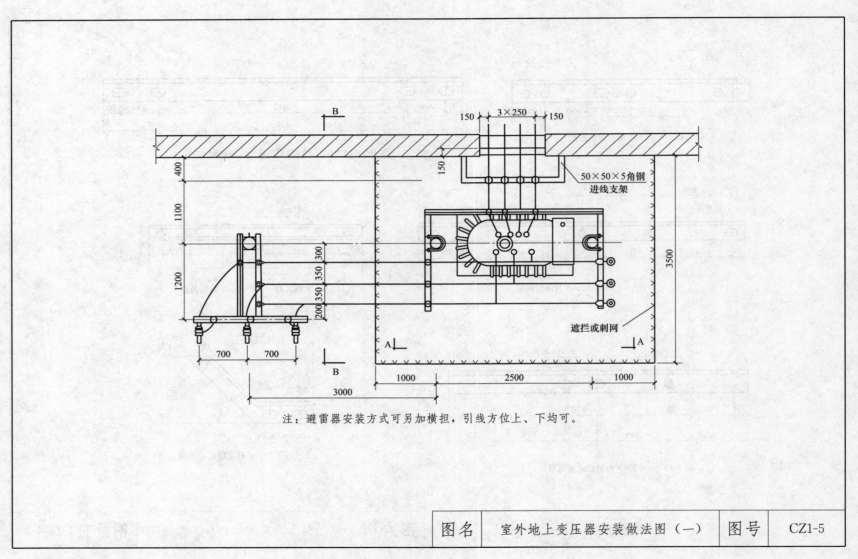

150 | 3×250 | 150

50×50×5角钢
进线支架

400

1100

1200

150

3500

300

350

200 350

700 | 700

3000

1000 | 2500 | 1000

遮拦或刺网

B

B

A

A

注：避雷器安装方式可另加横担，引线方位上、下均可。

| 图名 | 室外地上变压器安装做法图（一） | 图号 | CZ1-5 |

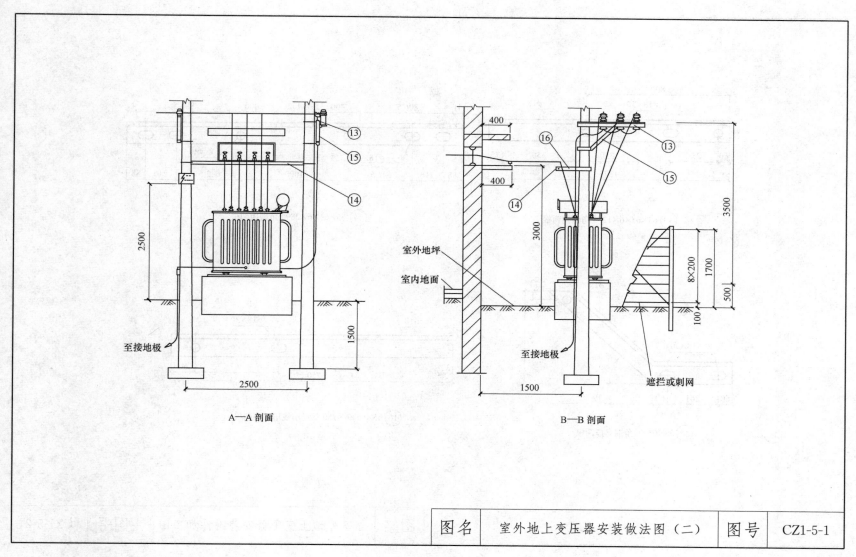

400

400

⑬

⑯

⑮

⑭

3500

3000

2500

1700

8×200

500

1500

100

1500

2500

室外地坪

室内地面

至接地极

至接地极

遮拦或刺网

A—A 剖面

B—B 剖面

图名	室外地上变压器安装做法图（二）	图号	CZ1-5-1

21

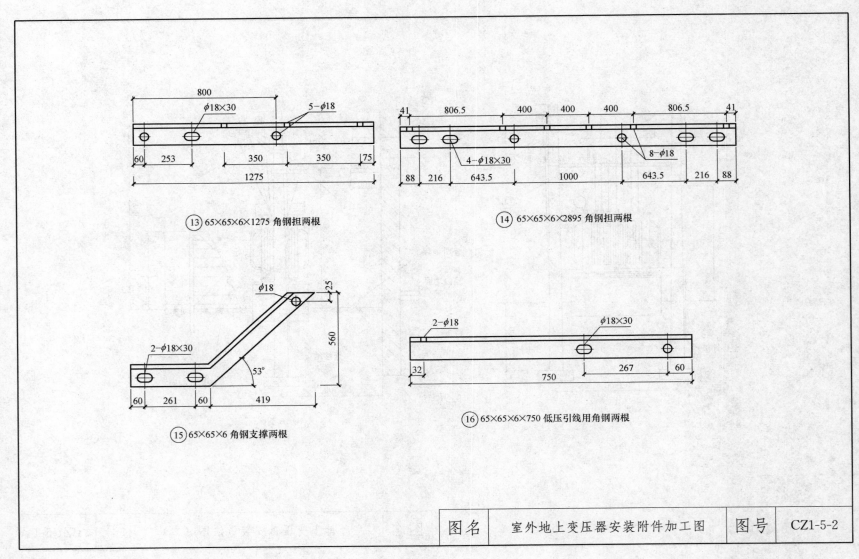

⑬ 65×65×6×1275 角钢担两根

⑭ 65×65×6×2895 角钢担两根

⑮ 65×65×6 角钢支撑两根

⑯ 65×65×6×750 低压引线用角钢两根

| 图名 | 室外地上变压器安装附件加工图 | 图号 | CZ1-5-2 |

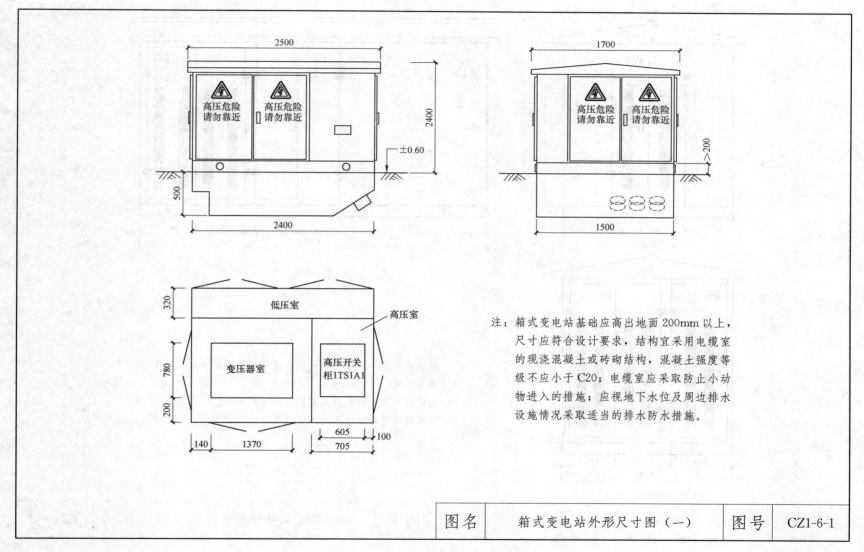

注：箱式变电站基础应高出地面 200mm 以上，
尺寸应符合设计要求，结构宜采用电缆室
的现浇混凝土或砖砌结构，混凝土强度等
级不应小于 C20；电缆室应采取防止小动
物进入的措施；应视地下水位及周边排水
设施情况采取适当的排水防水措施。

| 图名 | 箱式变电站外形尺寸图（一） | 图号 | CZ1-6-1 |

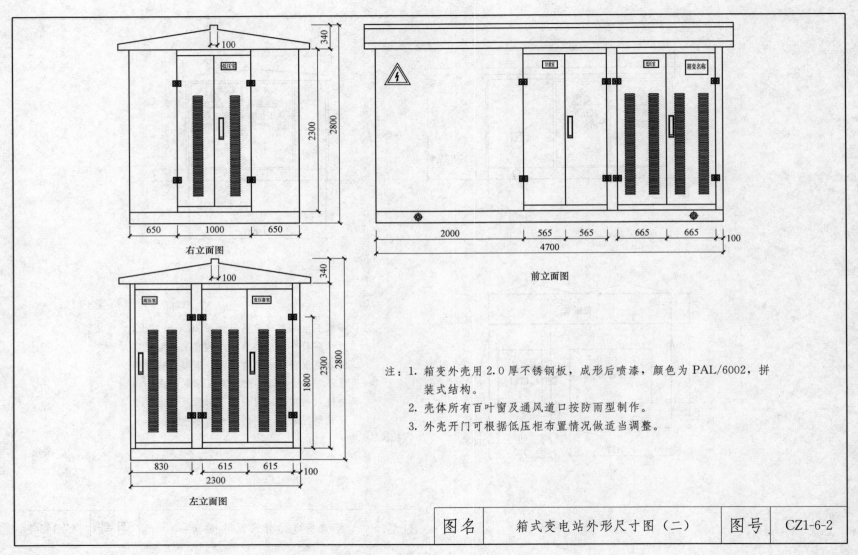

右立面图

左立面图

前立面图

注：1. 箱变外壳用2.0厚不锈钢板，成形后喷漆，颜色为PAL/6002，拼
装式结构。
2. 壳体所有百叶窗及通风道口按防雨型制作。
3. 外壳开门可根据低压柜布置情况做适当调整。

图名	箱式变电站外形尺寸图（二）	图号	CZ1-6-2

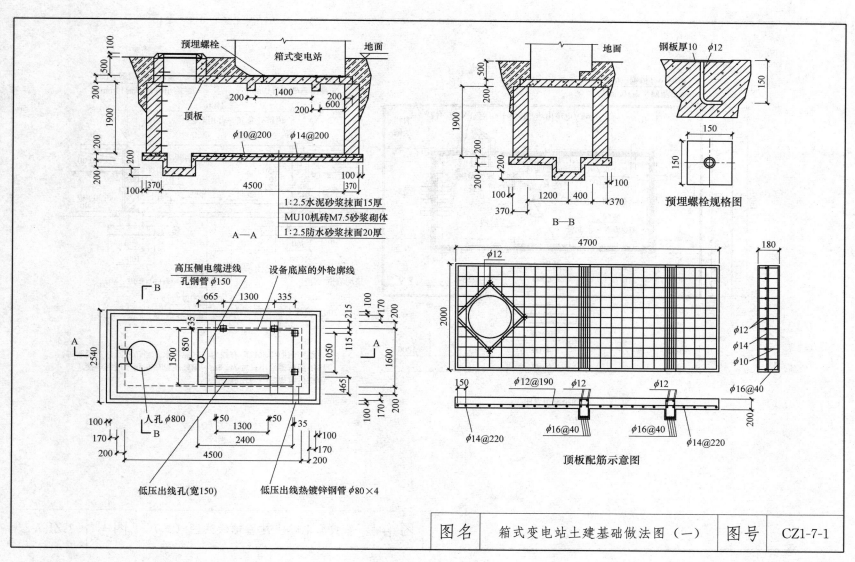

预埋螺栓
箱式变电站
地面
顶板
φ10@200
φ14@200

1:2.5水泥砂浆抹面15厚
MU10机砖M7.5砂浆砌体
1:2.5防水砂浆抹面20厚

A—A

B—B

钢板厚10 φ12

预埋螺栓规格图

高压侧电缆进线孔钢管φ150
设备底座的外轮廓线

人孔φ800

低压出线孔(宽150)
低压出线热镀锌钢管φ80×4

φ12

φ12
φ14
φ10

φ12@190   φ12   φ12
φ14@220
φ16@40   φ16@40   φ14@220
φ16@40

顶板配筋示意图

| 图名 | 箱式变电站土建基础做法图（一） | 图号 | CZ1-7-1 |

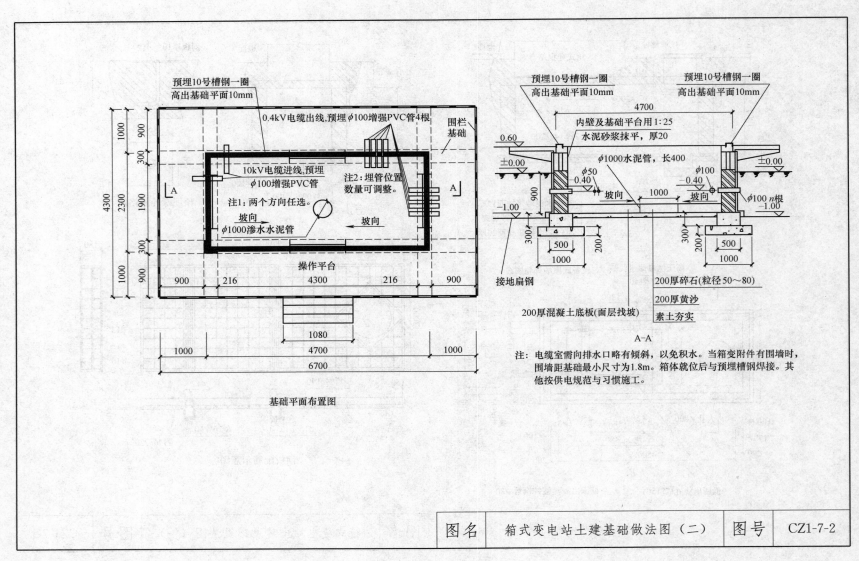

预埋10号槽钢一圈
高出基础平面10mm

0.4kV电缆出线,预埋φ100增强PVC管4根

围栏基础

10kV电缆进线,预埋φ100增强PVC管

注2:埋管位置数量可调整。

注1:两个方向任选。

坡向

φ1000渗水水泥管

坡向

操作平台

1080

4700

6700

1000

1000

900 216 4300 216 900

1000 4300 1000

1000 900

300

1900 2300 4300

300

900 1000

A

A

基础平面布置图

预埋10号槽钢一圈
高出基础平面10mm

预埋10号槽钢一圈
高出基础平面10mm

4700

内壁及基础平台用1:25
水泥砂浆抹平,厚20

φ1000水泥管,长400

0.60

±0.00

±0.00

φ50
-0.40

坡向

1000

φ100
-0.40

坡向

φ100 n根
-1.00

-1.00

900

300

500

1000

200

300

200

500

1000

接地扁钢

200厚碎石(粒径50～80)

200厚黄沙

素土夯实

200厚混凝土底板(面层找坡)

A-A

注:电缆室需向排水口处略有倾斜,以免积水。当箱变附件有围墙时,围墙距基础最小尺寸为1.8m。箱体就位后与预埋槽钢焊接。其他按供电规范与习惯施工。

| 图名 | 箱式变电站土建基础做法图（二） | 图号 | CZ1-7-2 |

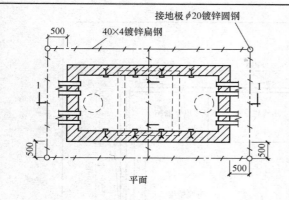

平面

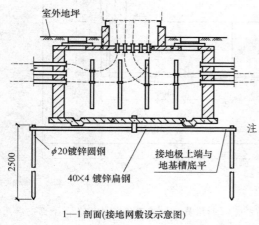

1—1剖面(接地网敷设示意图)

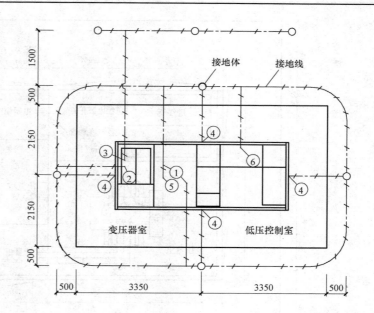

注：1. 接地线与接地体间的连接应采用搭接焊，搭接长度与焊接质量应符合相关规范要求。

2. 保护接地线若采用铜导线连接时，其最小截面积不得小于16mm²，导线两端应压接线鼻子，用M12不锈钢螺栓紧密连接。

3. 接地体，接地线焊接安装详见本图集CZ5-4。

接地部分明细表

序号	名　称
1	变压器外壳接地、中性点接地
2	避雷器接主接地网接地
3	避雷器辅助接地
4	配电箱基础接主接地网
5	电缆头及电缆支架接地
6	柜内接地母排接地

图名	箱式变电站接地系统做法图	图号	CZ1-8

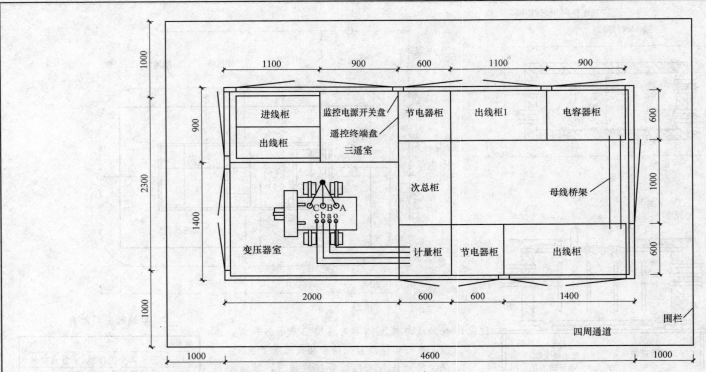

1100	900	600	1100	900		

进线柜	监控电源开关盘	节电器柜	出线柜1	电容器柜
出线柜	遥控终端盘			
	三遥室			

次总柜

母线桥架

变压器室

C B A
c b a o

计量柜　节电器柜　出线柜

2000　　600　　600　　1400

围栏

四周通道

1000　　　　　4600　　　　　1000

注：1. 在变压器室、低压开关室等部位顶部必须设置通风散热用的轴流风机。

2. 如果现场情况和本图不符，不利于进、出线，可根据现场情况而定。

3. 三遥室控终端盘需做成柜体形状，无需柜门。柜体中部加装隔板，上部安装监控电源断路器、计量表等相关设备，下部安装三遥装置；
三遥室遥控终端盘应预留相应安装支架。

4. 监控电源开关盘安装监控所需的开关、电容及计量表，由电缆引至总柜，厂家需要在箱变底部加装电缆槽。

5. 应根据变压器尺寸的大小和出线柜的出线回路数确定箱变尺寸。

图名	箱式变电站平面布置图	图号	CZ1-9

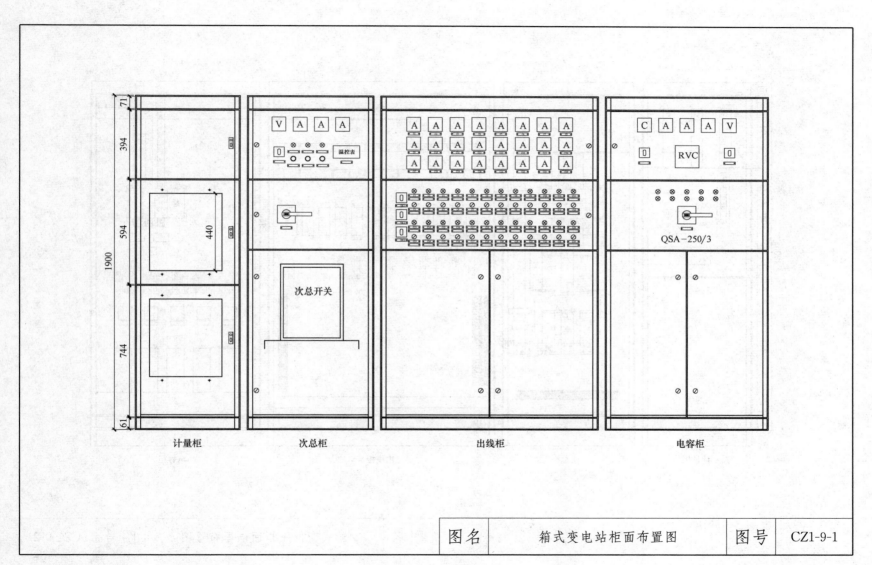

| 图名 | 箱式变电站柜面布置图 | 图号 | CZ1-9-1 |

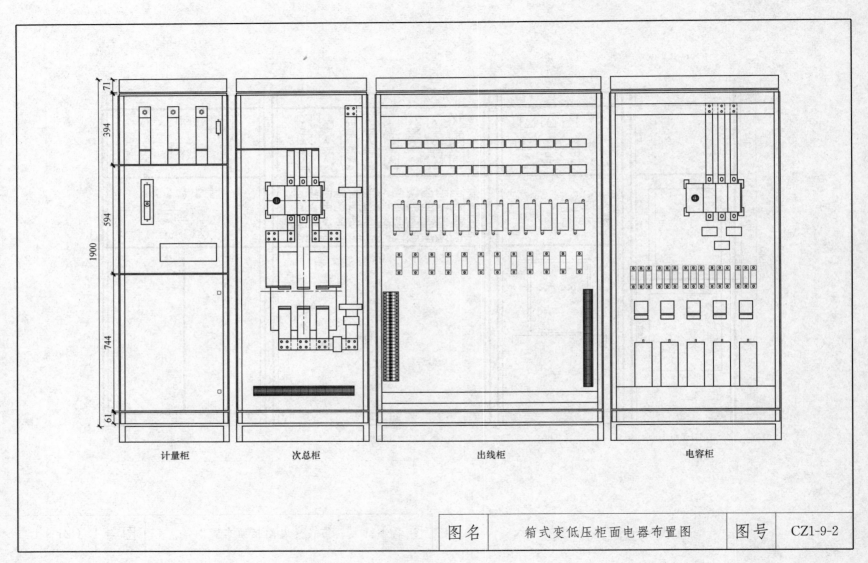

| 71 |
| 394 |
| 594 |
| 1900 |
| 744 |
| 61 |

| 计量柜 | 次总柜 | 出线柜 | 电容柜 |

| 图名 | 箱式变低压柜面电器布置图 | 图号 | CZ1-9-2 |

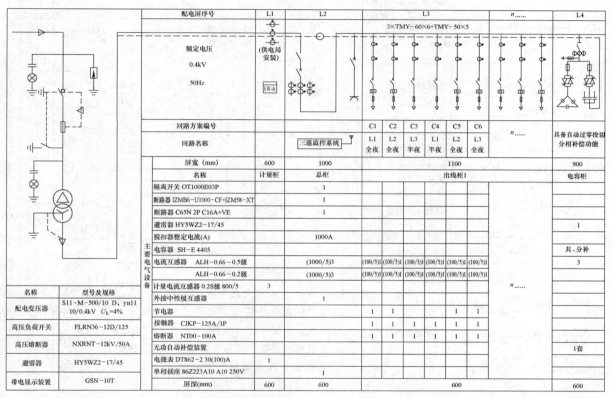

配电屏序号		L1	L2	L3							n......	L4
				3×TMY-60×6+TMY-50×5								
额定电压 0.4kV 50Hz		(供电局安装)										
回路方案编号				C1	C2	C3	C4	C5	C6	n......	具备自动过零投切分相补偿功能
回路名称			三遥监控系统	L1 全夜	L2 全夜	L3 半夜	L1 半夜	L2 全夜	L3 全夜		
屏宽（mm）		600	1000	1100							900
	名称	计量柜	总柜	出线柜1							电容柜
主要电气设备	隔离开关 OT1000E03P		1								
	断路器 IZMB6-U1000-CF+IZM58-XT		1								
	断路器 C65N 2P C16A+VE		1								
	避雷器 HY5WZ2-17/45										1
	脱扣器整定电流(A)		1000A								
	电容器 SH-E 4405										共、分补
	电流互感器 ALH-0.66-0.5级		(1000/5)3	(100/5)1	(100/5)1	(100/5)1	(100/5)1	(100/5)1	(100/5)1		3
	ALH-0.66-0.2级		(1000/5)3	(100/5)1	(100/5)1	(100/5)1	(100/5)1	(100/5)1	(100/5)1		
	计量电流互感器 0.2S级 800/5	3								n......	
	外接中性极互感器		1								
	节电器			1	1		1	1			
	接触器 CJKP-125A/1P			1	1	1	1	1	1		
	熔断器 NT00-100A			1	1	1	1	1	1		
	无功自动补偿装置										1套
	电能表 DT862-2 30(100)A	1									
	单相插座 86Z223A10 A10 250V		1								
	屏深(mm)	600	600	600							600

名称	型号及规格
配电变压器	S11-M-500/10 D, yn11 10/0.4kV U_k=4%
高压负荷开关	FLRN36-12D/125
高压熔断器	NXRNT-12kV/50A
避雷器	HY5WZ2-17/45
带电显示装置	GSN-10T

注：表中所列电器型号、规格仅参考，具体型号规格由工程设计确定。

图名	500kVA箱式变电站一次系统图	图号	CZ1-10

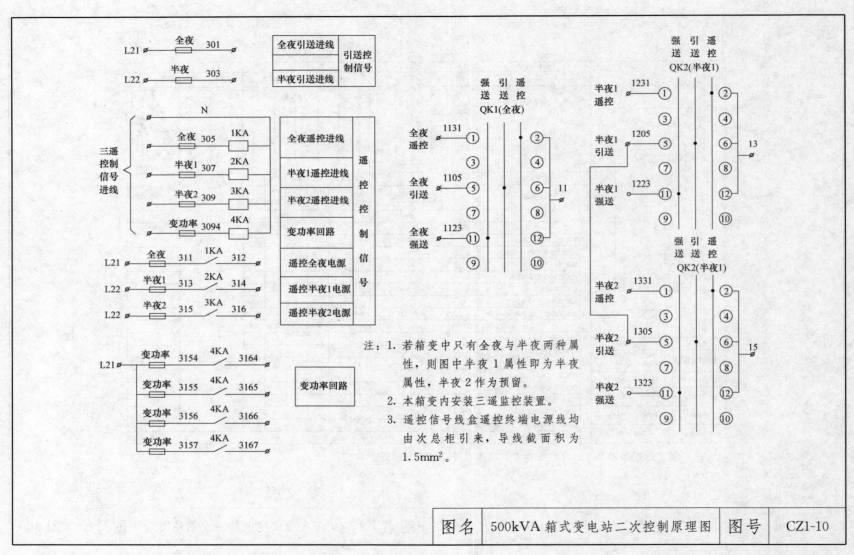

注：1. 若箱变中只有全夜与半夜两种属性，则图中半夜 1 属性即为半夜属性，半夜 2 作为预留。

2. 本箱变内安装三遥监控装置。

3. 遥控信号线盒遥控终端电源线均由次总柜引来，导线截面积为 $1.5mm^2$。

图名	500kVA 箱式变电站二次控制原理图	图号	CZ1-10

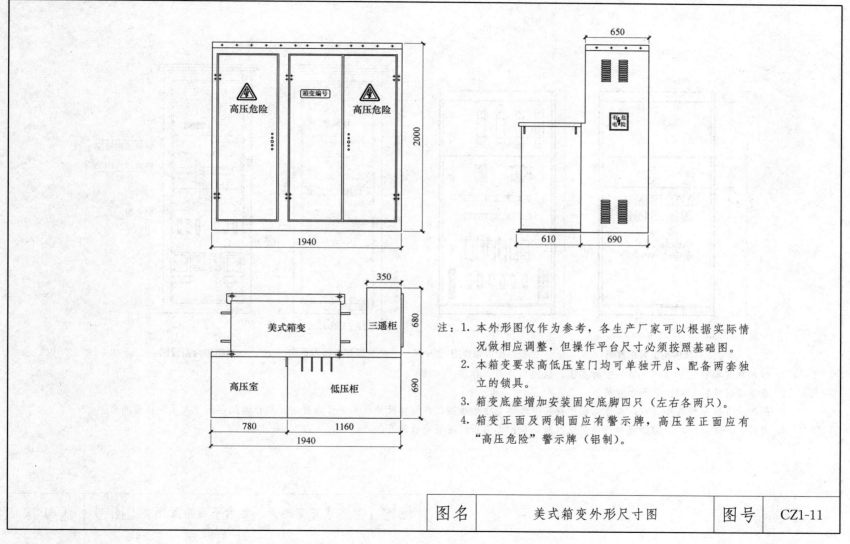

注：1. 本外形图仅作为参考，各生产厂家可以根据实际情
       况做相应调整，但操作平台尺寸必须按照基础图。
    2. 本箱变要求高低压室门均可单独开启、配备两套独
       立的锁具。
    3. 箱变底座增加安装固定底脚四只（左右各两只）。
    4. 箱变正面及两侧面应有警示牌，高压室正面应有
       "高压危险"警示牌（铝制）。

| 图名 | 美式箱变外形尺寸图 | 图号 | CZ1-11 |

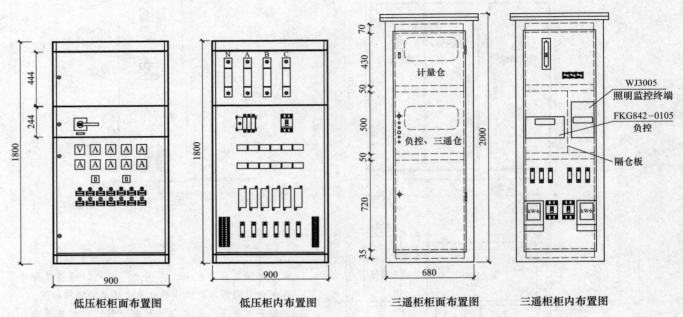

低压柜柜面布置图　　　　低压柜内布置图　　　　三遥柜柜面布置图　　　　三遥柜柜内布置图

注：1. 接触器旋钮和指示灯均多装一空标签框，以便用户添加标签。

　　2. 全半夜转换按钮切换之间加空档。

　　3. 此图为6路出线典型设计，具体工程出线回路数详见主接线图，各框体尺寸详见平面布置图，但柜内元件必须按本图位置布置。

　　4. 负控、三遥仓中，负控装置和三遥装置（照明监控终端）间用隔仓板隔开。

| 图名 | 美式箱变柜面、柜内平面布置图 | 图号 | CZ1-12 |

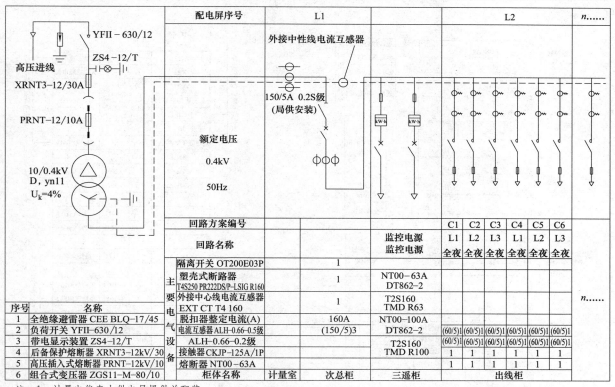

配电屏序号		L1	L2	n......

高压进线

YFII－630/12

ZS4－12/T

XRNT3－12/30A

PRNT－12/10A

10/0.4kV
D，yn11
U_k=4%

外接中性线电流互感器

150/5A 0.2S级
（局供安装）

额定电压

0.4kV

50Hz

回路方案编号				C1	C2	C3	C4	C5	C6
回路名称			监控电源 监控电源	L1	L2	L3	L1	L2	L3
				全夜	全夜	全夜	全夜	全夜	全夜
主要电气设备	隔离开关 OT200E03P	1							
	塑壳式断路器 T4S250 PR222DS/P-LSIG R160	1	NT00－63A DT862－2						
	外接中心线电流互感器 EXT CT T4 160	1	T2S160 TMD R63						
	脱扣器整定电流(A)	160A	NT00－100A						
	电流互感器 ALH-0.66-0.5级	(150/5)3	DT862－2	(60/5)1	(60/5)1	(60/5)1	(60/5)1	(60/5)1	(60/5)1
	ALH－0.66－0.2级		T2S160	(60/5)1	(60/5)1	(60/5)1	(60/5)1	(60/5)1	(60/5)1
	接触器 CKJP-125A/1P		TMD R100	1	1	1	1	1	1
	熔断器 NT00－63A			1	1	1	1	1	1
柜体名称		计量室	次总柜	三遥柜	出线柜				

序号	名称
1	全绝缘避雷器 CEE BLQ-17/45
2	负荷开关 YFII-630/12
3	带电显示装置 ZS4-12/T
4	后备保护熔断器 XRNT3-12kV/30
5	高压插入式熔断器 PRNT-12kV/10
6	组合式变压器 ZGS11-M-80/10

注：1 计量电能表由供电局提供并配装。
    2 主母线选用 TMY-60×6，中性线选用 TMY-50×5，由厂方配供。
    3 次总开关均安装带延时动作的欠压脱扣器，延时整定时间为3s，正常运行时必须处于开启状态。
    4 低压柜之间采用母排连接，变压器低压桩头须增加密封套。
    5 框内设通长保护接地铜排，截面积不应小于100mm²。
    6 各出线回路一次电缆按互感器变比选型。
    7 表中设备型号参数仅供参考，具体按设计选用。设备须选用经国家质量监督检验部门检验通过并有型号使用证书的产品。

图名	美式箱变一次系统图	图号	CZ1-13

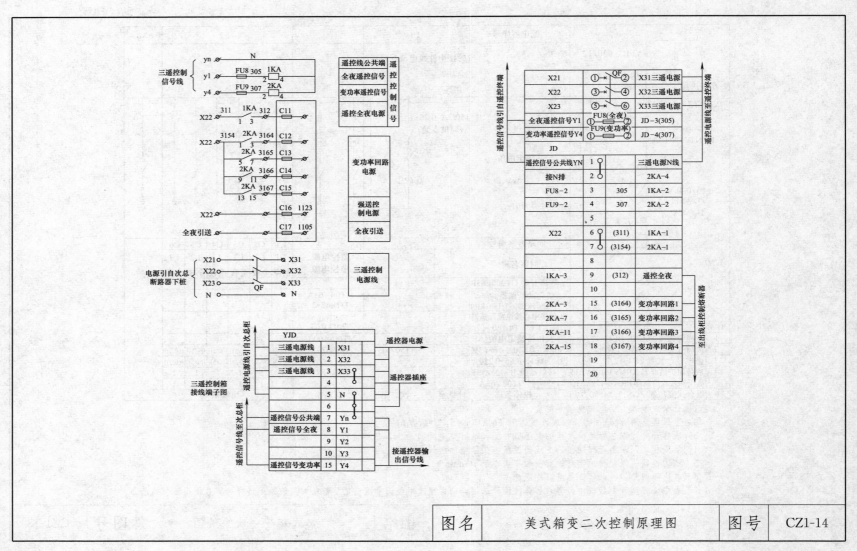

X21	①	QF	②	X31三遥电源		
X22	③		④	X32三遥电源		
X23	⑤		⑥	X33三遥电源		
全夜遥控信号Y1	①	FU8(全夜)	②	JD-3(305)		
变功率遥控信号Y4	①	FU9(变功率)	②	JD-4(307)		

JD			
遥控信号公共线YN	1		三遥电源N线
接N排	2		2KA-4
FU8-2	3	305	1KA-2
FU9-2	4	307	2KA-2
	5		
X22	6	(311)	1KA-1
	7	(3154)	2KA-1
	8		
1KA-3	9	(312)	遥控全夜
	10		
2KA-3	15	(3164)	变功率回路1
2KA-7	16	(3165)	变功率回路2
2KA-11	17	(3166)	变功率回路3
2KA-15	18	(3167)	变功率回路4
	19		
	20		

三遥控制信号线

遥控控制信号

遥控线公共端
全夜遥控信号
变功率遥控信号
遥控全夜电源

变功率回路电源

强送控制电源

全夜引送

三遥控制电源线

电源引自次总断路器下桩

三遥控制箱接线端子图

YJD			
三遥电源线	1	X31	遥控器电源
三遥电源线	2	X32	
三遥电源线	3	X33	遥控器插座
	4		
	5	N	
	6		
遥控信号公共端	7	Yn	接遥控器输出信号线
遥控信号全夜	8	Y1	
	9	Y2	
	10	Y3	
遥控信号变功率	15	Y4	

图名	美式箱变二次控制原理图	图号	CZ1-14

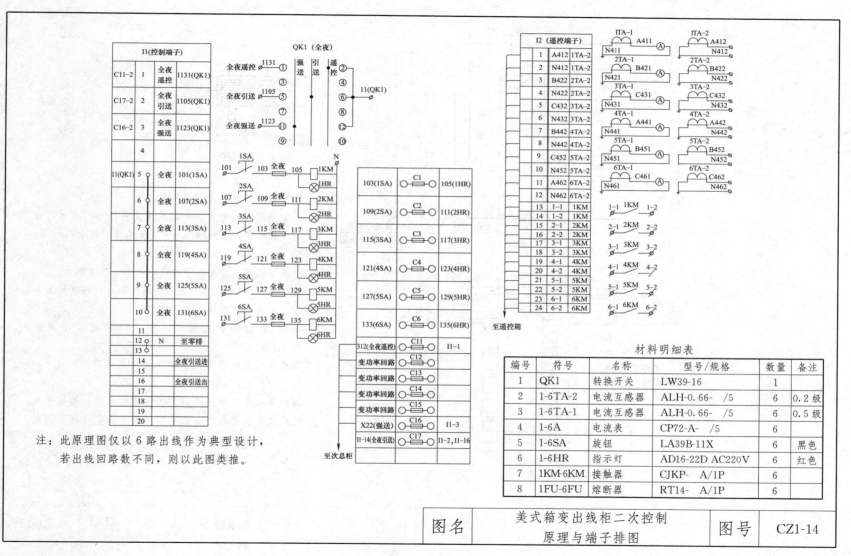

注：此原理图仅以6路出线作为典型设计，
若出线回路数不同，则以此图类推。

材料明细表

编号	符号	名称	型号/规格	数量	备注
1	QK1	转换开关	LW39-16	1	
2	1-6TA-2	电流互感器	ALH-0.66- /5	6	0.2级
3	1-6TA-1	电流互感器	ALH-0.66- /5	6	0.5级
4	1-6A	电流表	CP72-A- /5	6	
5	1-6SA	旋钮	LA39B-11X	6	黑色
6	1-6HR	指示灯	AD16-22D AC220V	6	红色
7	1KM-6KM	接触器	CJKP- A/1P	6	
8	1FU-6FU	熔断器	RT14- A/1P	6	

图名	美式箱变出线柜二次控制 原理与端子排图	图号	CZ1-14

37

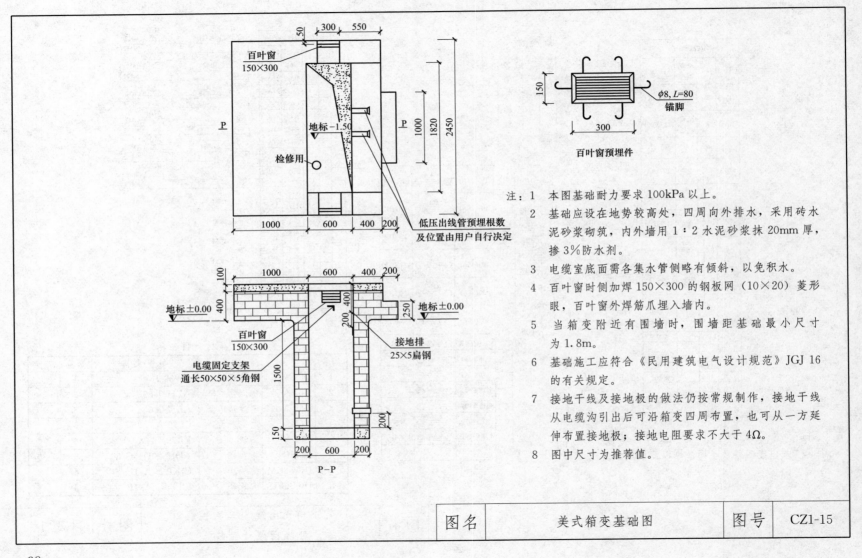

注：
1 本图基础耐力要求 100kPa 以上。

2 基础应设在地势较高处，四周向外排水，采用砖水泥砂浆砌筑，内外墙用 1：2 水泥砂浆抹 20mm 厚，掺 3‰ 防水剂。

3 电缆室底面需各集水管侧略有倾斜，以免积水。

4 百叶窗时侧加焊 150×300 的钢板网（10×20）菱形眼，百叶窗外焊筋爪埋入墙内。

5 当箱变附近有围墙时，围墙距基础最小尺寸为 1.8m。

6 基础施工应符合《民用建筑电气设计规范》JGJ 16 的有关规定。

7 接地干线及接地极的做法仍按常规制作，接地干线从电缆沟引出后可沿箱变四周布置，也可从一方延伸布置接地极；接地电阻要求不大于 4Ω。

8 图中尺寸为推荐值。

| 图名 | 美式箱变基础图 | 图号 | CZ1-15 |

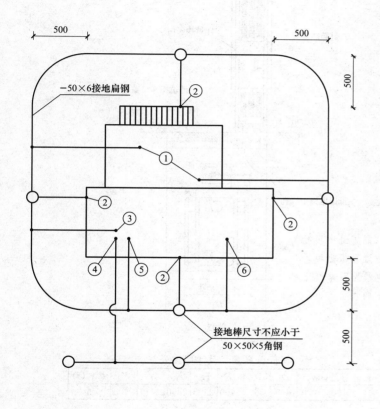

500   500

−50×6接地扁钢

接地棒尺寸不应小于
50×50×5角钢

注：1. 接地装置以水平接地体为主，并辅以打入 7 支垂直接地棒，接地
扁钢埋深室外地坪下 1m，总装地电阻小于 4Ω。

2. 接地工程为隐蔽工程，接地沟内不得填入建筑垃圾，必须经验收
合格后再予覆土，以确保工程质量。

3. 接地装置均采用电焊连接，具体要求详见《城市道路照明工程施
工及验收规程》CJJ 89。

4. 变压器必须双接地。

5. 接地外露部分及焊接处须经防锈处理，并且明敷的接地线表面应
涂 15～100mm 宽度相等的绿色和黄色相间的条纹。

6. 避雷器除与主接地网连接外，须与辅助的接地装置于③④处用螺
栓连接，测试时可分开。

7. 在有振动的地方，接地装置采用螺栓连接，应设弹簧等防松措施。

8. 本图是根据箱变参考平面图绘制的，如果实际生产的箱变尺寸和
参考图不同，请自行加以调整，但最终接地电阻实测值应满足注 1
的要求。

材料明细表

编号	名　　称	备注
1	变压器外壳接地,中性点接地	与中性线共用接地
2	箱变基础接地	
3	避雷器接主接地网	
4	避雷器辅助接地	
5	电缆头及电缆支架接地	
6	柜内接地排接地	

图名	美式箱变接地装置布置图	图号	CZ1-16

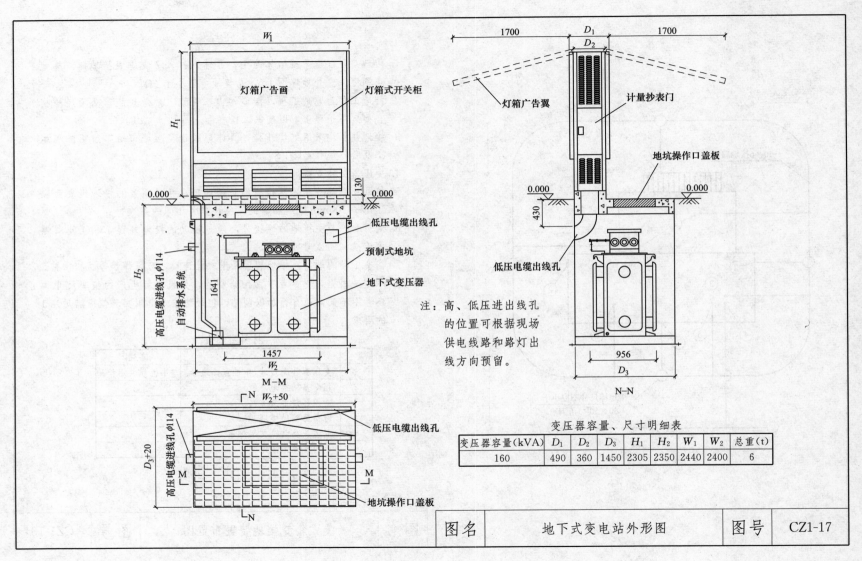

灯箱广告画

灯箱式开关柜

H_1

W_1

1700　D_1　1700

D_2

灯箱广告翼

计量抄表门

地坑操作口盖板

0.000

0.000

130

430

0.000

低压电缆出线孔

预制式地坑

地下式变压器

低压电缆出线孔

高压电缆进线孔 ϕ114

自动排水系统

H_2

1641

低压电缆出线孔

956

D_3

N–N

1457

W_2

M–M

注：高、低压进出线孔
的位置可根据现场
供电线路和路灯出
线方向预留。

W_2+50

N

D_3+20

低压电缆出线孔

高压电缆进线孔 ϕ114

地坑操作口盖板

M

M

N

N

变压器容量、尺寸明细表

变压器容量(kVA)	D_1	D_2	D_3	H_1	H_2	W_1	W_2	总重(t)
160	490	360	1450	2305	2350	2440	2400	6

图名	地下式变电站外形图	图号	CZ1-17

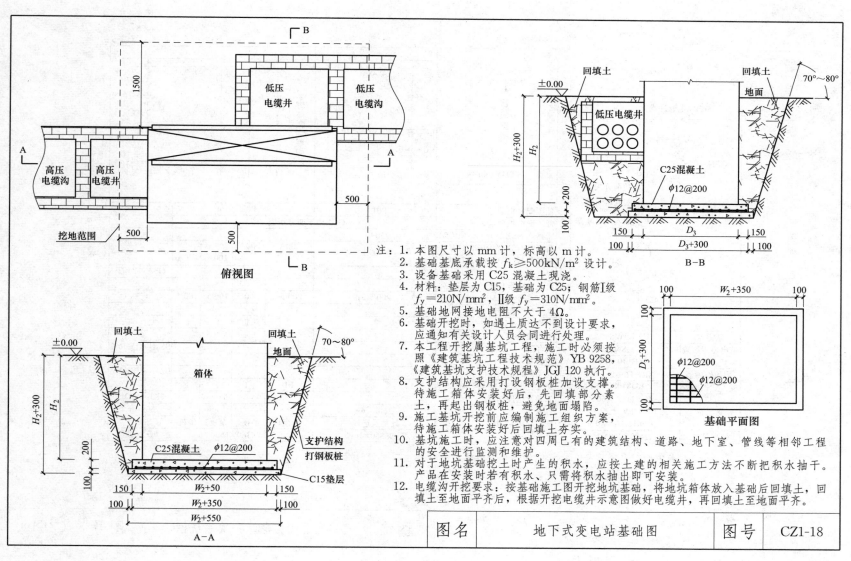

俯视图

注：1. 本图尺寸以 mm 计，标高以 m 计。
2. 基础基底承载按 $f_k \geqslant 500kN/m^2$ 设计。
3. 设备基础采用 C25 混凝土现浇。
4. 材料：垫层为 C15，基础为 C25；钢筋 I 级 $f_y = 210N/mm^2$，II 级 $f_y = 310N/mm^2$。
5. 基础地网接地电阻不大于 4Ω。
6. 基础开挖时，如遇土质达不到设计要求，应通知有关设计人员会同进行处理。
7. 本工程开挖属基坑工程，施工时必须按照《建筑基坑工程技术规范》YB 9258，《建筑基坑支护技术规程》JGJ 120 执行。
8. 支护结构应采用打设钢板桩加设支撑。待施工箱体安装好后，先回填部分素土，再起出钢板桩，避免地面塌陷。
9. 施工基坑开挖前应编制施工组织方案，待施工箱体安装好后回填土夯实。
10. 基坑施工时，应注意对四周已有的建筑结构、道路、地下室、管线等相邻工程的安全进行监测和维护。
11. 对于地坑基础挖土时产生的积水，应按土建的相关施工方法不断把积水抽干。产品在安装时若有积水、只需将积水抽出即可安装。
12. 电缆沟开挖要求：按基础施工图开挖地坑基础，将地坑箱体放入基础后回填土，回填土至地面平齐后，根据开挖电缆井示意图做好电缆井，再回填土至地面平齐。

B–B

基础平面图

A–A

图名	地下式变电站基础图	图号	CZ1-18

41

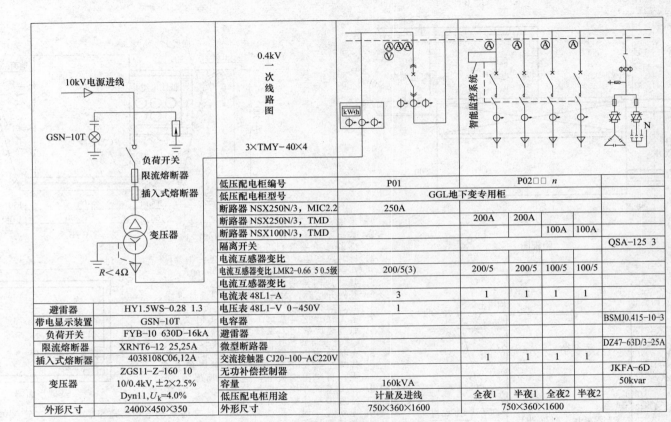

低压配电柜编号	P01	P02□□ n			
低压配电柜型号	GGL地下变专用柜				
断路器 NSX250N/3，MIC2.2	250A				
断路器 NSX250N/3，TMD		200A	200A		
断路器 NSX100N/3，TMD				100A	100A
隔离开关					QSA–125 3
电流互感器变比					
电流互感器变比 LMK2–0.66 5 0.5级	200/5(3)	200/5	200/5	100/5	100/5
电流互感器变比					
电流表 48L1–A	3	1	1	1	1
电压表 48L1–V 0–450V	1				
电容器					BSMJ0.415–10–3
避雷器					
微型断路器					DZ47–63D/3–25A
交流接触器 CJ20–100–AC220V		1	1	1	1
无功补偿控制器					JKFA–6D
容量	160kVA				50kvar
低压配电柜用途	计量及进线	全夜1	半夜1	全夜2	半夜2
外形尺寸	750×360×1600	750×360×1600			

左侧表格：

避雷器	HY1.5WS–0.28 1.3
带电显示装置	GSN–10T
负荷开关	FYB–10 630D–16kA
限流熔断器	XRNT6–12 25,25A
插入式熔断器	4038108C06,12A
变压器	ZGS11–Z–160 10 10/0.4kV，±2×2.5% Dyn11，U_k=4.0%
外形尺寸	2400×450×350

图中标注：10kV电源进线、GSN–10T、负荷开关、限流熔断器、插入式熔断器、变压器、$R<4\Omega$、0.4kV一次线路图、3×TMY–40×4、智能监控系统、kW·h、N

注：1 表中所列电器型号，规格仅供参考，具体型号规格由工程设计确定。
　　2 路灯出线回路根据实际需要可采用单相或三相控制。

图名	地下式变电站一次系统图	图号	CZ1-19

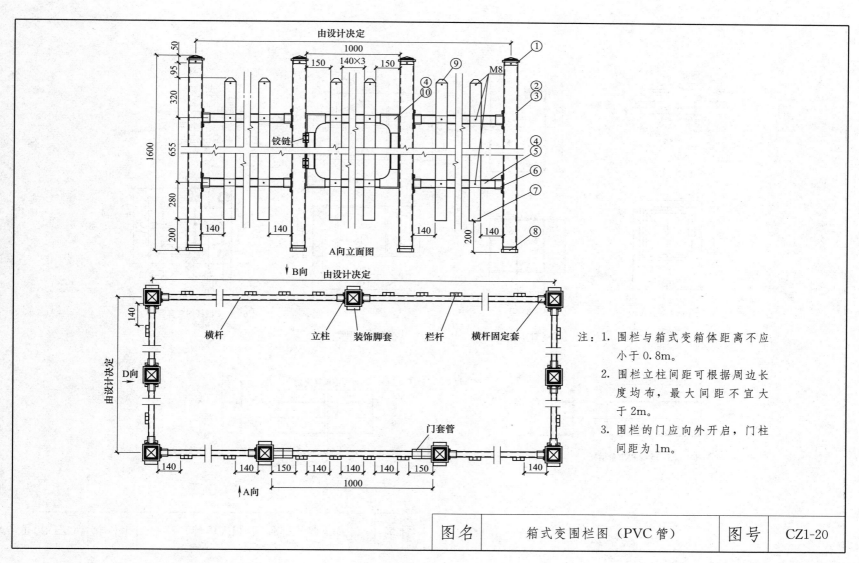

由设计决定

1000

150　　140×3　　150

50
95
320

1600　655

280

200

铰链

M8

① ② ③ ④ ⑤ ⑥ ⑦ ⑧ ⑨ ⑩ ④ ⑩

140　　　　140　　　　140　　140

A向立面图

↓B向　由设计决定

140

由设计决定

D向

横杆　　立柱　　装饰脚套　　栏杆　　横杆固定套

门套管

140　　　140　　150　　140　　140　　140　　150　　140

1000

↑A向

注：1. 围栏与箱式变箱体距离不应
　　　小于0.8m。
　　2. 围栏立柱间距可根据周边长
　　　度均布，最大间距不宜大
　　　于2m。
　　3. 围栏的门应向外开启，门柱
　　　间距为1m。

图名	箱式变围栏图（PVC管）	图号	CZ1-20

43

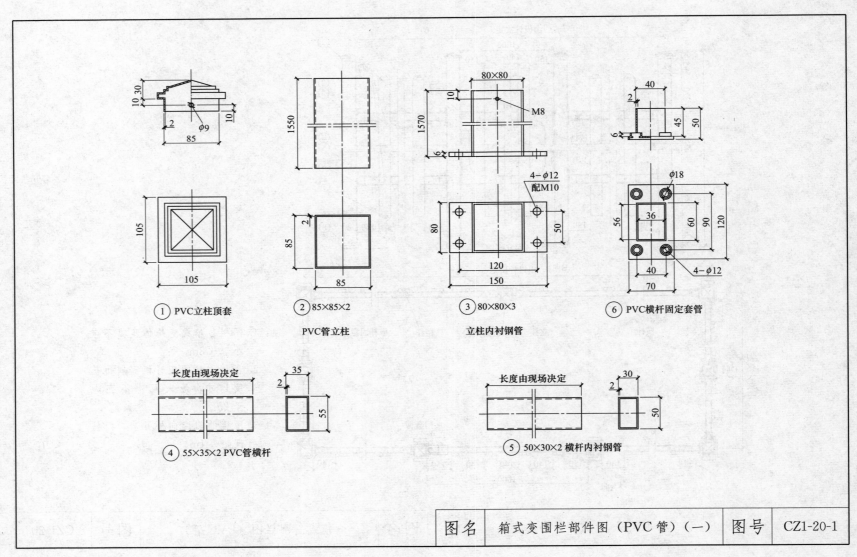

① PVC立柱顶套

② 85×85×2

PVC管立柱

③ 80×80×3

立柱内衬钢管

⑥ PVC横杆固定套管

4-φ12
配M10

φ18

长度由现场决定

④ 55×35×2 PVC管横杆

长度由现场决定

⑤ 50×30×2 横杆内衬钢管

图名	箱式变围栏部件图（PVC管）（一）	图号	CZ1-20-1

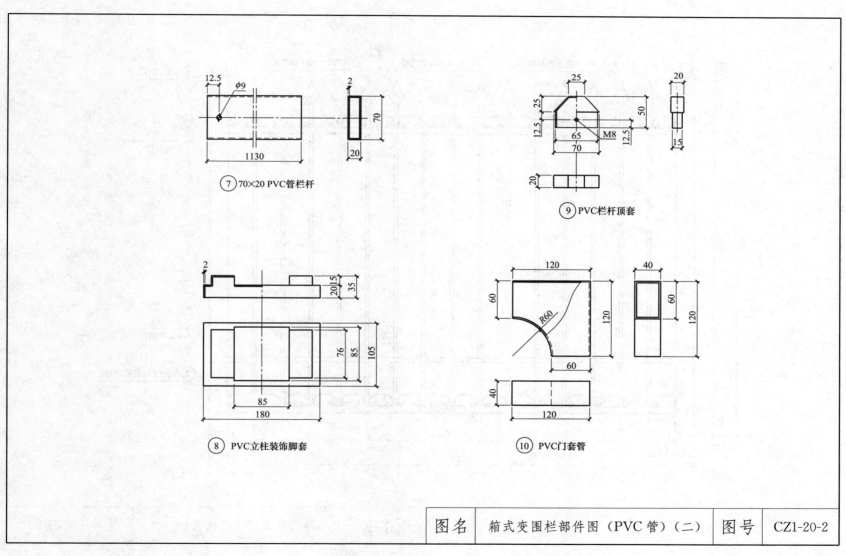

⑦ 70×20 PVC管栏杆

⑨ PVC栏杆顶套

⑧ PVC立柱装饰脚套

⑩ PVC门套管

| 图名 | 箱式变围栏部件图（PVC管）（二） | 图号 | CZ1-20-2 |

45

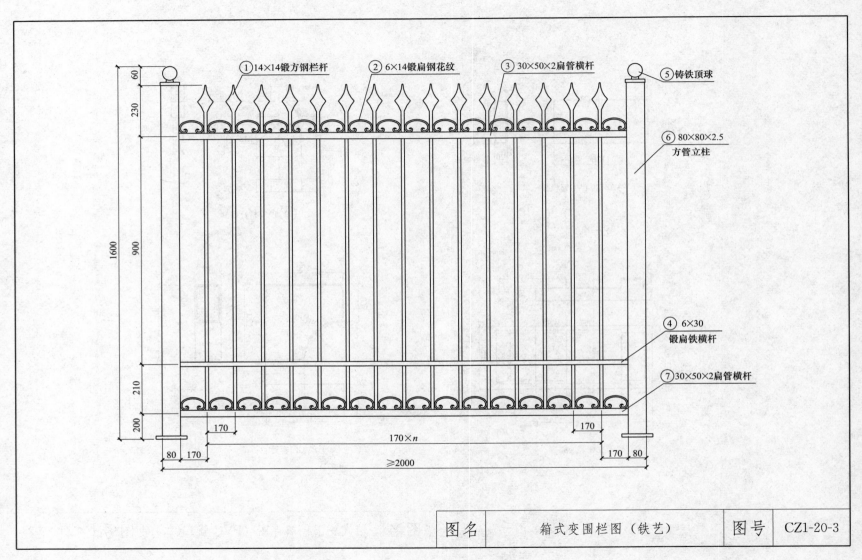

| 图名 | 箱式变围栏图（铁艺） | 图号 | CZ1-20-3 |

① 14×14锻方钢栏杆
② 6×14锻扁钢花纹
③ 30×50×2扁管横杆
⑤ 铸铁顶球
⑥ 80×80×2.5 方管立柱
④ 6×30 锻扁铁横杆
⑦ 30×50×2扁管横杆

60
230
900
1600
210
200
170
170×n
170
80 170
≥2000
170 80

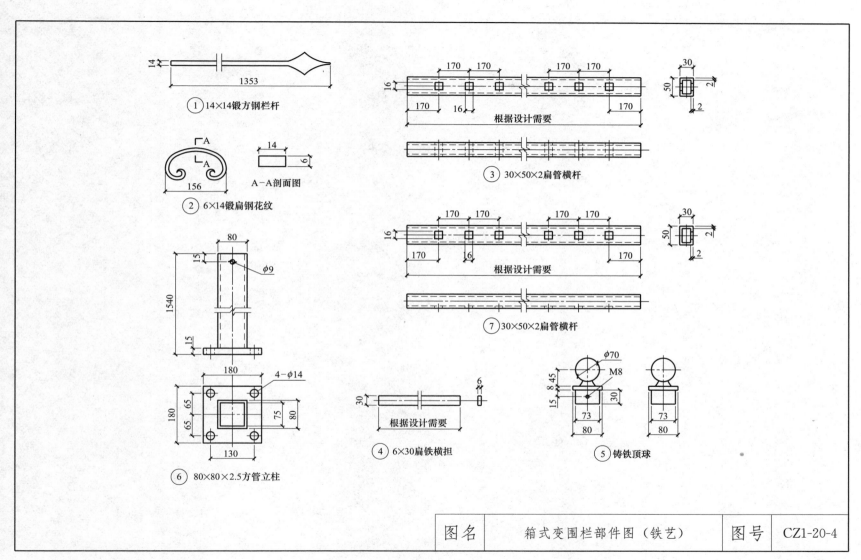

① 14×14锻方钢栏杆

② 6×14锻扁钢花纹

A-A剖面图

③ 30×50×2扁管横杆

根据设计需要

⑦ 30×50×2扁管横杆

根据设计需要

⑥ 80×80×2.5方管立柱

④ 6×30扁铁横担

根据设计需要

⑤ 铸铁顶球

图名	箱式变围栏部件图（铁艺）	图号	CZ1-20-4

47

CZ2 配电装置与控制

图名	配电装置与控制	图号	CZ2

配电装置与控制

编制说明

本章主要包括配电装置与控制安装。其中包括：高、低压配电室建筑平面图；高压开关柜室内进（出）线；10kV常用供电系统方案图；低压双回路自投互复控制柜；室外杆上、落地配电箱结构与基础做法；杆上配电箱安装及配件做法图；电缆标志牌通用和室内外配电柜（箱、屏）、箱变等警示标志等。除设计有特殊要求外，一般要求如下：

1. 配电室的位置应接近负荷中心并靠近电源，宜设在尘少、无腐蚀、无振动、干燥、进出线方便的地方，并符合现行国家标准《20kV及以下变电站设计规范》GB 50053的相关规定。

2. 配电室的耐火等级不应小于三级，屋顶承重构件的耐火等级不应小于二级。其建筑工程质量，应符合国家现行建筑工程施工及验收规范中的有关规定。

3. 配电室内有供暖时，供暖管道上不应有阀门和中间接头，管道与散热器的链接应采用焊接。严禁通过与其无关的管道和线路。

4. 配电室内电缆沟深度宜为0.6m，电缆沟盖板宜采用热镀锌花纹钢板或钢筋混凝土盖板。电缆沟应有防水、排水措施。

5. 配电室的架空进出线应采用绝缘导线、进户支架对地距离不应小于2.5m，导线穿越墙体时应采用绝缘套管。

6. 建筑、构筑物应具备设备进场安装条件，变压器、配电柜等基础、构架、预埋件、预留孔等应符合设计要求，室内所有金属构件都应热镀锌处理。

7. 在同一配电室内单列布置高、低压配电装置时，高压配电柜和低压配电柜的顶面封闭外壳防护等级符合IP2X级时，两者可靠近布置。高压配电柜顶为裸母线分段时，两面母线分段处宜装绝缘隔板，高度不应小于0.3m。

8. 室外配电箱应有足够强度，箱体薄弱位置应增设加强筋，在起吊、安装中防止变形和损坏。箱体应有一定落水斜度，通风口应按防雨型制作。

9. 落地配电箱基础应用砖砌或混凝土预制，标号不得低于C20，基础尺寸应符合设计要求，基础平面应高出地面200mm，进出电缆应穿管保护，并应留有备用管道。

10. 杆上配电箱箱底至地面高度不应低于2.5m，横担与配电箱应保持水平，进出线孔应设在箱体侧面或底部，所有金属构件应热镀锌。

11. 配电箱应在明显位置悬挂安装警示标志牌，并符合《安全标志及其使用导则》GB 2894的规定。

12. 每个接线端子的每侧接线宜为1根，不得超过2根。对插接式端子，不同截面的两根导线不得接在同一端子上；对螺栓连接端子，当接两根导线时，中间应加平垫片。

图名	编制说明	图号	CZ2

13. 配电柜（箱、屏）内的配线电流回路应采用铜芯绝缘导线，其耐压不应低于500V，其截面不应小于2.5mm²，其他回路截面不应小于1.5mm²；当电子元件回路、弱电回路采取锡焊连接时，在满足载流量和电压降及有足够机械强度的情况下，可采用不小于0.5mm²截面的绝缘导线。

14. 配电柜（箱、屏）内两导体间、导电体与裸露的不带电的导体间允许最小电气间隙及爬电距离应符合国家相关规定。裸露载流部分与未绝缘的金属体之间，电气间隙不得小于12mm，爬电距离不得小于20mm。

15. 对连接门上的电器、控制面板等可动部位的导线应符合下列规定：

（1）应采取多股软导线，敷设长度应有适当裕度；

（2）线束应有外套塑料管等加强绝缘层；

（3）与电器连接时，端部应加终端紧固附件绞紧，不得松散、断股；

（4）在可动部位两端应用卡子固定。

16. 引入柜（箱、屏）内的电缆应排列整齐、避免交叉、固定牢靠，电缆回路编号清晰。铠装电缆在进入柜（箱、屏）后，应将钢带切断，切断处的端部应绑扎紧，并应将钢带接地。橡胶绝缘芯线应采用外套绝缘管保护。

17. 配电装置与控制工程交接检查验收应符合下列规定：

（1）配电柜（箱、屏）的固定及接地应可靠，漆层完好，清洁整齐；

（2）配电柜（箱、屏）内所装电器元件应齐全完好，绝缘合格，安装位置正确、牢固；

（3）所有二次回路接线应准确，连接可靠，标志清晰、齐全；

（4）操作及联动试验应符合设计要求；

（5）路灯控制系统操作简单、运行稳定，系统操作界面直观清晰。

18. 配电装置与控制工程交接验收应提交下列资料和文件：

（1）设计变更文件、工程竣工图等资料；

（2）产品说明书、试验记录、合格证及安装图纸等技术文件；

（3）备品备件清单、调试试验记录。

19. 相关标准：

《外壳防护等级（IP代码）》GB 4208

《钢结构设计规范》GB 50017

《电气装置安装工程接地装置施工及验收规范》GB 50169

《交流电气装置的过电压保护和绝缘配合设计规范》GB/T 50064

图名	编制说明	图号	CZ2

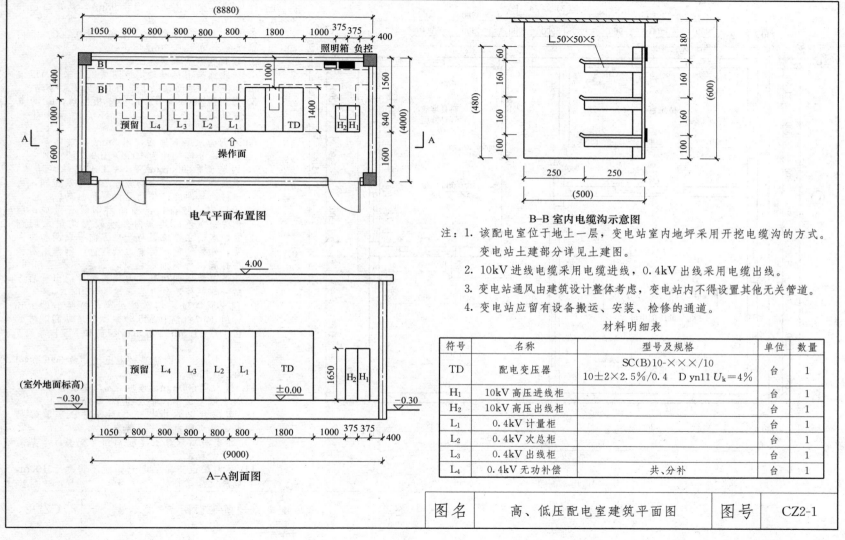

电气平面布置图

B-B 室内电缆沟示意图

注：1. 该配电室位于地上一层，变电站室内地坪采用开挖电缆沟的方式。变电站土建部分详见土建图。

2. 10kV 进线电缆采用电缆进线，0.4kV 出线采用电缆出线。

3. 变电站通风由建筑设计整体考虑，变电站内不得设置其他无关管道。

4. 变电站应留有设备搬运、安装、检修的通道。

材料明细表

符号	名称	型号及规格	单位	数量
TD	配电变压器	SC(B)10-×××/10 10±2×2.5%/0.4　D yn11 U_k=4%	台	1
H₁	10kV 高压进线柜		台	1
H₂	10kV 高压出线柜		台	1
L₁	0.4kV 计量柜		台	1
L₂	0.4kV 次总柜		台	1
L₃	0.4kV 出线柜		台	1
L₄	0.4kV 无功补偿	共、分补	台	1

A-A剖面图

图名	高、低压配电室建筑平面图	图号	CZ2-1

53

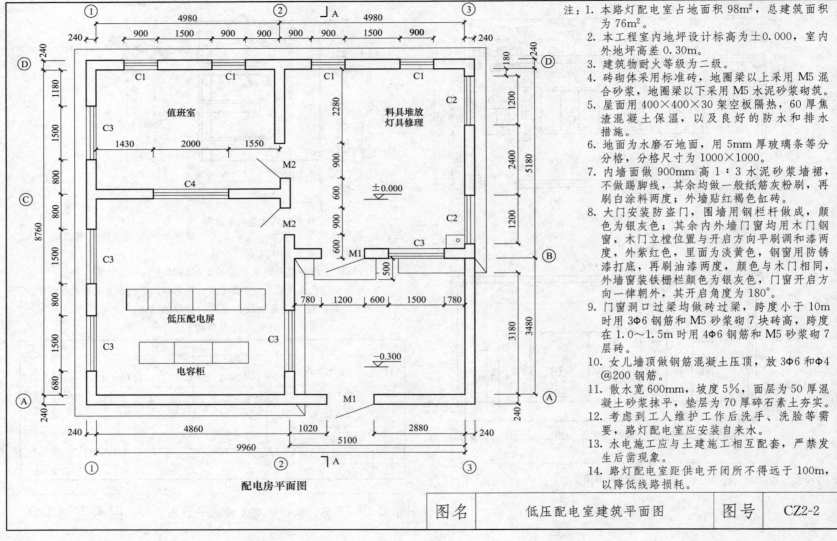

配电房平面图

注：1. 本路灯配电室占地面积 98m², 总建筑面积为 76m²。
2. 本工程室内地坪设计标高为 ±0.000, 室内外地坪高差 0.30m。
3. 建筑物耐火等级为二级。
4. 砖砌体采用标准砖, 地圈梁以上采用 M5 混合砂浆, 地圈梁以下采用 M5 水泥砂浆砌筑。
5. 屋面用 400×400×30 架空板隔热, 60 厚焦渣混凝土保温, 以及良好的防水和排水措施。
6. 地面为水磨石地面, 用 5mm 厚玻璃条等分分格, 分格尺寸为 1000×1000。
7. 内墙面做 900mm 高 1:3 水泥砂浆墙裙, 不做踢脚线, 其余均做一般纸筋灰粉刷, 再刷白涂料两度; 外墙贴红褐色缸砖。
8. 大门安装防盗门, 围墙用钢栏杆做成, 颜色为银灰色; 其余内外墙门窗均用木门钢窗, 木门立档位置与开启方向平刷调和漆两度, 外紫红色, 里面为淡黄色, 钢窗用防锈漆打底, 再刷油漆两度, 颜色与木门相同, 外墙窗装铁栅栏颜色为银灰色, 门窗开启方向一律朝外, 其开启角度为 180°。
9. 门窗洞口过梁均做砖过梁, 跨度小于 10m 时用 3Φ6 钢筋和 M5 砂浆砌 7 块砖高, 跨度在 1.0～1.5m 时用 4Φ6 钢筋和 M5 砂浆砌 7 层砖。
10. 女儿墙顶做钢筋混凝土压顶, 放 3Φ6 和 Φ4 @200 钢筋。
11. 散水宽 600mm, 坡度 5%, 面层为 50 厚混凝土砂浆抹平, 垫层为 70 厚碎石素土夯实。
12. 考虑到工人维护工作后洗手、洗脸等需要, 路灯配电室应安装自来水。
13. 水电施工应与土建施工相互配套, 严禁发生后凿现象。
14. 路灯配电室距供电开闭所不得远于 100m, 以降低线路损耗。

图名	低压配电室建筑平面图	图号	CZ2-2

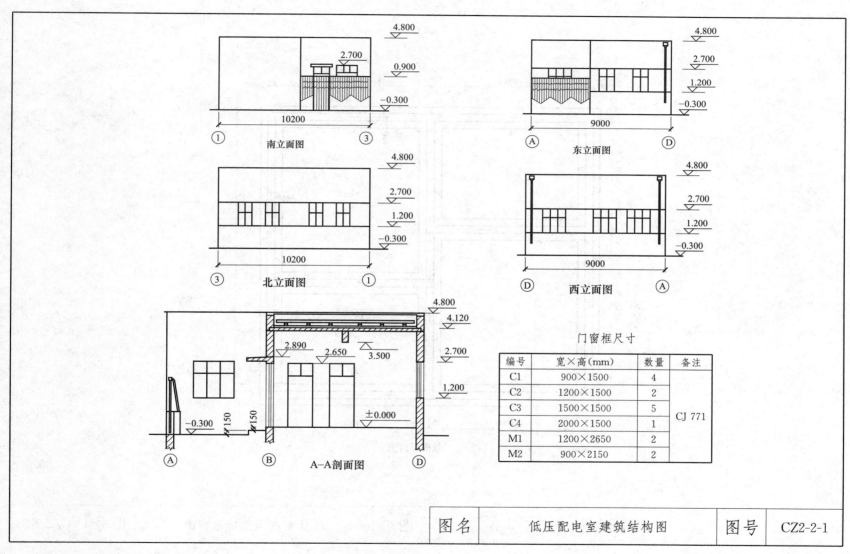

南立面图

北立面图

东立面图

西立面图

A—A剖面图

门窗框尺寸

编号	宽×高(mm)	数量	备注
C1	900×1500	4	
C2	1200×1500	2	
C3	1500×1500	5	CJ 771
C4	2000×1500	1	
M1	1200×2650	2	
M2	900×2150	2	

| 图名 | 低压配电室建筑结构图 | 图号 | CZ2-2-1 |

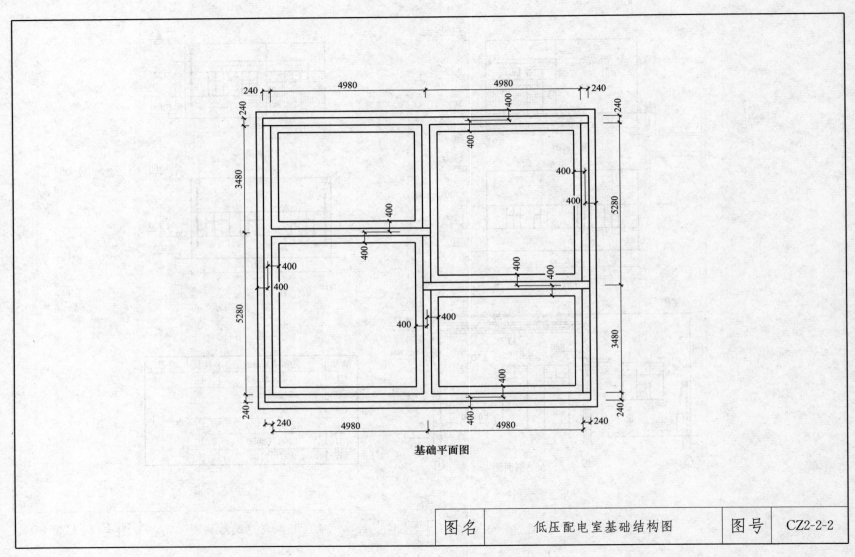

基础平面图

| 图名 | 低压配电室基础结构图 | 图号 | CZ2-2-2 |

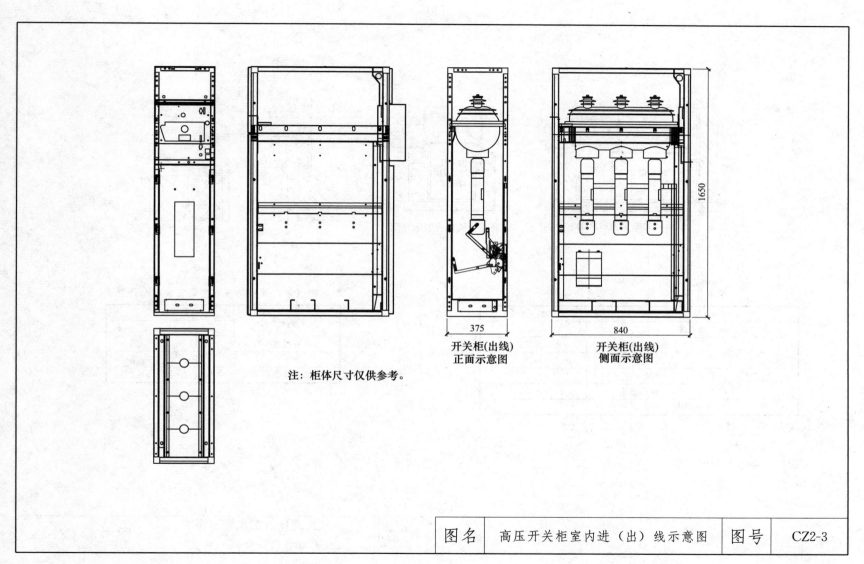

开关柜(出线)
正面示意图

375

开关柜(出线)
侧面示意图

840

1650

注：柜体尺寸仅供参考。

| 图名 | 高压开关柜室内进（出）线示意图 | 图号 | CZ2-3 |

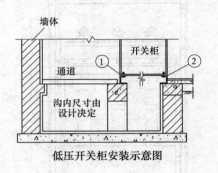

低压开关柜安装示意图

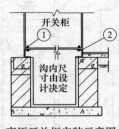

高压开关柜安装示意图

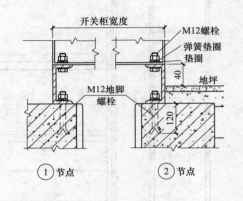

① 节点　　② 节点

配电柜（箱、屏）安装的允许偏差

项目		允许偏差（mm）
垂直度		<1.5
水平偏差	相邻两盘顶部	<2
	成列盘顶部	<5
盘面偏差	相邻两盘边	<1
	成列盘面	<5
柜间接缝		<2

配电柜（箱、屏）的基础型钢安装的允许偏差

项目	允许偏差	
	mm/m	mm/全长
直线度	<1	<5
水平度	<1	<5
位置误差及不平行度	—	<5

图名	室内高低压配电柜（屏）基础型钢安装图（一）	图号	CZ2-3-1

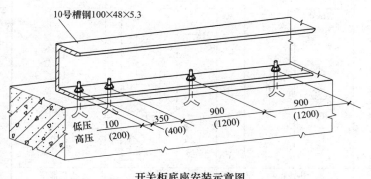

开关柜底座安装示意图

10号槽钢100×48×5.3

低压
高压

100
(200)
350
(400)
900
(1200)
900
(1200)

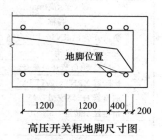

地脚位置

100
350
900
900
900

低压开关柜地脚尺寸图

地脚位置

1200
1200
400
200

高压开关柜地脚尺寸图

注：配电柜（屏）的基础型钢允许偏差应符合"配电柜（屏）
的基础型钢安装允许偏差表"的规定。基础型钢安装后，
其顶部宜高出抹平地面10mm，并有明显可靠的接地。

图名	室内高低压配电柜（屏）基础型钢安装图（二）	图号	CZ2-3-2

配电柜编号	H_1	H_2	TD
配电柜型号			
一次接线 额定电压10kV	10kV		至L_1计量柜
配电柜名称	进线柜	出线柜	变压器室
宽×深×高(mm)	375×840×1650	375×840×1650	

主要电气设备	名称	数量	数量	
	负荷开关 FLRN36-12D/125-31.5kA		1	
	配专用操作机构		1	
	分励线圈(负荷开关配套)		1	
	熔断器 XRNT-12/□A		3	
	避雷器 HY5WZ-17/45	3		
	带电显示装置 GSN-10	1	1	
	屏深宽尺寸	840×375	840×375	

注：1. 10kV常用供电系统方案除有特殊要求外，一般要求为：供电系统接线方案应根据工程设计确定。

2. 主母线采用 TMY－40×10，由厂方配供。

3. 变压器柜门误开抢跳保护，跳变压器高压侧出线开关。

4. 表中电器型号、规格仅供参考，隔离开关等设备容量可根据工程设计确定。

图名	10kV常用供电系统方案图	图号	CZ2-3-3

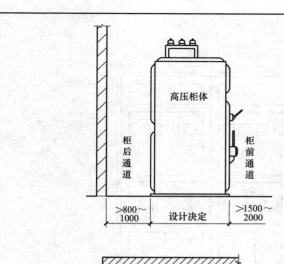

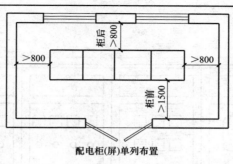

配电柜(屏)单列布置

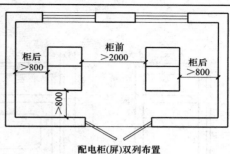

配电柜(屏)双列布置

高压配电装置在室内布置时通道最小宽度（mm）

配电柜布置方式	柜后维护通道	柜前操作通道	
		固定式	手车式
单排布置	800	1500	单车长度＋1200
双排面对面布置	800	2000	双车长度＋900
双排背对背布置	1000	1500	单车长度＋1200

低压配电装置在室内布置时通道最小宽度（mm）

配电柜布置方式	柜前通道	柜后通道	柜左右两侧通道
单列布置	1500	800	800
双列布置	2000	800	800

注：1. 固定式开关为靠墙布置时，柜后与墙净距应大于50mm，侧面与墙净距应大于200mm。

2. 通道宽度在建筑物的墙面遇有柱类局部凸出时，凸出部位的通道宽度可减少200mm。

3. 各种布置方式，其屏端通道不应小于800mm。

图名	室内高低压配电柜（屏）最小通道图	图号	CZ2-3-4

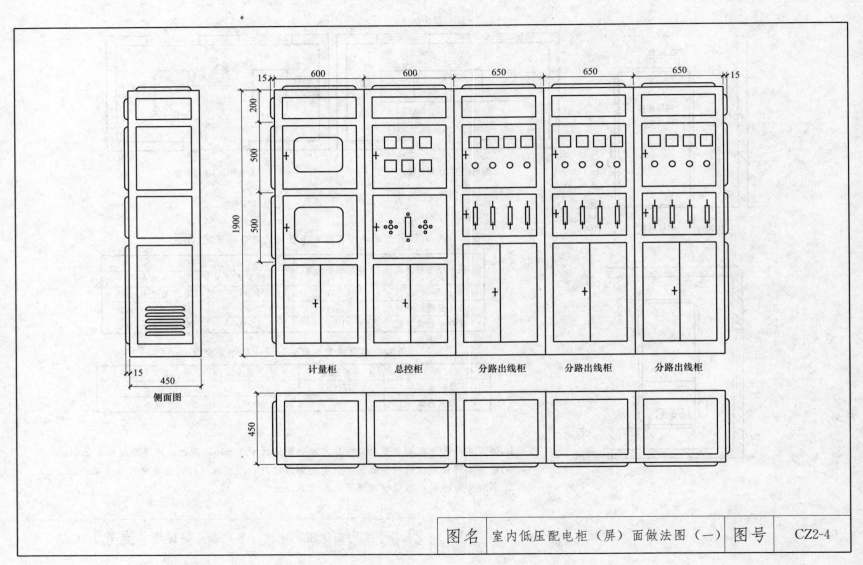

计量柜　　　总控柜　　　分路出线柜　　　分路出线柜　　　分路出线柜

侧面图

| 图名 | 室内低压配电柜（屏）面做法图（一） | 图号 | CZ2-4 |

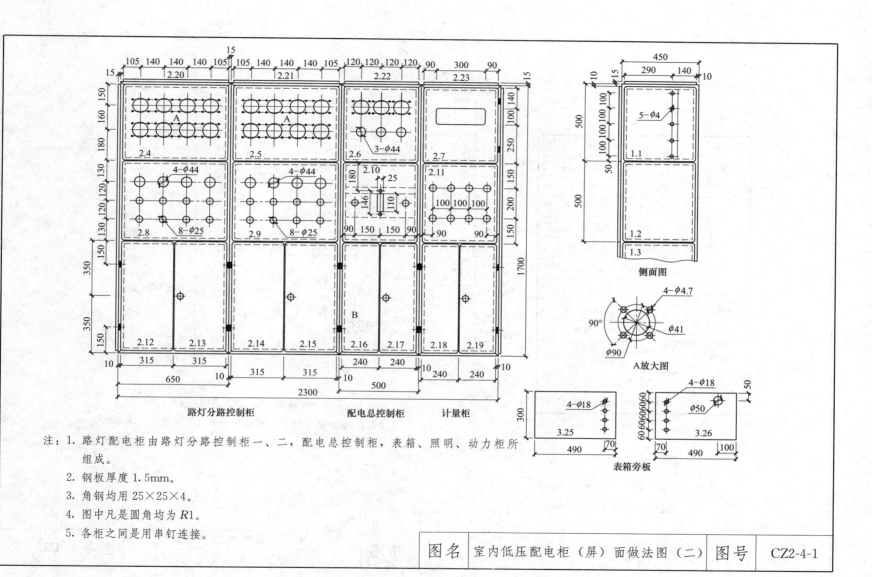

路灯分路控制柜　　　　配电总控制柜　　计量柜

注：1. 路灯配电柜由路灯分路控制柜一、二，配电总控制柜，表箱、照明、动力柜所组成。

2. 钢板厚度 1.5mm。

3. 角钢均用 $25 \times 25 \times 4$。

4. 图中凡是圆角均为 R1。

5. 各柜之间是用串钉连接。

侧面图

A放大图

表箱旁板

图名	室内低压配电柜（屏）面做法图（二）	图号	CZ2-4-1

63

	三相四线电源
计量柜	计量电能表
	RT0-250/200A 熔断器
	HD13-210/31 刀开关
总控柜	电流表 互感器
	NC100H3P-100A 空气开关
	NT1-250/100A 熔断器
	0-250V 电压表
	电流表 互感器
	CKJPDL-80 接触器
分路出线柜 (3-6)	NC100 空气开关 100A 节电器
	AD11-25 指示灯
	NT00-100/100A 熔断器

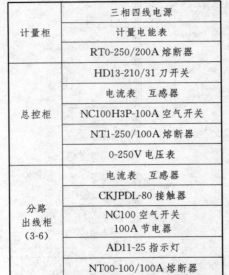

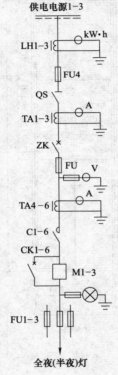

全夜(半夜)灯

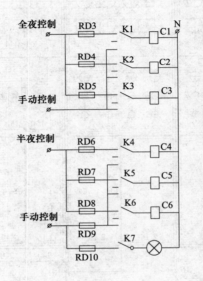

3～6分路出线柜二次回路图

注：1. 图中电器型号、规格仅供参考，具体由工程设计确定。
    2. 供电电源1-3仅是示意图，多回路控制可以此类推。

图名	室内低压配电柜（屏） 控制回路示意图	图号	CZ2-4-2

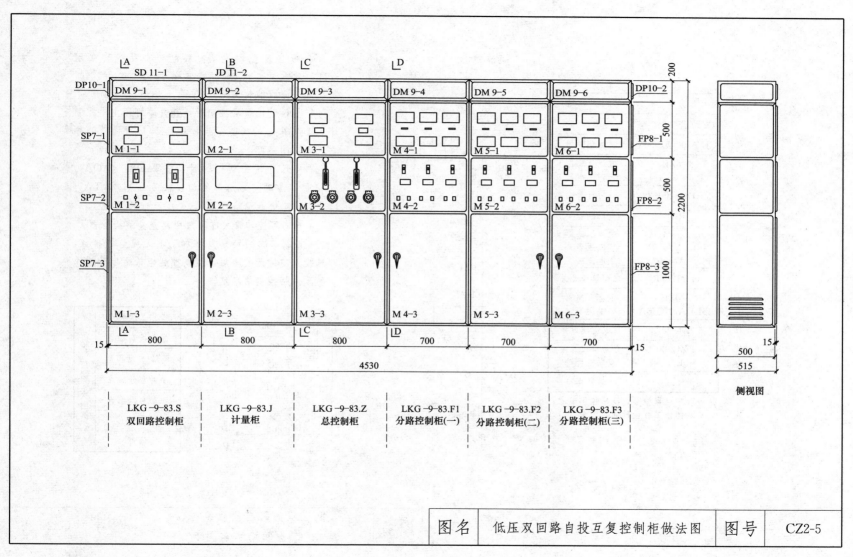

侧视图

| LKG-9-83.S 双回路控制柜 | LKG-9-83.J 计量柜 | LKG-9-83.Z 总控制柜 | LKG-9-83.F1 分路控制柜(一) | LKG-9-83.F2 分路控制柜(二) | LKG-9-83.F3 分路控制柜(三) |

| 图名 | 低压双回路自投互复控制柜做法图 | 图号 | CZ2-5 |

65

型号规格	元器件名称
DZ10 250/330 型	空气自动开关
CJ10-100 型 280V	交流接触器
LMZJ₁ 3×75A	电流互感器 三相四线电能表
HD13-200/3	刀开关
RC1	熔断器
LMZJ 46L1-V/450V 46L1-A/400/5A	电流互感器 电压表 电流表
DZ12-60	自动单极开关
LMZJ₁ 46L1-A/100/5A	电流互感器 电流表
DL-32	过电流继电器
DZ12-60 3CT	自动单极开关 双向可控硅
RC1	熔断器

注：表中电器型号、规格仅供参考，
　　具体由工程设计确定。

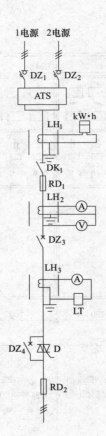

自投自复控制说明：双电源自动投切采用 ATS（双电源切换装置）来实现。

开关路灯控制说明：

1 当 K 处于自动控制时，开关路灯即由光控制器光 J 控制 J₁ 的接通，再由 J₁ 控制 D 可控硅的导通来开、闭路灯。

2 当 K 处于手动控制时，按下 QA₁ 或 QA₂，J₁ 接通 D 导通，路灯即开灯，按下 TA₁ 或 TA₂，D 截止，路灯电源断开。

3 双向可控硅开关亦可改用真空交流接触器。

4 控制二次回路只要增加三遥无线监控接点，即可投入监控开关路灯，但该控制柜只能起开关作用，无法将控制信息反馈。

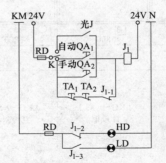

图名	低压双回路自投互复一、 二次回路示意图	图号	CZ2-5-1

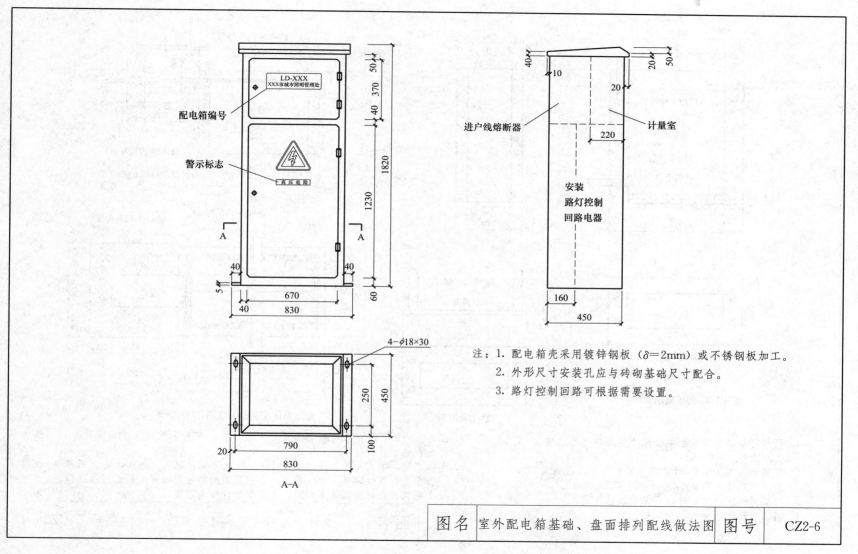

配电箱编号

警示标志

LD-XXX
XXX市城市照明管理处

高压危险

进户线熔断器

计量室

安装
路灯控制
回路电器

4-φ18×30

A—A

注：1. 配电箱壳采用镀锌钢板（δ＝2mm）或不锈钢板加工。
2. 外形尺寸安装孔应与砖砌基础尺寸配合。
3. 路灯控制回路可根据需要设置。

| 图名 | 室外配电箱基础、盘面排列配线做法图 | 图号 | CZ2-6 |

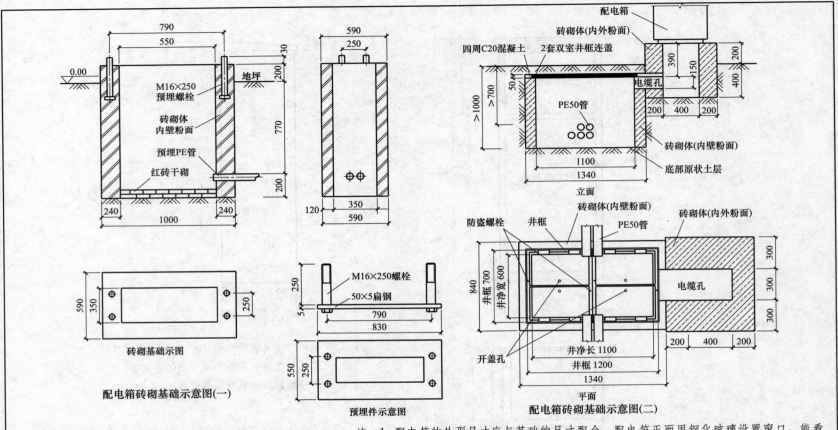

配电箱砖砌基础示意图(一)

砖砌基础示图

预埋件示意图

配电箱砖砌基础示意图(二)

立面

平面

注：1. 配电箱基础安装螺栓中心尺寸应与配电箱体安装孔相配合。
2. 砖砌墙体用不低于 M10 混合砂浆，砂浆要饱满。
3. 基础两侧墙身宽240mm，前后宽120mm。
4. 在潮湿地区，应在基础底部增加排水槽。
5. 基础中预埋铁件必须热镀锌。

注：1. 配电箱的外形尺寸应与基础的尺寸配合，配电箱正面用钢化玻璃设置窗口，能看清电表显示的数据，便于抄表。
2. 为防盗窃，手孔井顶面距地面0.1m。井框用 50×50×5 角钢，井盖用厚 3mm 钢板折弯成有撑板的厚 50mm 盖板，配防盗螺栓和专用铰链，制成后热镀锌。
3. 每个手孔井管道根数各不相同，应根据设计要求预埋。

图名	室外配电箱砖砌基础示意图	图号	CZ2-6-1

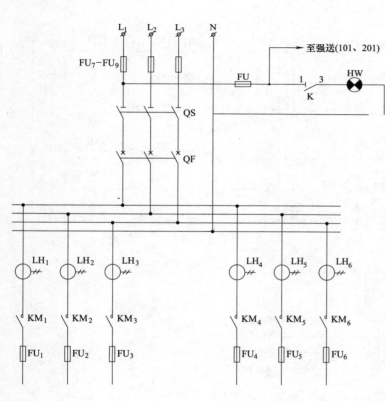

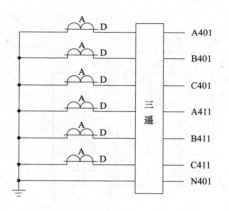

6路带遥控控制箱主要材料清单

序号	代号	名称	型号	数量	单位
1	FU$_{7-9}$	熔断器	NT00-160A	3	套
2	FU	熔断器	2.5A	1	只
3	QS	刀开关	HD11-100/38	1	把
4	QF	空气开关	CM1-160N/3300/100A	1	只
5	LH$_{1-6}$	电流互感器	ALH-0.66-100/5A 0.5 级	6	只
6	KM$_{1-6}$	真空接触器	CKJP-100A/1P	6	只
7	FU$_{1-6}$	熔断器	NT00-100A	6	套
8	1FU$_{1-6}$	熔断器	3-5A	6	只
9	2FU$_{1-6}$	熔断器	3-5A	6	只
10	HK$_{1-2}$	转换开关	LW39-16B-6AA-101010/3	2	只
11	SA$_{1-6}$	旋钮	LA39-10CX/X	6	只

注：表中电器型号、规格仅供参考，具体由工程设计确定。

图名	室外配电箱一、二次回路原理图（一）	图号	CZ2-6-2

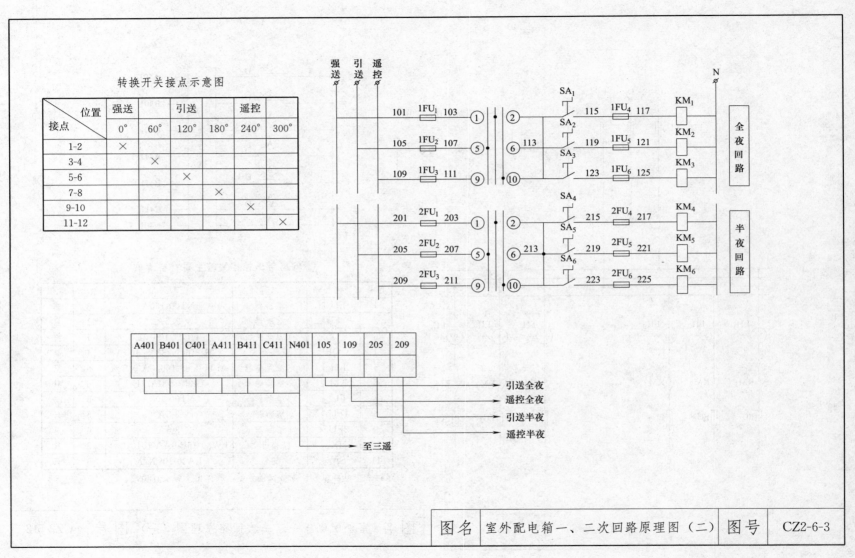

转换开关接点示意图

接点\位置	强送	引送		遥控	
	0°	60°	120°	180°	240°	300°
1-2	×					
3-4		×				
5-6			×			
7-8				×		
9-10					×	
11-12						×

引送全夜
遥控全夜
引送半夜
遥控半夜

至三遥

图名	室外配电箱一、二次回路原理图（二）	图号	CZ2-6-3

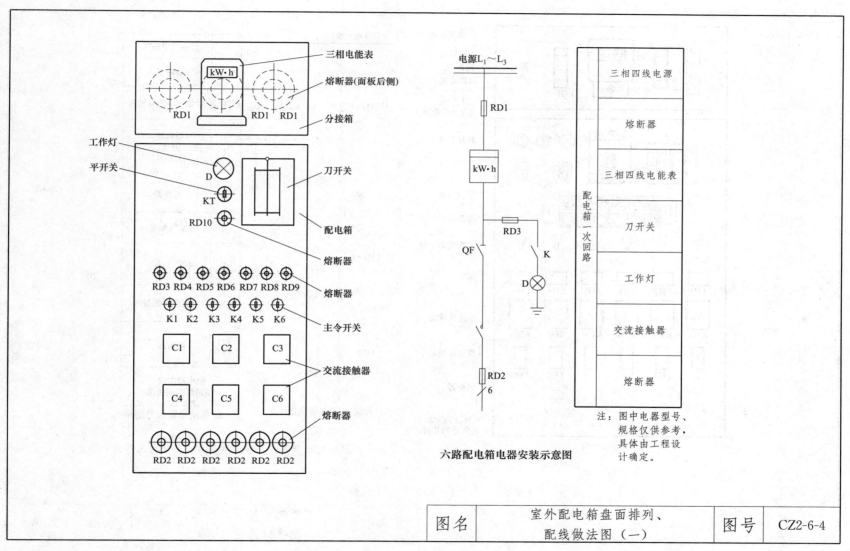

三相电能表

熔断器(面板后侧)

分接箱

工作灯

平开关

刀开关

配电箱

熔断器

熔断器

主令开关

交流接触器

熔断器

RD1　RD1　RD1

D

KT

RD10

RD3 RD4 RD5 RD6 RD7 RD8 RD9

K1 K2 K3 K4 K5 K6

C1　　C2　　C3

C4　　C5　　C6

RD2 RD2 RD2 RD2 RD2 RD2

电源L₁～L₃

RD1

kW·h

RD3

QF

K

D

RD2

6

六路配电箱电器安装示意图

三相四线电源

熔断器

三相四线电能表

刀开关

工作灯

交流接触器

熔断器

配电箱一次回路

注：图中电器型号、
　　规格仅供参考，
　　具体由工程设
　　计确定。

图名	室外配电箱盘面排列、 配线做法图（一）	图号	CZ2-6-4

71

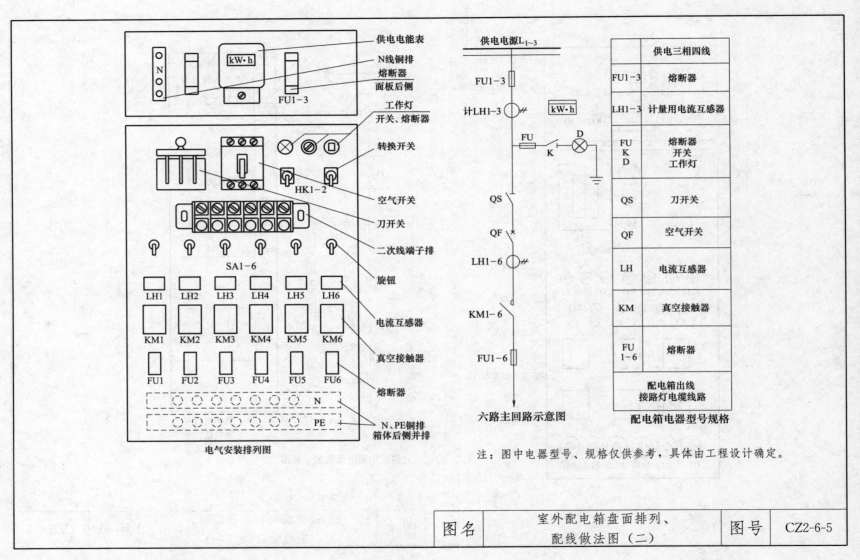

供电电能表

N线铜排
熔断器
面板后侧

FU1-3

工作灯
开关、熔断器

转换开关

空气开关

刀开关

二次线端子排

旋钮

电流互感器

真空接触器

熔断器

N、PE铜排
箱体后侧并排

电气安装排列图

SA1-6

LH1 LH2 LH3 LH4 LH5 LH6

KM1 KM2 KM3 KM4 KM5 KM6

FU1 FU2 FU3 FU4 FU5 FU6

N

PE

HK1-2

供电电源L₁~₃

FU1-3

计LH1-3

kW·h

FU K D

QS

QF

LH1-6

KM1-6

FU1-6

六路主回路示意图

供电三相四线	
FU1-3	熔断器
LH1-3	计量用电流互感器
FU K D	熔断器 开关 工作灯
QS	刀开关
QF	空气开关
LH	电流互感器
KM	真空接触器
FU 1-6	熔断器
配电箱出线 接路灯电缆线路	

配电箱电器型号规格

注：图中电器型号、规格仅供参考，具体由工程设计确定。

图名	室外配电箱盘面排列、 配线做法图（二）	图号	CZ2-6-5

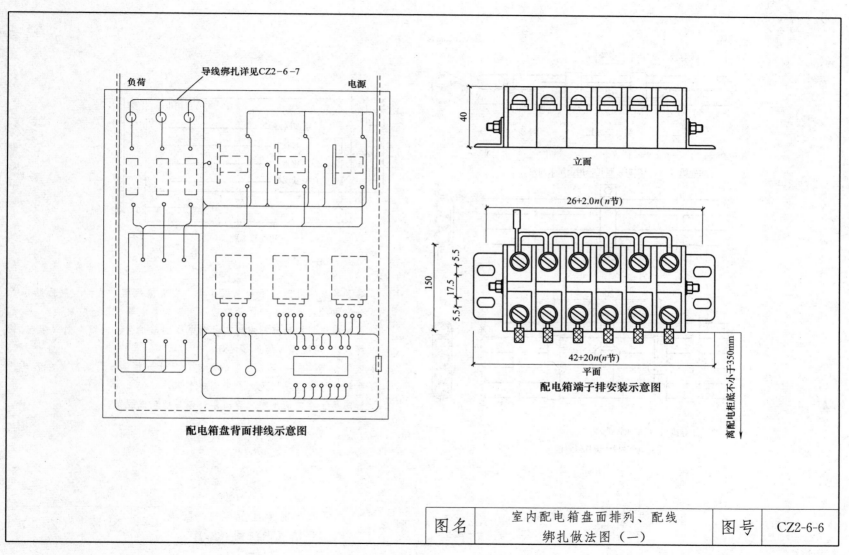

导线绑扎详见CZ2-6-7

负荷

电源

配电箱盘背面排线示意图

40

立面

26+2.0n(n节)

5.5

17.5

5.5

150

42+20n(n节)

离配电柜底不小于350mm

平面

配电箱端子排安装示意图

图名	室内配电箱盘面排列、配线绑扎做法图（一）	图号	CZ2-6-6

73

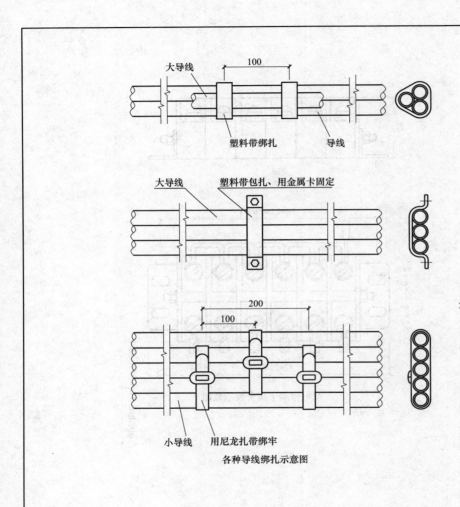

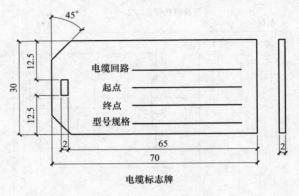

电缆标志牌

各种导线绑扎示意图

注：1. 各种导线绑扎时，不同电压等级、交直流线路、监控控制线路应
      分别绑扎，且有标识，固定后不应影响各电器设备拆装更换。
    2. 引出电缆每一回路标志牌应标明电缆回路编号、电缆走向（起点、
      终点），电缆型号规格等内容。
    3. 电缆标志牌在一个工程中的规定、尺寸宜统一，材质防腐、经久
      耐用，挂装应采用尼龙扎带固定牢靠。
    4. 标志牌上字体应清晰工整、字迹不易褪色或脱落。

| 图名 | 室内配电箱盘面排列、配线
绑扎做法图（二） | 图号 | CZ2-6-7 |

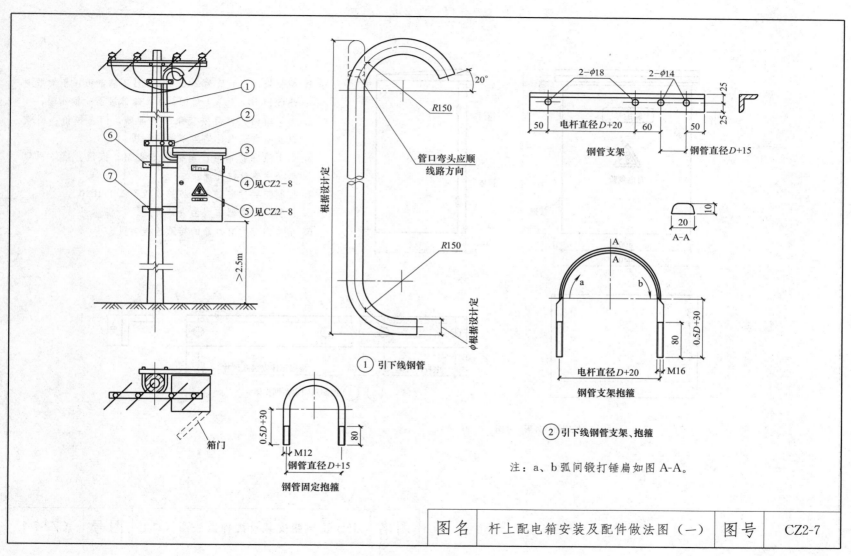

管口弯头应顺
线路方向

20°

R150

R150

根据设计定

φ根据设计定

① 引下线钢管

0.5D+30

M12

80

钢管直径D+15

钢管固定抱箍

箱门

① ② ⑥ ③ ④见CZ2-8 ⑤见CZ2-8 ⑦

>2.5m

2-φ18   2-φ14

25 25

50 电杆直径D+20 60 50

钢管支架

钢管直径D+15

10

20

A-A

A
A

a   b

0.5D+30

80

电杆直径D+20   M16

钢管支架抱箍

② 引下线钢管支架、抱箍

注：a、b弧间锻打锤扁如图A-A。

| 图名 | 杆上配电箱安装及配件做法图（一） | 图号 | CZ2-7 |

75

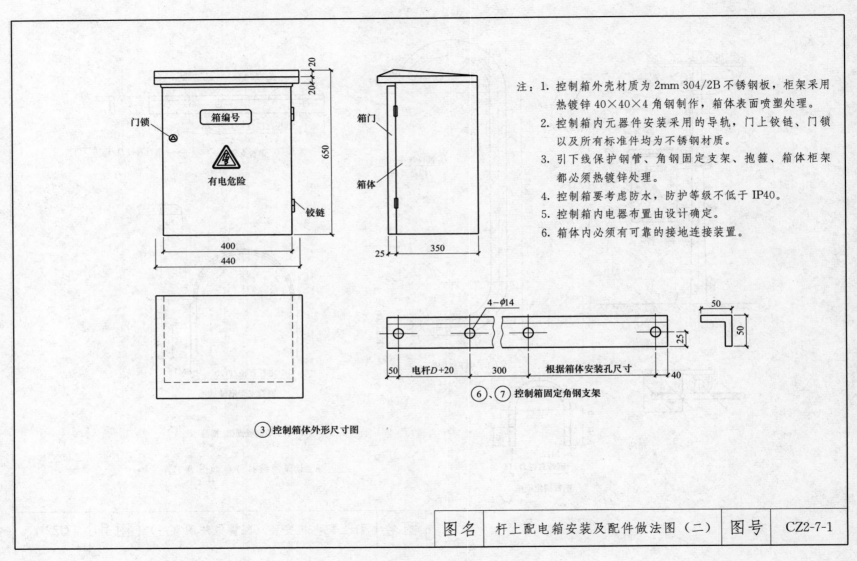

注：1. 控制箱外壳材质为 2mm 304/2B 不锈钢板，柜架采用
　　热镀锌 40×40×4 角钢制作，箱体表面喷塑处理。
2. 控制箱内元器件安装采用的导轨、门上铰链、门锁
　　以及所有标准件均为不锈钢材质。
3. 引下线保护钢管、角钢固定支架、抱箍、箱体柜架
　　都必须热镀锌处理。
4. 控制箱要考虑防水，防护等级不低于 IP40。
5. 控制箱内电器布置由设计确定。
6. 箱体内必须有可靠的接地连接装置。

门锁

箱编号

有电危险

铰链

400

440

箱门

箱体

650

20
20

25

350

③ 控制箱体外形尺寸图

4-φ14

50

电杆D+20

300

根据箱体安装孔尺寸

25

50

50

40

⑥、⑦ 控制箱固定角钢支架

| 图名 | 杆上配电箱安装及配件做法图（二） | 图号 | CZ2-7-1 |

白衬底、红色字、配电箱编号

180

250

箱变、控制箱编号

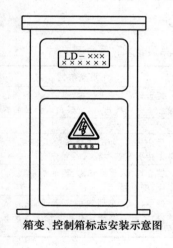

箱变、控制箱标志安装示意图

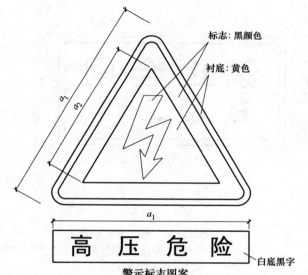

标志：黑颜色

衬底：黄色

a_1

高 压 危 险 ← 白底黑字

警示标志图案

注：1. 警示标志的参数：外边 $a_1=0.034L$，内边 $a_2=0.70a_1$，边框外角圆弧半径 $r=0.08a_2$，L 为观察距离（一般取 7～8m）。

2. 警示标志颜色：底色为黄色，外边框用黄色勾一窄边，黄色窄边宽度为标志边长的 0.025 倍。

3. 警示标志牌材料：应采用坚固耐用、不易褪色的材料，触电危险的标志应用绝缘材料制作。

4. 警示标志牌表面质量：除上述要求外，标志牌图形清楚、无毛刺、孔洞和影响使用的任何疵病。

5. 排列位置：配电箱编号标志牌放上方，"高压危险"警示标志放下方。警示标志的文字也可写成"高压危险，请勿靠近""当心触电"等警示语句。

图名	室内外配电柜（箱、屏）、 箱变等警示标志（一）	图号	CZ2-8

77

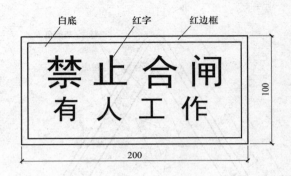

白底　　红字　　红边框

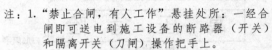

100

200

红底、红边　　白字　　留白框

100

200

注：1．"禁止合闸，有人工作"悬挂处所：一经合闸即可送电到施工设备的断路器（开关）和隔离开关（刀闸）操作把手上。

2．"禁止合闸，线路有人工作"悬挂处所：线路断路器（开关）和隔离开关（刀闸）把手上。

3．字体：黑体字。

安全色的含义和用途表

颜色	含义	用途举例
红色	禁止停止	禁止标志，停止标志，机器、车辆上的紧急停止手柄或按钮，以及禁止人们触动的部位
		红色也表示防火
蓝色	指令必须遵守的规定	指令标志：如必须佩带个人防护用具、道路上指引车辆和行人行驶方向的指令
黄色	警告注意	警告标志、警戒标志、围的警戒线、行车道中线、安全帽
绿色	提示、安全状态、通行	提示标志、车间内的安全通道、行人和车辆通行标志、消防设备和其他安全防护设备的位置

图名	室内外配电柜（箱、屏）、箱变等警示标志（二）	图号	CZ2-8-1

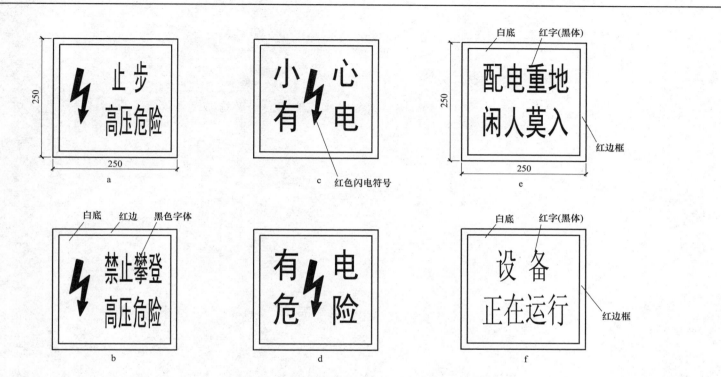

注：1. a、b、c、d 四块警示标志牌尺寸、颜色、字体（黑体）都一样。

2. 悬挂处所：施工地点和临近带电设备的遮拦上，室外工作地点的围栏上，禁止通行的过道上，控制箱、箱式变电站箱门上，工作地点临近带电设备的横梁或围栏上。

3. e、f 两警示牌尺寸为：250mm×250mm，颜色：白底、红边、红字（黑体），适用场所：高低压配电室门上、室外工作地点临近带电设备的围栏上。

图名	室内外配电柜（箱、屏）、 箱变等警示标志（三）	图号	CZ2-8-2

CZ3 架空线路

图名	架空线路	图号	CZ3

架空线路
编制说明

城市道路照明的架空线路大体上可分高压架空线路、低压架空线路两类，这两类线路在电力网中又称配电线路，配电线路中1～10kV线路为高压架空线路、1kV以下线路为低压架空线路。在路灯线路中又有专用架空线路和与供电共杆架空线路两种。

本章主要是架空线路安装。其中包括：钢筋混凝土电杆附件装置示意图；各种杆型卡盘；高、低压角钢横担及附件安装；10kV瓷横担及附件安装图、常用拉线安装和高压、低压架空线路杆头结构、弧垂、绑扎、压接等做法图。除设计有特殊要求外，一般要求如下：

1. 城市道路照明架空线路施工前必须根据设计提供的线路平面图、断面图等图纸要求，确定电杆位置。若因设计所标定的位置受现场地理位置影响无法确定杆位时，应通知设计人员到现场查看原因、变更设计。

2. 对直线杆、转角杆、拉线（杆）的杆坑定位，电杆的基坑有圆形坑和梯形坑，通常挖圆形坑的土方量小，对电杆的稳定性较好，施工也方便。因土质松软等问题需采用卡盘或底盘稳固电杆，基坑相应开挖大一些，将底盘放平、找正，与电杆中心线垂直，并将填土夯实至底盘表面。

3. 卡盘一般情况下都可不用，仅在土层不好或较陡斜坡上立杆时，为减少电杆埋深才考虑使用，卡盘装设位置设在自地面到电杆埋设深度的1/3处，深度允差±50mm，当设计无要求时，上平面距地面不应小于500mm，并与电杆连接紧密。

4. 环形钢筋混凝土电杆应符合下列规定：
   (1) 表面应光洁平整，壁厚均匀，无露筋、跑浆、硬伤等缺陷；
   (2) 电杆应无纵向裂缝，横向裂缝的宽度不得超过0.1mm，

长度不得超过电杆周长的1/3（环形预应力混凝土电杆，要求不允许有纵向裂缝和横向裂缝）；杆身弯曲度不得超过杆长的1/1000。杆预应封堵。

5. 钢管电杆应符合下列规定：
   (1) 应焊缝均匀、无漏焊。杆身弯曲度不得超过杆长的2/1000。
   (2) 应热镀锌，镀锌层应均匀无漏镀，其厚度不得小于65μm。

6. 电杆立好后应垂直，允许的倾斜偏差应符合下列规定：
   (1) 直线杆的倾斜不得大于杆梢直径的1/2；
   (2) 转角杆宜向外角预偏，紧好线后不得向内角倾斜，其杆梢向外角倾斜不得大于杆梢直径；
   (3) 终端杆宜向拉线侧预偏，紧好线后不得向受力侧倾斜，其杆梢向拉线侧倾斜不得大于杆梢直径。

7. 线路横担应为热镀锌角钢，高压横担的角钢截面不得小于63mm×63mm×6mm；低压横担的角钢截面不得小于50mm×50mm×5mm。

8. 同杆架设的多回路线路，横担之间的垂直距离不得小于下表的规定。

横担之间的最小垂直距离（mm）

架设方式及电压等级	直线杆		分支杆或转角杆	
	裸导线	绝缘线	裸导线	绝缘线
高压与高压	800	500	450/600	200/300
高压与低压	1200	1000	1000	—
低压与低压	600	300	300	200

图名	编制说明	图号	CZ3

9. 架空线路在同一档内导线的接头不得超过一个，导线接头距横担绝缘子、瓷横担等固定点不得小于500mm。不同金属、不同规格、不同绞向的导线严禁在档距内连接。

10. 路灯线路与弱电线路交叉跨越时，必须路灯线路在上，弱电线路在下。在路灯线路最大弧垂时，路灯高压线路与弱电线路的垂直距离不得小于2m；路灯低压线路与弱电线路的垂直距离不得小于1m。

11. 配电线路中的路灯专用架空线可与其他架空线同杆架设，但必须是同一个配变区段的电源，且应与同杆架设的其他导线同材质；架设的位置不应高于其他相同或更高电压等级的导线。

12. 当拉线穿越带电线路时，距带电部位不得小于200mm，且必须加装绝缘子或采取其他安全措施。当拉线绝缘子自然悬垂时，距地面不得小于2.5m。

13. 跨越道路的横向拉线与拉线杆的安装应符合下列规定：
（1）拉线杆埋深不得小于杆长的1/6；
（2）拉线杆应向受力的反方向倾斜10°～20°；
（3）拉线杆与坠线的夹角不得小于30°；
（4）坠线上端固定点距拉线杆顶部宜为250mm；
（5）横向拉线距车行道路面的垂直距离不得小于6m。

14. 导线固定应符合下列规定：
（1）导线的固定应牢固；
（2）绑扎应选用与导线同材质的直径不得小于2mm的单股导线做绑线。绑扎应紧密、平整；
（3）裸铝导线在绝缘子或线夹上固定应紧密缠绕铝包带，缠绕长度应超出接触部位30mm。铝包带的缠绕方向应与外层线股的绞制方向一致。

15. 导线在针式绝缘子上固定应符合下列规定：

（1）直线杆：导线应固定在绝缘子的顶槽内。低压裸导线可固定在绝缘子靠近电杆侧的颈槽内；
（2）直线转角杆：导线应固定在绝缘子转角外侧的颈槽内；
（3）直线跨越杆：导线应双固定，主导线固定处不得受力出角；
（4）固定低压导线可按十字型进行绑扎，固定高压导线应绑扎双十字。

16. 架空线路工程交接检查验收应符合下列规定：
（1）电杆、线材、金具、绝缘子等器材的质量应符合技术标准的规定；
（2）电杆组立的埋深、位移和倾斜等应合格；
（3）金具安装的位置、方式和固定等应符合规定；
（4）绝缘子的规格、型号及安装方式方法应符合规定；
（5）拉线的截面、角度、制作和标志应符合规定；
（6）导线的规格、截面应符合设计规定；
（7）导线架设的固定、连接、档距、弧垂以及导线的相间、跨越、对地、对树的距离应符合规定。

17. 架空线路工程交接验收应提交下列资料和文件：
（1）设计图及设计变更文件；
（2）工程竣工图等资料；
（3）测试记录和协议文件。

18. 相关标准：
《电气装置安装工程35kV及以下架空电力线路施工及验收规范》GB 50173
《环形混凝土电杆》GB 4623

| 图名 | 编制说明 | 图号 | CZ3 |

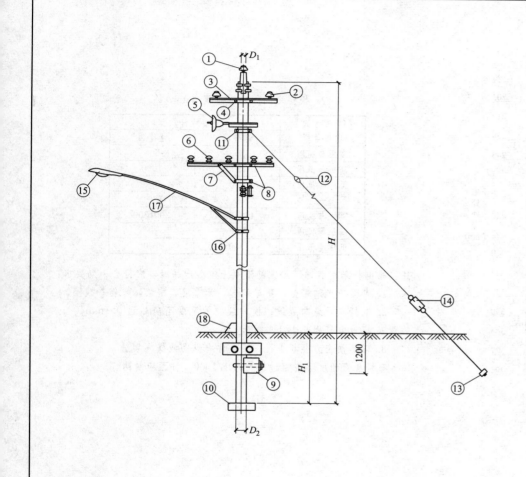

电杆埋设深度表

杆长（m）	8	9	10	11	12	13	15
梢径（mm）	150	150	190	190	190	190	190
根径（mm）	257	270	283	337	350	363	390
埋深（mm）	1500	1600	1700	1800	1900	2000	2300

注：表中埋设深度为一般土质情况。

混凝土电杆附件各部表

序号	附件名称	序号	附件名称
D_1	电杆梢径	9	卡盘
D_2	电杆根径	10	底盘
1	杆顶支座	11	拉线抱箍
2	高压针式绝缘子	12	拉线绝缘子
3	高压角钢横担	13	拉线盘
4	横担抱箍	14	花篮螺栓
5	高压悬式绝缘子	15	路灯灯具
6	低压蝶式绝缘子	16	灯架抱箍
7	横担支撑	17	路灯架
8	横担和支撑抱箍	18	防沉土台

图名	钢筋混凝土电杆附件装置示意图	图号	CZ3-1

85

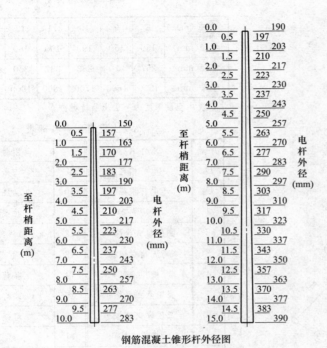

钢筋混凝土锥形杆外径图

横担之间的垂直距离（mm）

架设方式 电压等级	直线杆	
	裸导线	绝缘线
高压与高压	800	500
高压与低压	1200	1000
低压与低压	600	300
—	分支杆或转角杆	
高压与高压	450/600	200/300
高压与低压	1000	—
低压与低压	300	200

注：当电杆采用普通环形钢筋混凝土定型产品时，应符合下列要求：

1. 表面应光洁平整，壁厚均匀，无露筋、跑浆，硬伤等缺陷。

2. 电杆应无纵向裂纹；横向裂纹的宽度不应超过0.1mm，长度不超过电杆周长1/3。

3. 环形预应力混凝土杆，不允许有纵向或横向裂缝。

4 杆身弯曲度不应超过杆长的1/1000，杆预应封堵。

图名	混凝土电杆外径尺寸横担 之间垂直距离	图号	CZ3-1-1

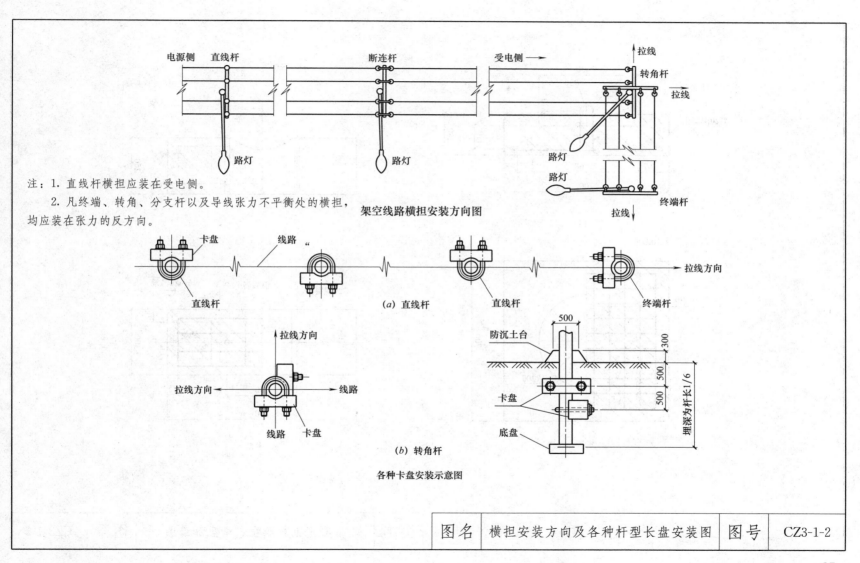

电源侧　直线杆

断连杆

受电侧→　　拉线

转角杆

拉线

路灯

路灯

路灯

路灯

终端杆

拉线

注：1. 直线杆横担应装在受电侧。

2. 凡终端、转角、分支杆以及导线张力不平衡处的横担，均应装在张力的反方向。

架空线路横担安装方向图

卡盘

线路

拉线方向

直线杆

直线杆

终端杆

(a) 直线杆

拉线方向

拉线方向

线路

线路

卡盘

(b) 转角杆

500

防沉土台

300

500

埋深为杆长1/6

500

卡盘

500

底盘

各种卡盘安装示意图

图名	横担安装方向及各种杆型长盘安装图	图号	CZ3-1-2

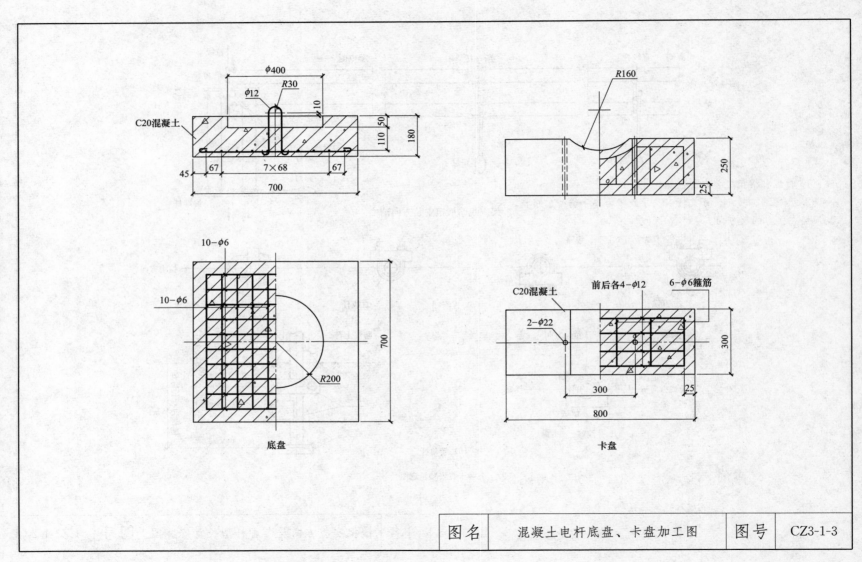

底盘

卡盘

| 图名 | 混凝土电杆底盘、卡盘加工图 | 图号 | CZ3-1-3 |

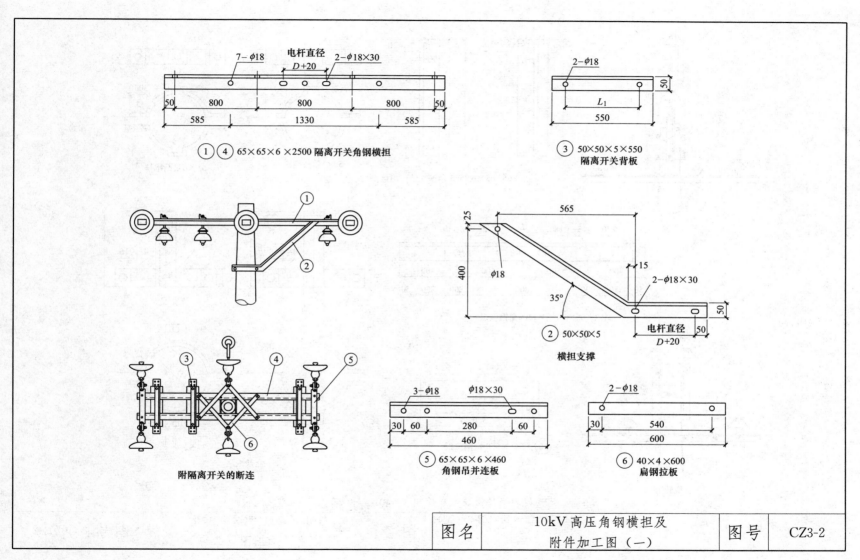

① ④ 65×65×6×2500 隔离开关角钢横担

③ 50×50×5×550
隔离开关背板

横担支撑

附隔离开关的断连

⑤ 65×65×6×460
角钢吊并连板

⑥ 40×4×600
扁钢拉板

图名	10kV高压角钢横担及 附件加工图（一）	图号	CZ3-2

89

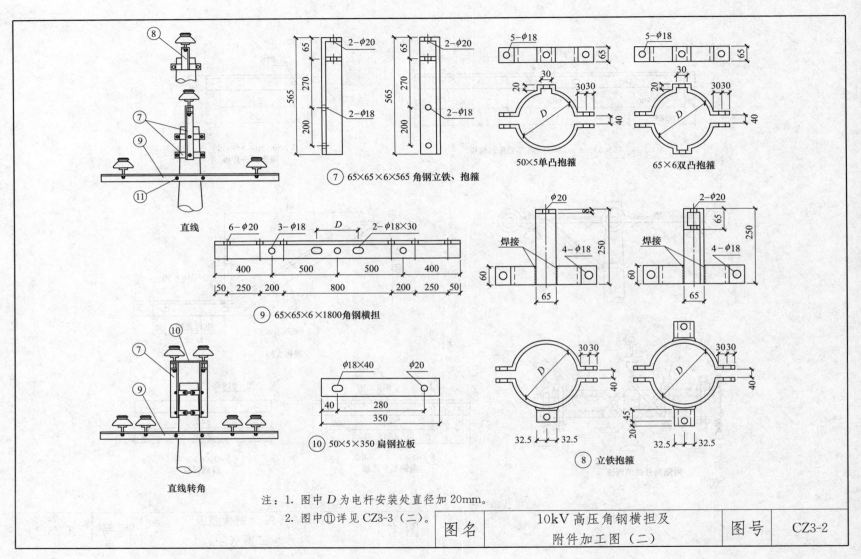

⑦ 65×65×6×565 角钢立铁、抱箍

50×5单凸抱箍　　　65×6双凸抱箍

直线

⑨ 65×65×6×1800角钢横担

焊接　　　焊接

直线转角

⑩ 50×5×350 扁钢拉板

⑧ 立铁抱箍

注：1. 图中 D 为电杆安装处直径加 20mm。

2. 图中⑪详见 CZ3-3（二）。

图名	10kV 高压角钢横担及 附件加工图（二）	图号	CZ3-2

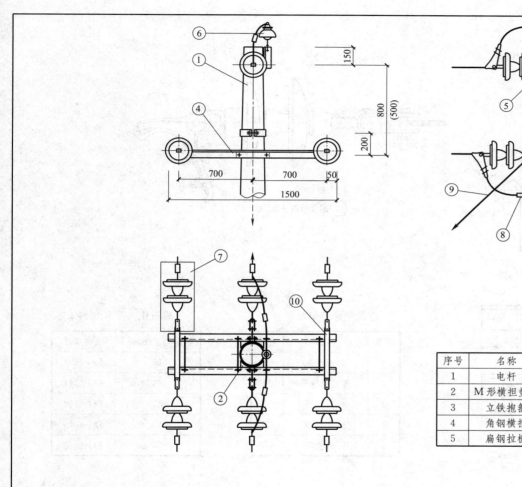
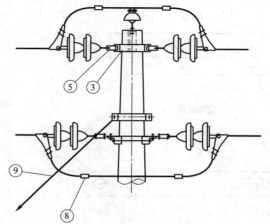

材料明细表

序号	名称	备注	序号	名称	备注
1	电杆	CZ3-1-1	6	针式绝缘子	CZ3-5（一）
2	M形横担垫铁	CZ3-3（二）	7	耐张绝缘子	CZ3-2（四）
3	立铁抱箍	CZ3-2（二）	8	并沟线夹	
4	角钢横担	CZ3-2（四）	9	拉线	
5	扁钢拉板	CZ3-2（四）	10	扁钢拉板	CZ3-2（四）

图名	10kV 高压角钢横担及 附件加工图（三）	图号	CZ3-2

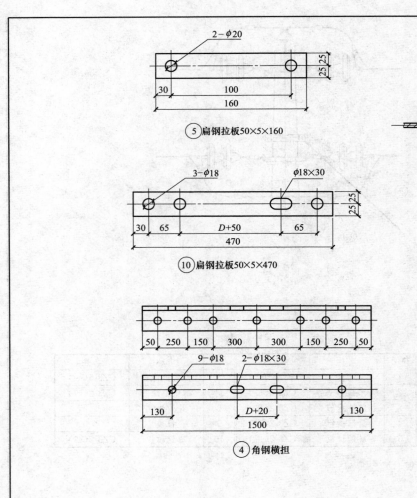

⑤ 扁钢拉板 50×5×160

⑩ 扁钢拉板 50×5×470

④ 角钢横担

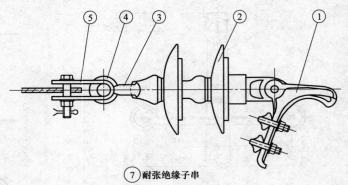

⑦ 耐张绝缘子串

耐张绝缘子串组材料

序号	名称	规格
1	耐张线夹	
2	悬式绝缘子	XP-7
3	碗头排板	W-7B
4	球头排环	Q7
5	U形拉环	U7

耐张线夹型号规格

导线截面(mm²)	线夹型号
16	DG-4554
25	DG-4541
35	DG-4542
50	DG-4543
70	DG-4545

图名	10kV 高压角钢横担及附件加工图（四）	图号	CZ3-2

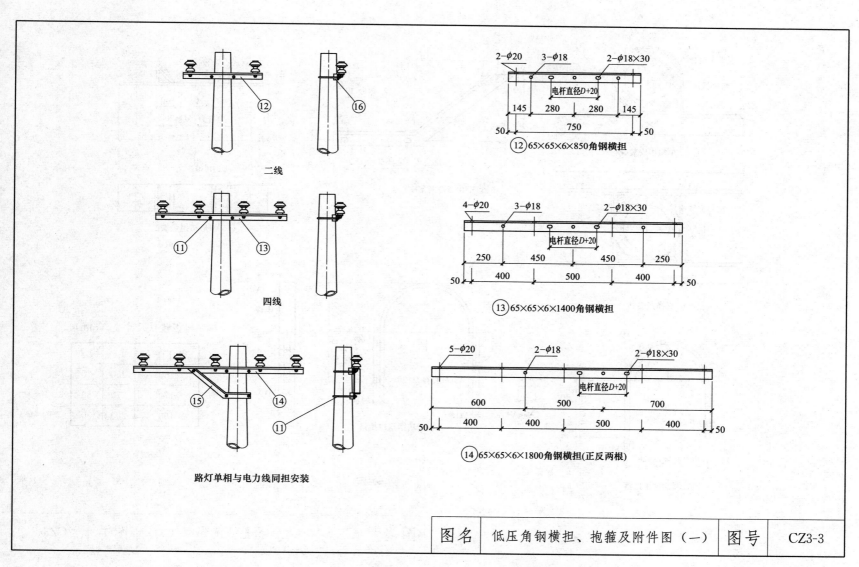

二线

四线

路灯单相与电力线同担安装

2-φ20　3-φ18　2-φ18×30

电杆直径D+20

145　280　280　145

50　750　50

⑫ 65×65×6×850角钢横担

4-φ20　3-φ18　2-φ18×30

电杆直径D+20

250　450　450　250

50　400　500　400　50

⑬ 65×65×6×1400角钢横担

5-φ20　2-φ18　2-φ18×30

电杆直径D+20

600　500　700

50　400　400　500　400　50

⑭ 65×65×6×1800角钢横担(正反两根)

图名	低压角钢横担、抱箍及附件图（一）	图号	CZ3-3

93

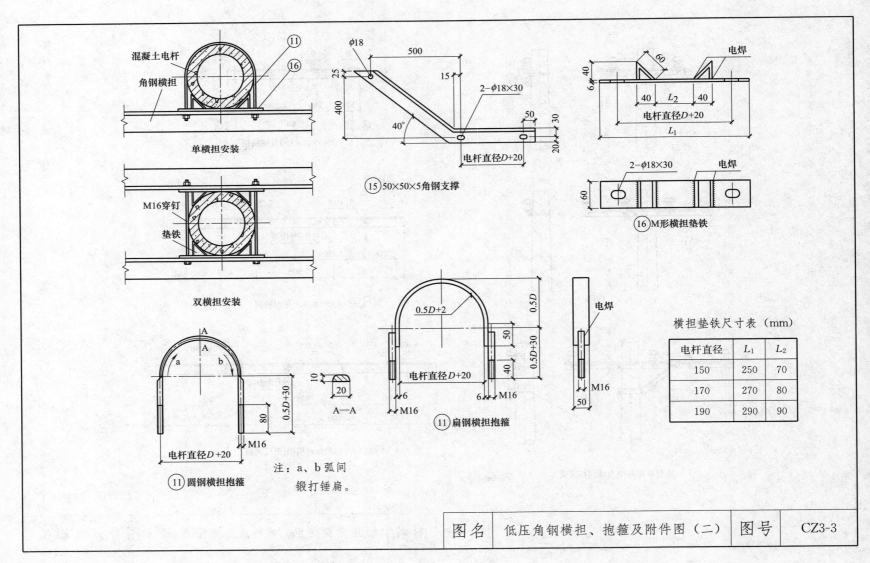

混凝土电杆

角钢横担

⑪
⑯

单横担安装

M16穿钉

垫铁

双横担安装

φ18

500

25

400

40°

15

2－φ18×30

50

30

20

电杆直径D+20

⑮ 50×50×5角钢支撑

60

电焊

40

6

40

L₂

40

电杆直径D+20

L₁

2－φ18×30

电焊

60

⑯ M形横担垫铁

A

A

a   b

10

20

A—A

0.5D+30

80

电杆直径D+20

M16

⑪ 圆钢横担抱箍

0.5D+2

50

电杆直径D+20

40

6

6

M16

M16

⑪ 扁钢横担抱箍

电焊

M16

50

0.5D

0.5D+30

0.5D+30

注：a、b弧间
    锻打锤扁。

横担垫铁尺寸表（mm）

电杆直径	L_1	L_2
150	250	70
170	270	80
190	290	90

图名	低压角钢横担、抱箍及附件图（二）	图号	CZ3-3

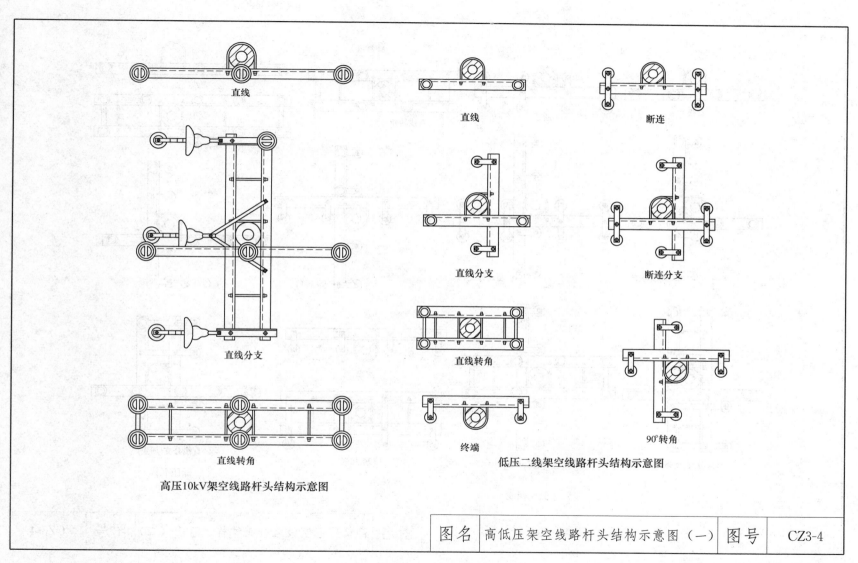

直线

直线

断连

直线分支

断连分支

直线分支

直线转角

直线转角

终端

90°转角

高压10kV架空线路杆头结构示意图

低压二线架空线路杆头结构示意图

| 图名 | 高低压架空线路杆头结构示意图（一） | 图号 | CZ3-4 |

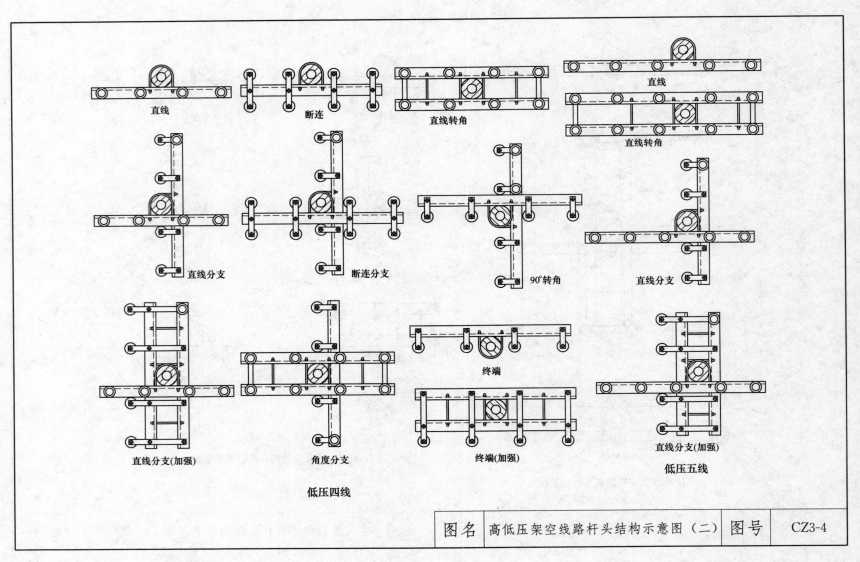

直线

断连

直线转角

直线

直线转角

直线分支

断连分支

90°转角

直线分支

直线分支(加强)

角度分支

终端

终端(加强)

直线分支(加强)

低压四线

低压五线

| 图名 | 高低压架空线路杆头结构示意图（二） | 图号 | CZ3-4 |

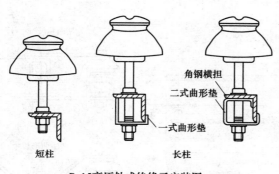

角钢横担
二式曲形垫
一式曲形垫

短柱　　　　　　　　长柱

P-15高压针式绝缘子安装图

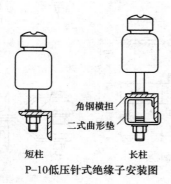

角钢横担
二式曲形垫

短柱　　　　长柱

P-10低压针式绝缘子安装图

注：针式绝缘子曲形垫加工图一式和二式参照图CZ1-2-1。

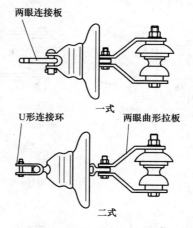

两眼连接板
U形连接环
两眼曲形拉板
一式
二式

X4.5悬式加蝶式绝缘子安装图

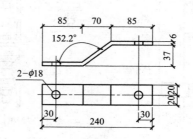

85　70　85
152.2°
37
6
2-φ18
20 20
30　240　30

两眼曲形拉板

| 图名 | 高低压绝缘子安装及附件加工图（一） | 图号 | CZ3-5 |

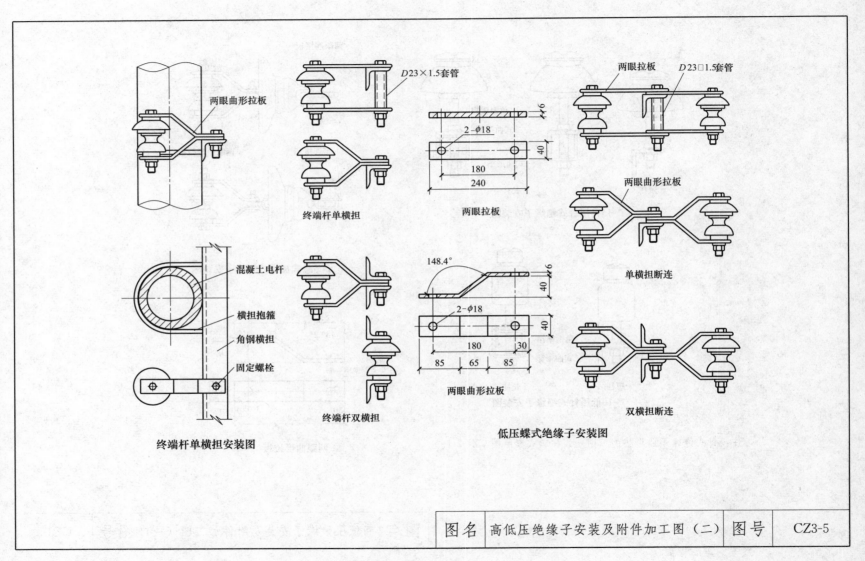

两眼曲形拉板

D23×1.5套管

两眼拉板

D23□1.5套管

2-φ18

6

40

180

240

两眼拉板

终端杆单横担

两眼曲形拉板

单横担断连

混凝土电杆

横担抱箍

角钢横担

固定螺栓

148.4°

6

40

2-φ18

40

85

65

85

180

30

两眼曲形拉板

双横担断连

终端杆单横担安装图

终端杆双横担

低压蝶式绝缘子安装图

| 图名 | 高低压绝缘子安装及附件加工图（二） | 图号 | CZ3-5 |

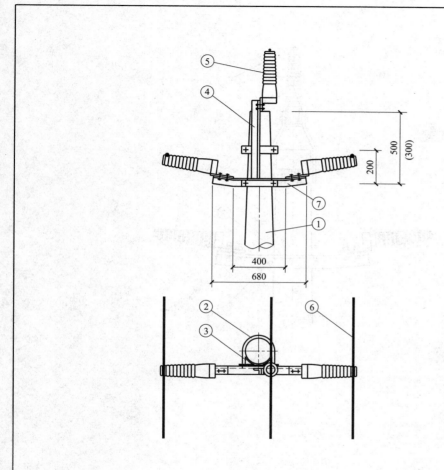

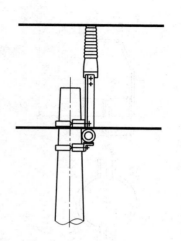

材料明细表

序号	名称	备注	序号	名称	备注
1	电杆	CZ3-1-1	5	瓷横担绝缘子	CZ3-6(三)
2	圆钢横担抱箍	CZ3-3(二)	6	导线	
3	M形横担垫铁	CZ3-3(二)	7	瓷横担角铁横担	CZ3-6(二)
4	杆顶支座	CZ3-6(四)			

图名	10kV 瓷横担及附件安装图（一）	图号	CZ3-6

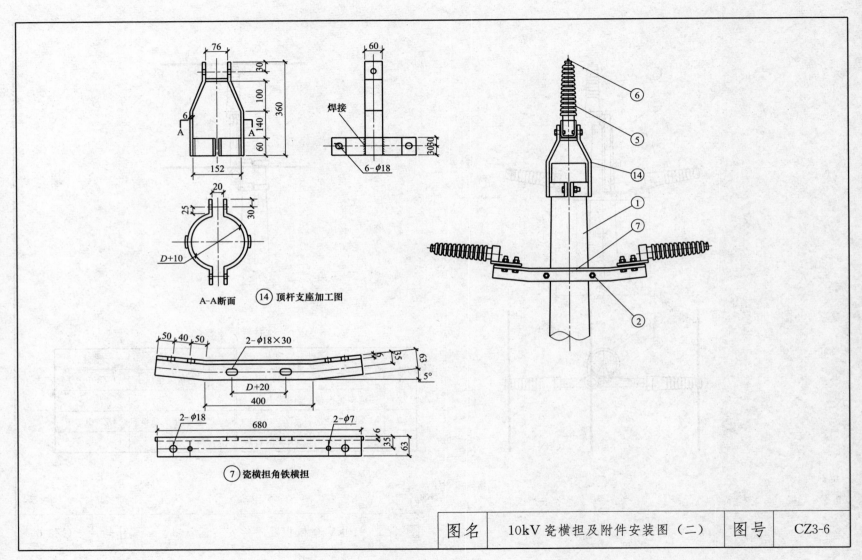

焊接

6-φ18

A-A断面

⑭ 顶杆支座加工图

20

25

30

D+10

50 40 50

2-φ18×30

D+20

400

2-φ18

680

2-φ7

⑦ 瓷横担角铁横担

| 图名 | 10kV瓷横担及附件安装图（二） | 图号 | CZ3-6 |

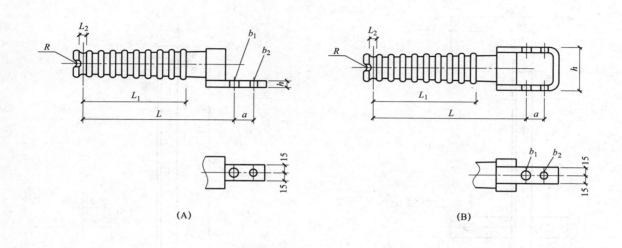

(A)   (B)

瓷横担绝缘子主要尺寸（mm）

序号	绝缘子型号	线槽与安装孔中心距 L	绝缘距离 L_1	线槽尺寸		安装尺寸			安装孔距 $a(\pm 1)$	最小公称爬电距离
				L_2	R	b_1 ± 0.5	b $\leqslant$	b_2 ± 0.5		
（A）	S -10/2.5	390	315	22	11		14	6.5	40	320
	S1-10/2.5	400	365							380
	S2-10/2.5			18					30	
（B）	S1-10/5.0	400	320	28	14		140	11	40	360
	S1-10/5.0								30	

图名	10kV 瓷横担及附件安装图（三）	图号	CZ3-6

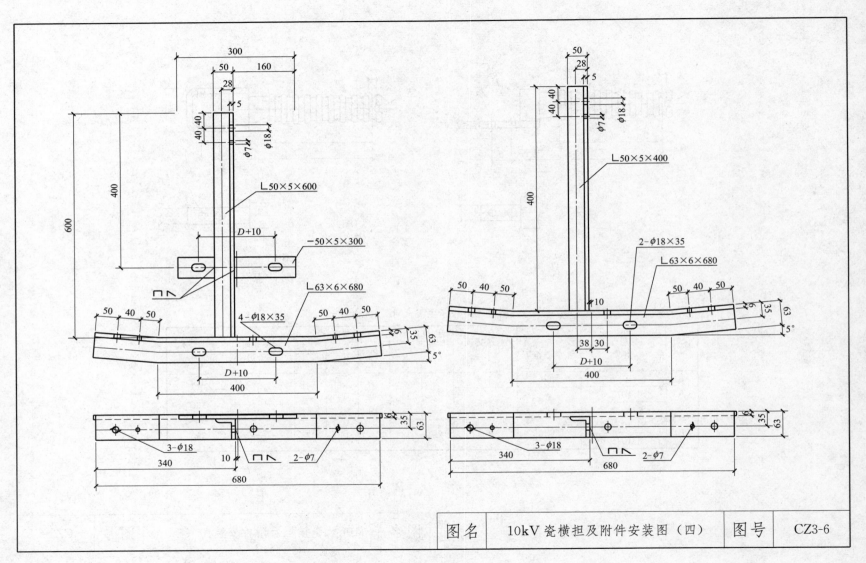

| 图名 | 10kV 瓷横担及附件安装图（四） | 图号 | CZ3-6 |

102

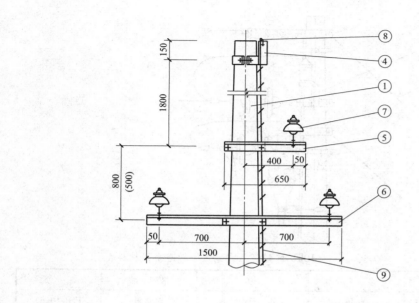

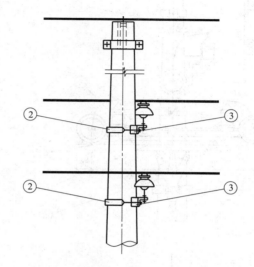

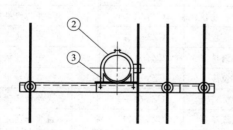

10kV直线杆针式绝缘子带避雷线材料表

序号	名　　称	备　　注	序号	名　　称	备　　注
1	电杆	CZ3-1-1	6	角钢横担	CZ3-7(五)⑥
2	圆钢横担抱箍	CZ3-3(二)	7	针式绝缘子	CZ3-5(一)
3	M形横担垫铁	CZ3-3(二)	8	避雷线固定支架	CZ3-7(五)⑧
4	立铁抱箍	CZ3-2(二)	9	接地装置	CZ5
5	角钢横担	CZ3-7(五)			

图名	10kV直线杆、终端杆 带避雷线做法图（一）	图号	CZ3-7

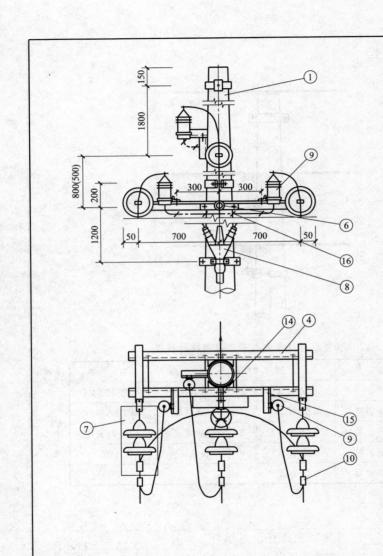

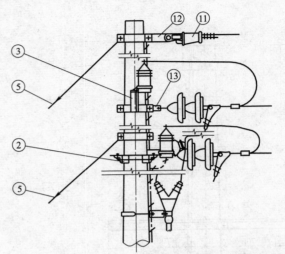

10kV终端杆悬式绝缘子带避雷器材料表

序号	名　称	备　注	序号	名　称	备　注
1	电杆	CZ3-1-1	9	避雷器	PS4-10(6)
2	M型横担垫铁	CZ3-3(二)	10	并沟线夹	JB型
3	立铁抱箍	CZ3-2(二)	11	楔形线夹	NX型
4	终端角钢横担	CZ3-7(六)	12	平行挂板	PD型
5	V形拉线	CZ3-8(七)	13	扁钢拉板	CZ3-2(四)⑩
6	针式绝缘子	CZ3-5(一)	14	针式绝缘子固定架	CZ3-7(六)
7	耐张绝缘子串	CZ3-2(四)	15	避雷器固定架	CZ3-7(六)
8	电缆终端盒		16	接地装置	CZ5

图名	10kV直线杆、终端杆 带避雷线做法图（二）	图号	CZ3-7

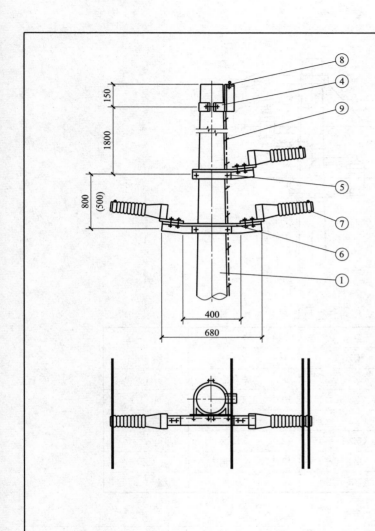

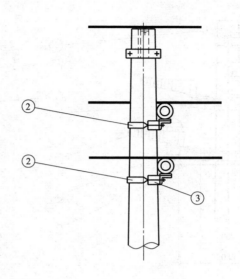

10kV直线杆瓷横担带避雷线材料表

序号	名　　称	备　　注	序号	名　　称	备　　注
1	电杆	CZ3-1-1	6	角钢横担(双挑)	CZ3-7(七)
2	圆钢横担抱箍	CZ3-3(二)	7	瓷横担绝缘子	CZ3-6(三)
3	M形横担垫钢	CZ3-3(二)	8	避雷线固定支架	CZ3-7(五)
4	立铁抱箍	CZ3-2(二)	9	接地装置	CZ5
5	角钢横担	CZ3-7(七)			

图名	10kV直线杆、终端杆 带避雷线做法图（三）	图号	CZ3-7

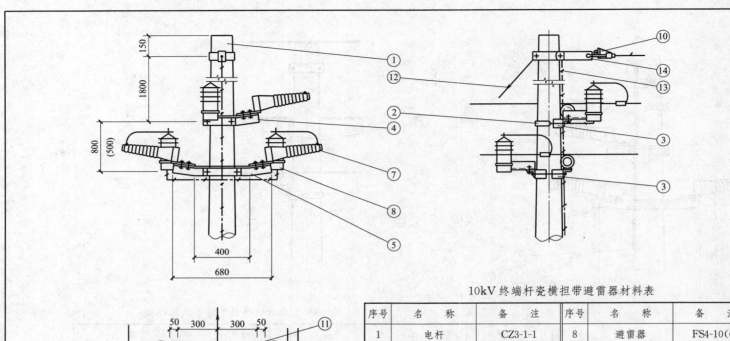

10kV终端杆瓷横担带避雷器材料表

序号	名　　称	备　　注	序号	名　　称	备　　注
1	电杆	CZ3-1-1	8	避雷器	FS4-10(6)
2	圆钢横担抱箍	CZ3-3(二)	9	并沟线夹	JB型
3	M形横担垫铁	CZ3-3(二)	10	UT型线夹	NUT-1
4	角钢横担	CZ3-7(七)	11	避雷器固定支架	CZ3-7(六)
5	角钢横担（双挑）	CZ3-7(七)	12	拉线	
6	避雷器安装支座	CZ3-7(七)	13	接地装置	CZ5
7	瓷横担绝缘子	CZ3-6(三)	14	拉板	CZ3-8(三)②

图名	10kV直线杆、终端杆 带避雷线做法图（四）	图号	CZ3-7

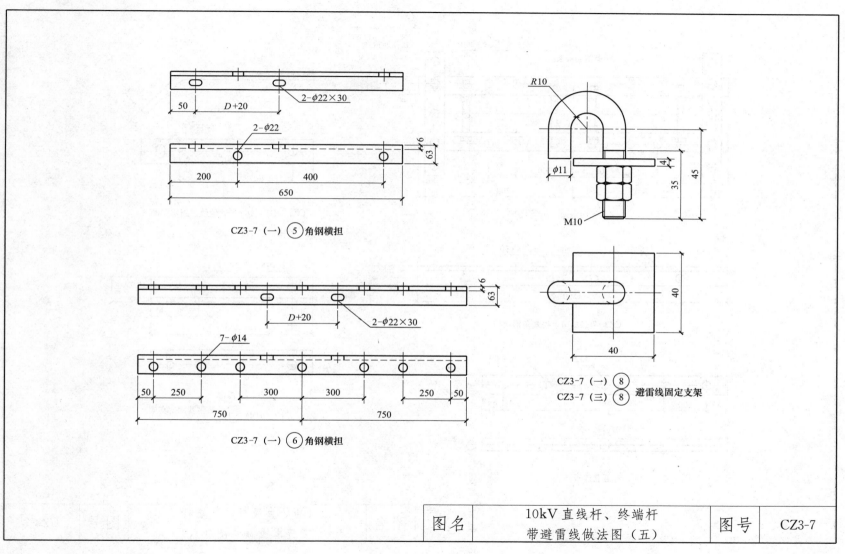

CZ3-7（一）⑤角钢横担

2-φ22×30

50 D+20

2-φ22

200 400

650

63 6

R10

φ11 4

35 45

M10

CZ3-7（一）⑧避雷线固定支架
CZ3-7（三）⑧

40

40

D+20

2-φ22×30

63 6

7-φ14

50 250 300 300 250 50

750 750

CZ3-7（一）⑥角钢横担

图名	10kV直线杆、终端杆 带避雷线做法图（五）	图号	CZ3-7

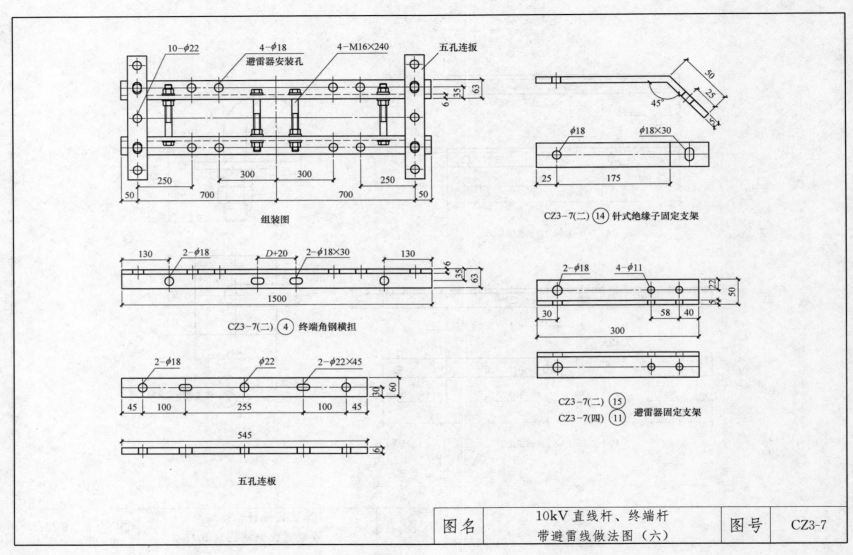

10-φ22 4-φ18 4-M16×240 五孔连扳
避雷器安装孔

组装图

CZ3-7(二) ⑭ 针式绝缘子固定支架

CZ3-7(二) ④ 终端角钢横担

CZ3-7(二) ⑮
CZ3-7(四) ⑪ 避雷器固定支架

五孔连板

图名	10kV直线杆、终端杆 带避雷线做法图（六）	图号	CZ3-7

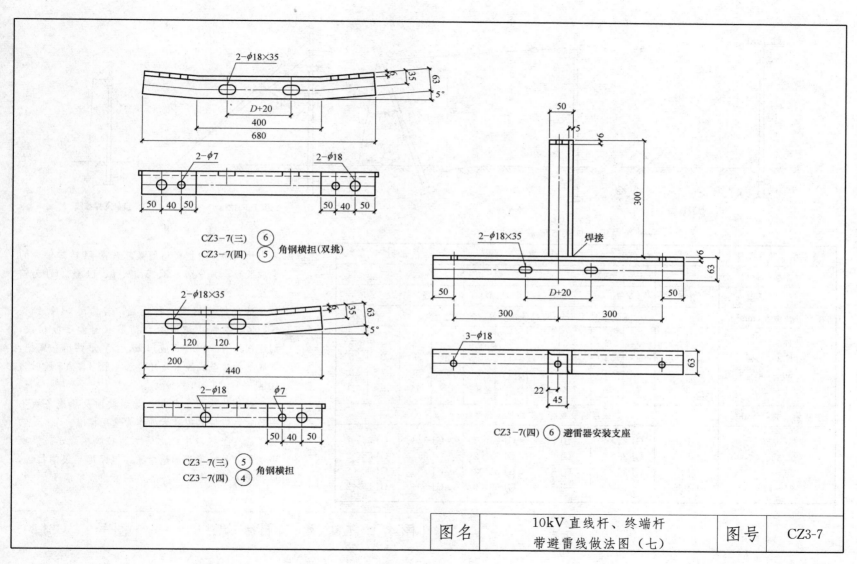

2−φ18×35

35

63

5°

D+20

400

680

2−φ7

2−φ18

50 40 50

50 40 50

CZ3−7(三) ⑥
CZ3−7(四) ⑤ 角钢横担(双挑)

2−φ18×35

35

63

5°

120 120

200

440

2−φ18

φ7

50 40 50

CZ3−7(三) ⑤
CZ3−7(四) ④ 角钢横担

50

5

6

300

2−φ18×35

焊接

63

50

D+20

50

300

300

3−φ18

63

22

45

CZ3−7(四) ⑥ 避雷器安装支座

图名	10kV直线杆、终端杆 带避雷线做法图(七)	图号	CZ3-7

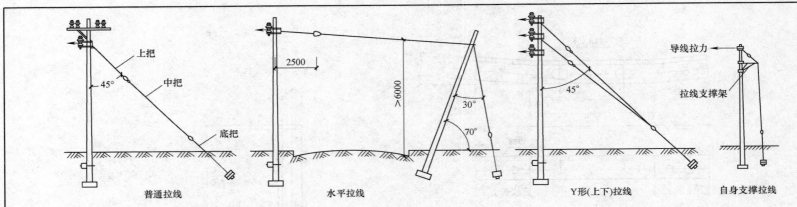

普通拉线　　　水平拉线　　　Y形(上下)拉线　　　自身支撑拉线

各种类型中把拉线的规格表

每层横担导线数量	二线				四线				五线			
受拉侧横担条数	一	二	三	四	一	二	三	四	一	二	三	四
适应拉线类型	普通		Y形		普通		Y形		普通		Y形	
架空导线截面(mm²)	采用直径为4mm镀锌铁线合成时的中把股数											
16～25	3	3	3	3	3	5	3	3	5	7	5	5
35	3	3	3	3	5	5	5	5	5	7	5	5
50～70	5	7	5	5	5	7	5	7	7	9	5	9
95～120	7	9	7	7	7	9	7	9	9	11	9	11
架空导线截面(mm²)	采用钢绞线时中把的拉线截面(mm²)											
16～25	GJ-25		GJ-25×2		GJ-25		GJ-25×2		GJ-35		GJ-35×2	
35	GJ-25		GJ-25×2		GJ-35		GJ-35×2		GJ-35		GJ-35×2	
50～70	GJ-35		GJ-35×2		GJ-35		GJ-35×2		GJ-35		GJ-35×2	
95～120	GJ-35		GJ-35×2		GJ-50		GJ-50×2		GJ-50		GJ-50×2	

注：1. 表中拉线均系中把规格股数，系指 ϕ4 镀锌铁线的合成股数，并分别为 3、5、7、9、11 股。GJ 为钢绞线。

2. 拉线的底把可用圆钢拉线棍；若选用 ϕ4 镀锌铁线，底把应按中把股数加两股（例如三股拉线，则底把应为 3＋2＝5 股），选用 Y 形共用一底把，则底把拉线合成股数之外再加一股（即 Y5 股时为 10 股＋1＝11 股）。

3. 当受拉侧的横担上所架导线截面及导线条数不一致时，应按其中最大的作为选用标准。

4. 拉线应在上把与中把之间加装拉线绝缘子。混凝土电杆的拉线可不加绝缘子，但穿越导线的拉线，应在带电导线上、下方各装一个拉线绝缘子。

图名	混凝土电杆常用拉线做法图（一）	图号	CZ3-8

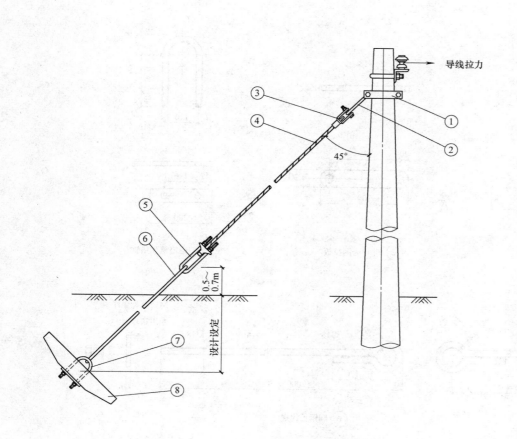

导线拉力

③
④
45°
①
②
⑤
⑥
0.5～0.7m
设计设定
⑦
⑧

普通拉线材料名称表

序号	名 称	备 注
1	拉线抱箍	详见本图集第112页
2	6×40扁钢拉板	详见本图集第112页
3	楔形线夹	NX-1、NX-2
4	钢绞线	—
5	UT形线夹	NUT-1～NUT-3
6	圆钢拉线棍	详见本图集第112页
7	拉线盘U形箍	详见本图集第112页
8	混凝土拉线盘	详见本图集第113页

图名	混凝土电杆常用拉线做法图（二）	图号	CZ3-8

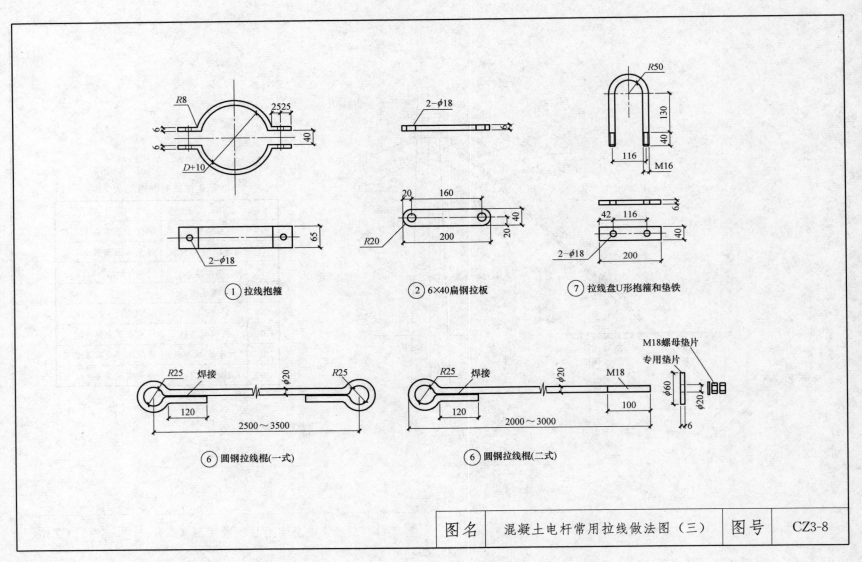

① 拉线抱箍

② 6×40扁钢拉板

⑦ 拉线盘U形抱箍和垫铁

⑥ 圆钢拉线棍(一式)

⑥ 圆钢拉线棍(二式)

| 图名 | 混凝土电杆常用拉线做法图（三） | 图号 | CZ3-8 |

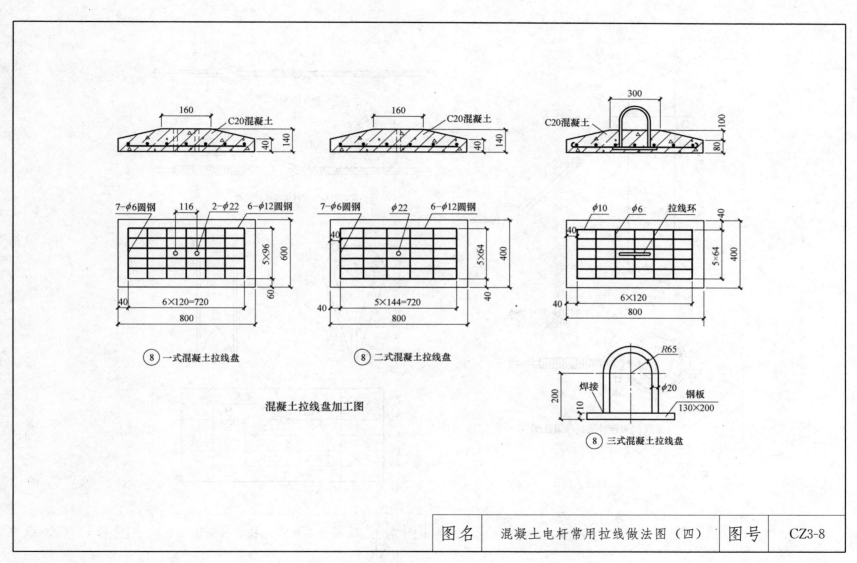

7-φ6圆钢　　116　　2-φ22　6-φ12圆钢

160　　　C20混凝土

160　　　C20混凝土

300

C20混凝土

7-φ6圆钢　　φ22　　6-φ12圆钢

φ10　φ6　拉线环

⑧ 一式混凝土拉线盘

⑧ 二式混凝土拉线盘

混凝土拉线盘加工图

R65

焊接　　φ20

钢板
130×200

⑧ 三式混凝土拉线盘

| 图名 | 混凝土电杆常用拉线做法图（四） | 图号 | CZ3-8 |

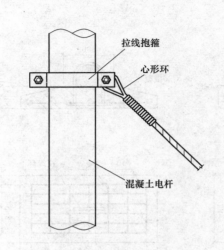

拉线抱箍

心形环

混凝土电杆

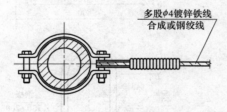

多股φ4镀锌铁线
合成或钢绞线

多股φ4镀锌铁线拉线做法图

一式心形环与拉线棍连接

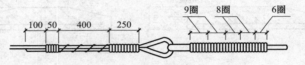

100 50 400 250

9圈 8圈 6圈

二式心形环与镀锌铁线底把连接

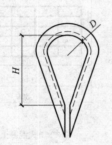

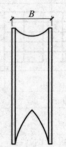

心形技术参数表

编号	许用负荷 (kg)	主要尺寸(mm)		
		D	H	B
0.6	600	35	56	18
1.0	1000	45	72	23
1.7	1700	55	88	27
3.0	3000	75	120	38

图名	混凝土电杆常用拉线做法图（五）	图号	CZ3-8

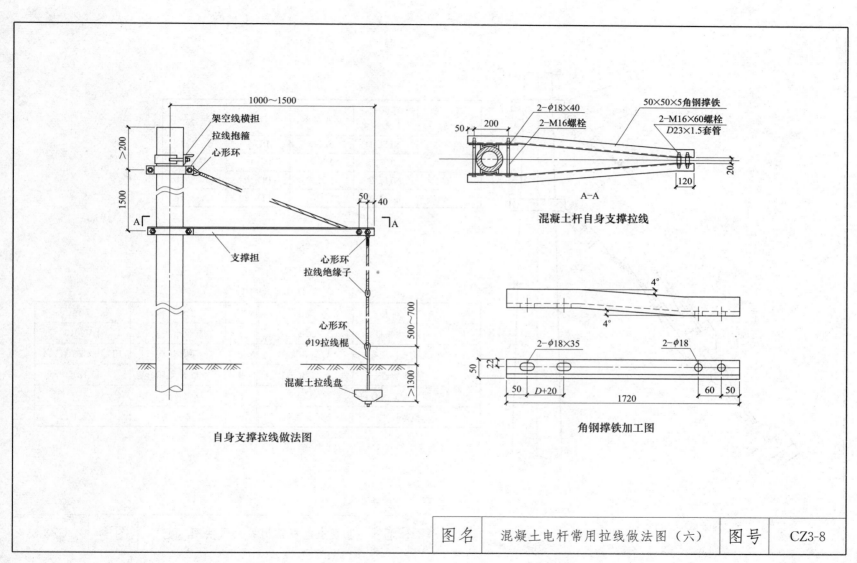

1000～1500

架空线横担
拉线抱箍
心形环

>200

1500

支撑担

A

50 40

心形环
拉线绝缘子

心形环
φ19拉线棍

混凝土拉线盘

500～700

>1300

自身支撑拉线做法图

2-φ18×40
2-M16螺栓

50 200

50×50×5角钢撑铁
2-M16×60螺栓
D23×1.5套管

20

120

A-A

混凝土杆自身支撑拉线

4°

4°

2-φ18×35
2-φ18

50
22

50 D+20
1720
60 50

角钢撑铁加工图

图名	混凝土电杆常用拉线做法图（六）	图号	CZ3-8

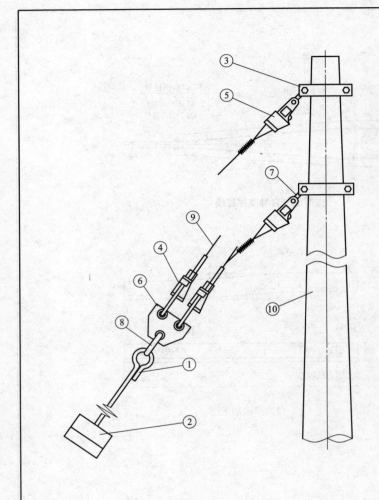

材料选择表

钢绞线 截面(mm²)	可调式 UT形线夹	楔形线夹	平行挂板	双拉线联板
25～35	NUT-1	NX-1	PD-7	LV-1214
50	NUT-2	NX-2	PD-10	LV-2015
70	NUT-2	NX-2	PD-10	LV-3018
100	NUT-3	—	PD-12	LV-3018

V形拉线做法材料表

序号	名　称	备注	序号	名　称	备注
1	圆钢拉线棍	CZ3-8(三)	6	双拉线联板	LV2015
2	混凝土拉线盘	CZ3-8(四)	7	平行挂板	PD-10 CZ3-8(三)
3	拉线抱箍	CZ3-8(三)	8	U形挂环	U-12 型
4	可调式 UT 型线夹	NUT-2	9	钢绞线	—
5	楔型线夹	NX-1、NX-2	10	混凝土电杆	CZ3-1-1

图名	混凝土电杆常用拉线做法图（七）	图号	CZ3-8

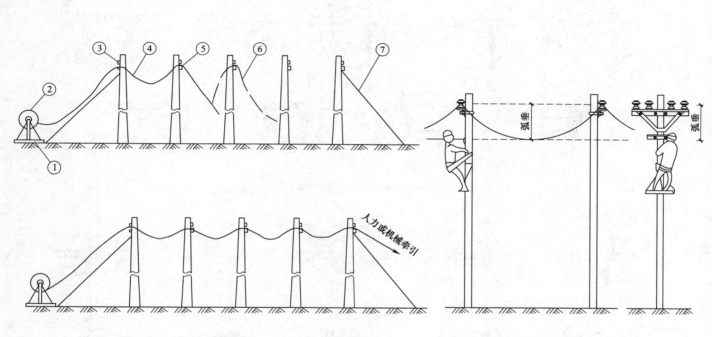

架空线路放线示意图　　　　　　　　　　等长法测定导线弧垂

①—放线架；②—线盘；③—横担；④—导线；⑤—放线滑轮；⑥—牵引线；⑦—拉线

图名	架空线路弧垂、绑扎、 压接等做法图（一）	图号	CZ3-9

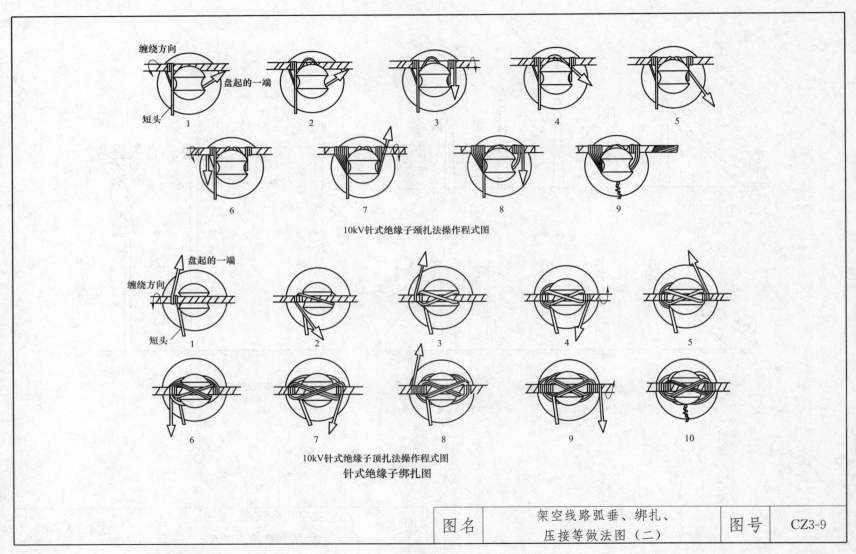

缠绕方向

盘起的一端

短头

1　　2　　3　　4　　5

6　　7　　8　　9

10kV针式绝缘子颈扎法操作程式图

盘起的一端

缠绕方向

短头

1　　2　　3　　4　　5

6　　7　　8　　9　　10

10kV针式绝缘子顶扎法操作程式图

针式绝缘子绑扎图

| 图名 | 架空线路弧垂、绑扎、压接等做法图（二） | 图号 | CZ3-9 |

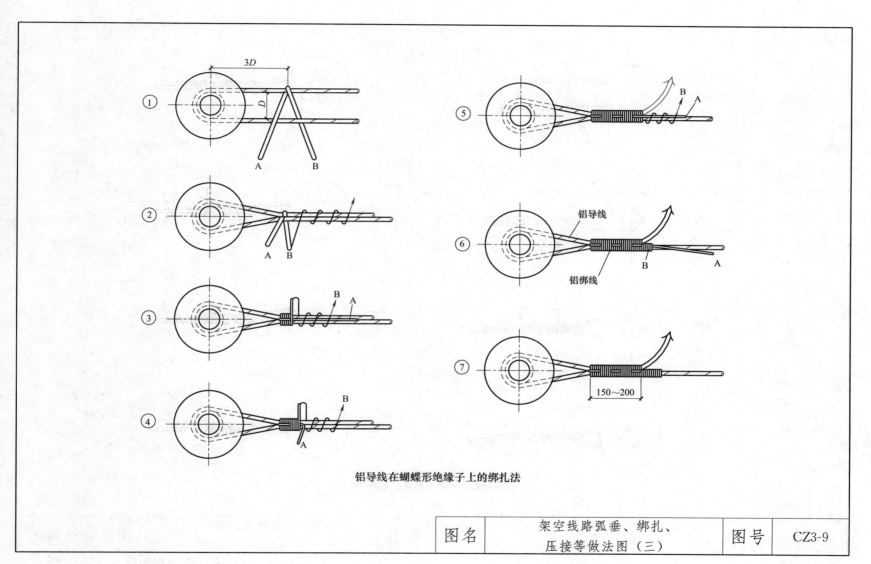

铝导线在蝴蝶形绝缘子上的绑扎法

图名	架空线路弧垂、绑扎、 压接等做法图（三）	图号	CZ3-9

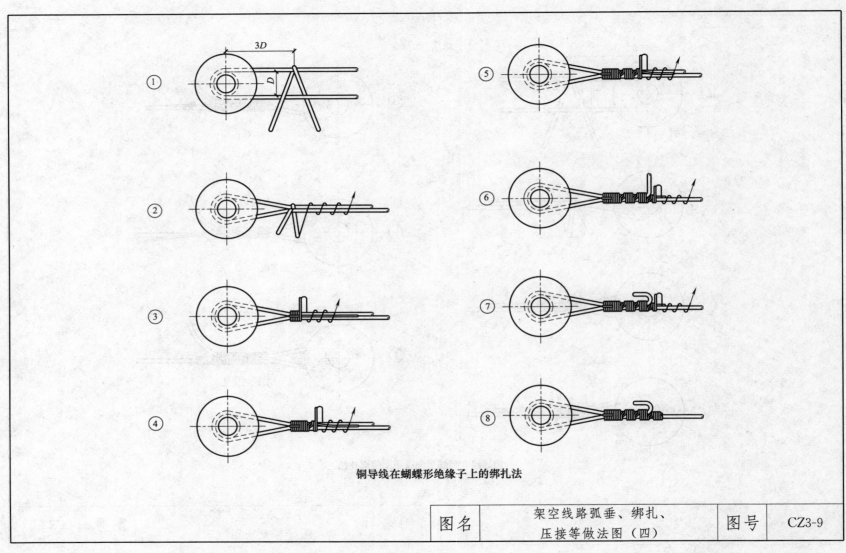

铜导线在蝴蝶形绝缘子上的绑扎法

图名	架空线路弧垂、绑扎、 压接等做法图(四)	图号	CZ3-9

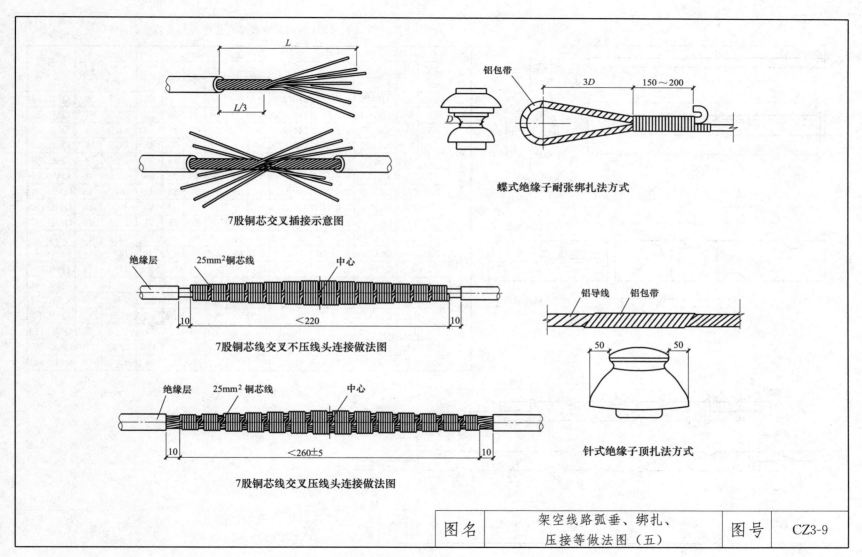

7股铜芯交叉插接示意图

蝶式绝缘子耐张绑扎法方式

7股铜芯线交叉不压线头连接做法图

7股铜芯线交叉压线头连接做法图

针式绝缘子顶扎法方式

图名	架空线路弧垂、绑扎、压接等做法图（五）	图号	CZ3-9

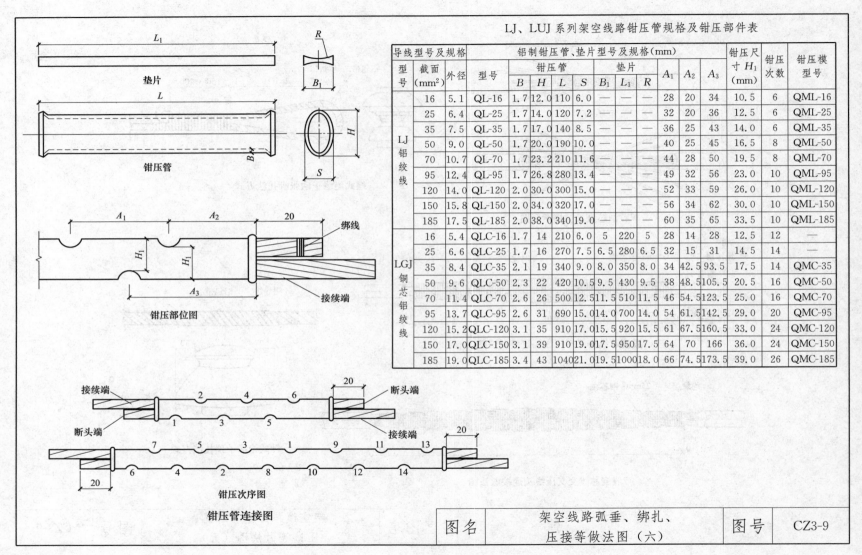

LJ、LUJ系列架空线路钳压管规格及钳压部件表

导线型号及规格			铝制钳压管、垫片型号及规格（mm）											钳压尺寸 H_1（mm）	钳压次数	钳压模型号
型号	截面（mm²）	外径	型号	钳压管				垫片			A_1	A_2	A_3			
				B	H	L	S	B_1	L_1	R						
LJ铝绞线	16	5.1	QL-16	1.7	12.0	110	6.0	—	—	—	28	20	34	10.5	6	QML-16
	25	6.4	QL-25	1.7	14.0	120	7.2	—	—	—	32	20	36	12.5	6	QML-25
	35	7.5	QL-35	1.7	17.0	140	8.5	—	—	—	36	25	43	14.0	6	QML-35
	50	9.0	QL-50	1.7	20.0	190	10.0	—	—	—	40	25	45	16.5	8	QML-50
	70	10.7	QL-70	1.7	23.2	210	11.6	—	—	—	44	28	50	19.5	8	QML-70
	95	12.4	QL-95	1.7	26.8	280	13.4	—	—	—	49	32	56	23.0	10	QML-95
	120	14.0	QL-120	2.0	30.0	300	15.0	—	—	—	52	33	59	26.0	10	QML-120
	150	15.8	QL-150	2.0	34.0	320	17.0	—	—	—	56	34	62	30.0	10	QML-150
	185	17.5	QL-185	2.0	38.0	340	19.0	—	—	—	60	35	65	33.5	10	QML-185
LGJ铜芯铝绞线	16	5.4	QLC-16	1.7	14	210	6.0	5	220	5	28	14	28	12.5	12	—
	25	6.6	QLC-25	1.7	16	270	7.5	6.5	280	6.5	32	15	31	14.5	14	—
	35	8.4	QLC-35	2.1	19	340	9.0	8.0	350	8.0	34	42.5	93.5	17.5	14	QMC-35
	50	9.6	QLC-50	2.3	22	420	10.5	9.5	430	9.5	38	48.5	105.5	20.5	16	QMC-50
	70	11.4	QLC-70	2.6	26	500	12.5	11.5	510	11.5	46	54.5	123.5	25.0	16	QMC-70
	95	13.7	QLC-95	2.6	31	690	15.0	14.0	700	14.0	54	61.5	142.5	29.0	20	QMC-95
	120	15.2	QLC-120	3.1	35	910	17.0	15.5	920	15.5	61	67.5	160.5	33.0	24	QMC-120
	150	17.0	QLC-150	3.1	39	910	19.0	17.5	950	17.5	64	70	166	36.0	24	QMC-150
	185	19.0	QLC-185	3.4	43	1040	21.0	19.5	1000	18.0	66	74.5	173.5	39.0	26	QMC-185

垫片

钳压管

钳压部位图

钳压次序图

钳压管连接图

绑线

接续端

接续端

断头端

断头端

接续端

图名	架空线路弧垂、绑扎、 压接等做法图（六）	图号	CZ3-9

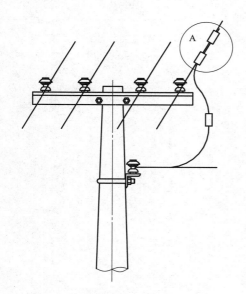

架空线断连与T接用
并沟线夹示意图

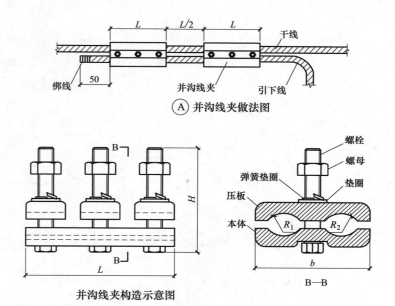

A 并沟线夹做法图

并沟线夹构造示意图

注：1. 一套并沟线夹包括线夹本体、压板、螺栓、
　　　螺母、垫圈及弹簧垫圈。
　　2. 线夹材料：本体及压板为铝硅合金，其余零
　　　件为钢。

LJ、LGJ 架空线路母线断连或引下线 T 接时，配用并沟线夹规格型号表

导线规格（mm²）		并沟线夹		使用线夹	线夹主要规格尺寸（mm）					螺栓	
母线	引下线	类别	型号	个数	b	H	L	R_1	R_2	规格	个数
35～50	35～50		B-11	1	45	58	80	6.0	6.0	M12×50	2
70～95	70～95	等径	B-22	2	54	63	110	7.5	7.5	M12×55	3
120～150	120～150		B-33	2	60	75	130	9.0	9.0	M16×65	3
185～240	185～240		B-44	3	75	85	140	11.0	11.0	M16×75	3

图名	架空线路弧垂、绑扎、压接等做法图（七）	图号	CZ3-9

CZ4 电缆线路

图名	电缆线路	图号	CZ4

电缆线路

编制说明

本章节主要介绍电缆线路的安装。其中包括：电缆沟及电缆与各种管线平行交叉敷设；电缆标志桩、保护板做法图；电缆在高架路、桥架上预埋、敷设做法；1kV 塑料电缆中间、终端头制作安装；电缆人孔井、工作井通用做法以及隧道型电缆沟及支架安装等。除设计有特殊要求外，一般要求如下：

1. 电缆敷设时，电缆应从盘的上端引出，不应使电缆在支架上及地面摩擦拖拉。电缆外观应无损伤，绝缘良好，不得有铠装压扁、电缆绞拧、护层折裂等机械损伤。

2. 电缆在敷设前应进行绝缘电阻测量，阻值应符合现行国家标准《电气装置安装工程 电气设备交接试验标准》GB 50150 的要求。

3. 三相四线制应采用四芯电力电缆，不应采用三芯电缆另加一根单芯电缆或以金属护套作中性线，三相五线制应采用五芯电力电缆线。

4. 电缆直埋敷设时，沿电缆全长上下应铺厚度不小于100mm 的软土或细沙层，并加盖保护，其覆盖宽度应超过电缆两侧各 50mm，保护可采用混凝土盖板或砖块。电缆沟回填土应分层夯实。

5. 直埋电缆在直线段每隔 50～100m 处、电缆接头处、转弯处、进入建筑物等处，应设置明显的方位标志或标桩。

6. 电缆接头和终端头整个制作过程应保持清洁和干燥；制作前应将线芯及绝缘表面擦拭干净，塑料电缆宜采用自粘带、粘胶带、胶粘剂、收缩管等材料密封，塑料护套表面应打毛，粘接表面应用溶剂除去油污，粘接应良好。采用压接方式，压接面应满足电气和机械强度要求。

7. 电缆金属保护管和桥架、架空电缆钢绞线等金属管线应有良好的接地保护，系统接地电阻不得大于 4Ω。

8. 电缆保护管的弯曲半径不应小于所穿入电缆的最小允许弯曲半径，弯制后不应有裂缝和显著的凹瘪现象，其弯扁程度不宜大于管子外径的 10%。管口应无毛刺和尖锐棱角，管口宜做成喇叭形。

9. 硬质塑料管连接采用套接或插接时，其插入深度宜为管子内径的 1.1 倍～1.8 倍，在插接面上应涂以胶合剂粘牢密封；采用套接时套接两端应采用密封措施。

10. 金属电缆保护管连接应牢固，密封良好；当采用套接时，套接的短套管或带螺纹的管接头长度不应小于外径的 2.2 倍，金属电缆保护管不宜直接对焊，宜采用套管焊接的方式。

11. 敷设混凝土、陶土、石棉等电缆管时，地基应坚实、平整，不应有沉降。电缆管连接时，管孔应对准，接缝应严密，不得渗入地下水和泥浆。

图名	编制说明	图号	CZ4

12. 交流单芯电缆不得单独穿入钢管内。

13. 在经常受到振动的高架路、桥梁上敷设的电缆，应采取防振措施。桥墩两端和伸缩缝处的电缆，应留有松弛部分。

14. 电缆保护管在桥梁上明敷时应安装牢固，支持点间距不宜大于 3m。当电缆保护管的直线长度超过 30m 时，宜加装伸缩节。

15. 当直线段钢制电缆桥架超过 30m、铝合金电缆桥架超过 15m 或跨越桥墩伸缩缝处宜采用伸缩连接板连接。

16. 电缆桥架转弯处的转弯半径，不应小于该桥架上的电缆最小允许弯曲半径。

17. 采用电缆架空敷设时应符合下列规定：

(1) 架空电缆承力钢绞线截面不宜小于 $35mm^2$，钢绞线两端应有良好接地和重复接地；

(2) 电缆在承力钢绞线上固定应自然松弛，在每一电杆处留一定的余量，长度不应小于 0.5m；

(3) 承力钢绞线上电缆固定点的间距应小于 0.75m，电缆固定件应进行热镀锌处理，并应加软垫保护。

18. 过街管道两端、直线段超过 50m 时应设工作井，灯杆处宜设置工作井，工作井应符合下列规定：

(1) 工作井不宜设置在交叉路口、建筑物门口、与其他管线交叉处；

(2) 工作井宜采用 M5 砂浆砖砌体，内壁粉刷应用 1:2.5 防水水泥砂浆抹面，井壁光滑、平整；

(3) 井盖应有防盗措施，并应满足车行道和人行道相应的承重要求；

(4) 井深不宜小于 1m，并应有渗水孔；

(5) 井内壁净宽不宜小于 0.7m；

(6) 电缆保护管伸出工作井壁 30～50mm，有多根电缆管时，管口应排列整齐，不应有上翘下坠现象。

19. 路灯配电高压电缆的施工及验收应符合现行国家标准《电气装置安装工程电缆线路施工及验收规范》GB 50168 的规定。

20. 电缆线路工程交接检查验收应符合下列规定：

(1) 电缆型号应符合设计要求，排列整齐，无机械损伤，标志牌齐全、正确、清晰；

(2) 电缆的固定间距、弯曲半径应符合规定；

(3) 电缆接头、绕包绝缘应符合规定；

(4) 电缆沟应符合要求，沟内无杂物；

(5) 保护管的连接防腐应符合规定；

(6) 工作井设置应符合规定；

(7) 隐蔽工程应在施工过程中进行中间验收，并应做好记录。

21. 电缆线路工程交接验收应提交下列资料和文件：

(1) 设计图及设计变更文件；

(2) 工程竣工图等资料；

(3) 各种试验和检查记录。

图名	编制说明	图号	CZ4

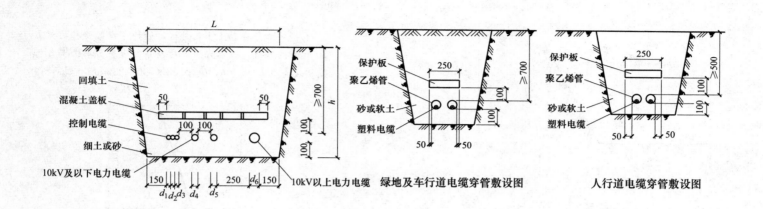

绿地及车行道电缆穿管敷设图　　　　人行道电缆穿管敷设图

注：1. L 为电缆壕沟的宽度，应根据电缆根数和外径由工程设计确定。

2. 控制电缆间距不作规定。

3. 单芯电力电缆直埋敷设时，应将单芯电力电缆按品字形排列，并每隔1000mm采用电缆卡带进行捆扎，捆扎后电缆外径按单芯电缆外径的2倍计算。

4. $d_1 \sim d_6$ 为电缆外径。

5. 挖电缆沟时，若遇垃圾等有腐蚀性杂物，须清除并换土。

6. 沟底要铲平夯实，电缆周围铺细土或砂应均匀密实。

7. 盖板应采用预制混凝土板连接覆盖。若电缆数量较少，可用砖代替。

8. 埋设电缆标桩时，应根据设计要求。

9. 绿地及车行道可采用铠装电缆直埋敷设。

| 图名 | 电缆沟及电缆各种管线敷设做法图（一） | 图号 | CZ4-1-1 |

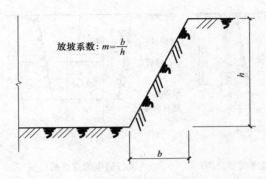

放坡系数：$m = \dfrac{b}{h}$

电缆沟槽开挖放坡示意图

例：如果在黏土土质地区，开挖一电缆沟槽，深 $h=$ 700mm 的基坑，按最大边坡放坡系数表查 $m=0.33$ 计算，则边坡宽度 $b=m×h$，$b=0.33×700=232$mm，如下图：

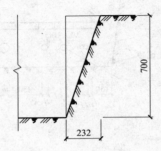

电缆沟槽开挖放坡尺寸图

沟槽开挖放坡说明：

    人工电缆沟槽开挖，因为土质较差，为了防止坍塌和保证安全，需要将沟槽边壁修成一定的倾斜坡度，称为放坡。沟槽边坡坡度以挖沟槽的深度 h 与边坡底宽 b 之比表示，放坡系数 $m=b/h$，即横直角边与竖直角边的比值为放坡系数。

电缆沟槽开挖最大边坡放坡系数

土壤名称	放坡系数（m）	土壤名称	放坡系数（m）
砂土	1	含砾石卵石土	0.67
亚砂土	0.67	泥炭岩白垩土	0.33
亚黏土	0.5	干黄土	0.25
黏土	0.33	—	

注：本表指人工挖土将土抛于沟边。

图名	电缆沟及电缆各种管线敷设做法图（二）	图号	CZ4-1-2

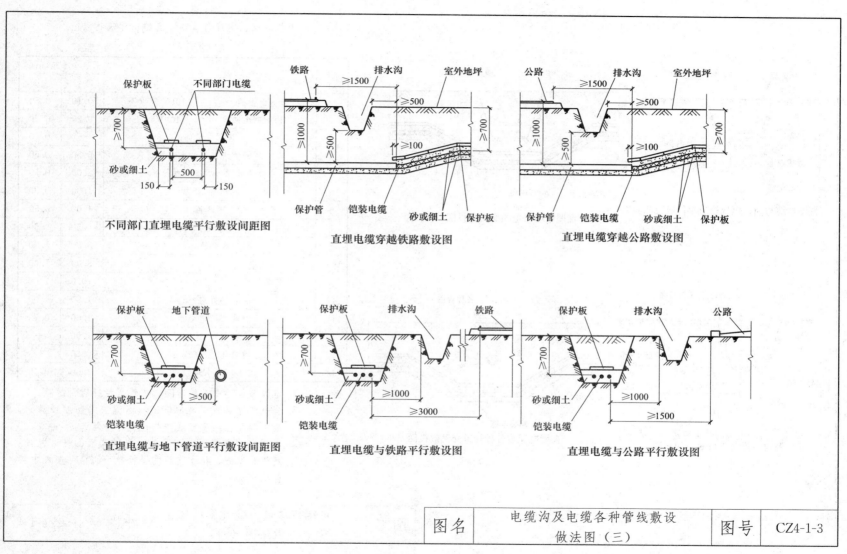

保护板　不同部门电缆

≥700

砂或细土

500

150　150

不同部门直埋电缆平行敷设间距图

铁路　排水沟　室外地坪

≥1500

≥500

≥1000

≥500

≥100

≥700

保护管　铠装电缆　砂或细土　保护板

直埋电缆穿越铁路敷设图

公路　排水沟　室外地坪

≥1500

≥500

≥1000

≥500

≥100

≥700

保护管　铠装电缆　砂或细土　保护板

直埋电缆穿越公路敷设图

保护板　地下管道

≥700

砂或细土

铠装电缆

≥500

直埋电缆与地下管道平行敷设间距图

保护板　排水沟　铁路

≥700

砂或细土

铠装电缆

≥1000

≥3000

直埋电缆与铁路平行敷设图

保护板　排水沟　公路

≥700

砂或细土

铠装电缆

≥1000

≥1500

直埋电缆与公路平行敷设图

图名	电缆沟及电缆各种管线敷设 做法图（三）	图号	CZ4-1-3

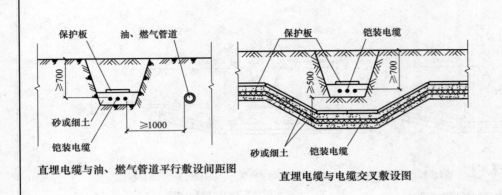

直埋电缆与油、燃气管道平行敷设间距图

直埋电缆与电缆交叉敷设图

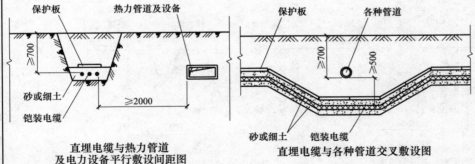

直埋电缆与热力管道
及电力设备平行敷设间距图

直埋电缆与各种管道交叉敷设图

电缆之间、电缆与管道、道路、建筑物之间
平行和交叉的最小净距

序号	项 目		最小净距(m)	
			平行	交叉
1	电力电缆间 及控制电缆间	10kV 及以下	0.10	0.50
		10kV 以上	0.25	0.50
2	控制电缆间		—	0.50
3	不同使用部门的电缆间		0.50	0.50
4	热管道(管沟)及电力设备		2.00	0.50
5	油管道(管沟)		1.00	0.50
6	可燃气体及易燃液体管道(沟)		1.00	0.50
7	其他管道(管沟)		0.50	0.50
8	铁路轨道		3.00	1.00
9	电气化 铁道轨道	交流	3.00	1.00
		直流	10.0	1.00
10	公路		1.50	0.50
11	城市街道路面		1.00	0.70
12	杆基础(边线)		1.00	—
13	建筑物基础(边线)		0.60	—
14	排水沟		1.00	0.50

注：1. 电缆与公路平行的净距，当情况特殊时可酌减。
2. 当电缆穿管或者其他管道有保温层等防护设施时，表中净距应从管壁或防护设施外壁算起。
3. 电缆穿管敷设时，与公路、街道路面、杆塔基础、建筑物基础、排水沟等的平行最小间距可按表中数据减半。

图名	电缆沟及电缆各种管线敷设 做法图（四）	图号	CZ4-1-4

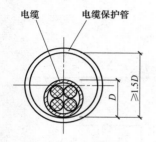

电缆外径与其保护管的内径

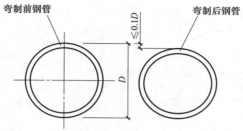

电缆保护管的弯扁程度

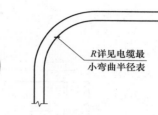

R详见电缆最小弯曲半径表

电缆最小弯曲半径

铜芯电缆最小弯曲半径表

电缆形式		多芯	单芯
塑料电缆	无铠装	12D	15D
	有铠装	15D	20D

注：表中 D 为电缆外径，该表摘自《城市道路照明工程施工及验收规程》CJJ 89。

R≥电缆最小弯曲半径

电缆保护管的最小弯曲半径

铝合金电缆最小弯曲半径表

电缆形式	弯曲半径
非铠装铝合金电缆	7D
铝合金带连锁铠装铝合金电缆	7D
钢带铠装铝合金电缆	12D
钢丝铠装铝合金电缆	12D

注：表中 D 为电缆外径，该表摘自《35kV 及以下铝合金电力电缆工程设计规范》DB34/T 1921。

图名	电缆沟及电缆各种管线敷设做法图（五）	图号	CZ4-1-5

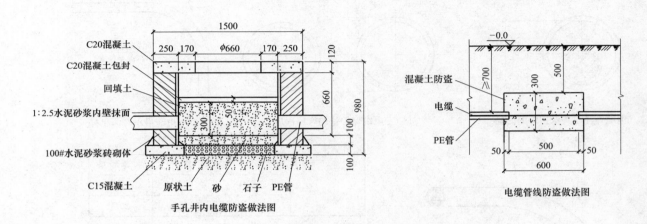

手孔井内电缆防盗做法图

电缆管线防盗做法图

电缆管线防盗及包封做法图

注：1. 电缆管线防盗：灯杆两边各做一档或两灯杆中间做一档。

    2. 手孔井防盗：手孔井内设置填土防盗，应填土并满浇筑厚度不小于5cm的混凝土包封，或在井的两端增设防盗措施。

    3. 人孔井防盗可参照手孔井防盗做法图设计施工。

    4. 浅埋式暗手孔井、人孔井和管线敷设于道板、硬质铺装道路下时可免防盗做法。

图名	电缆沟及电缆各种管线敷设 做法图（六）	图号	CZ4-1-6

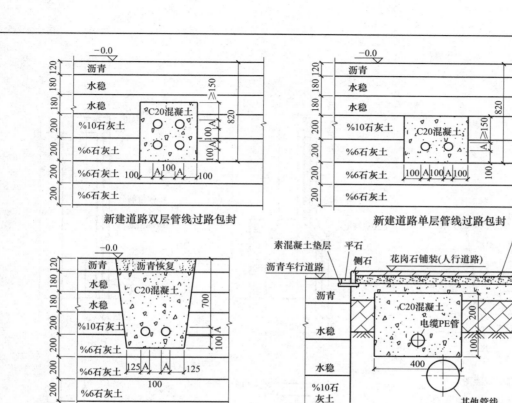

新建道路双层管线过路包封

新建道路单层管线过路包封

已建道路开挖过路包封

人行道电缆管线包封

电缆管线过路及包封做法图

注：1 新建道路或在已建道路开挖过道路电缆管线时，电缆管层间距离为100mm，最多两层。电缆较多时可横向排列，管与管之间距为100mm。

2 已建道路开挖后无法用压路机碾压，所以混凝土包封应一直浇制到沥青层。

3 因其他管线（如：自来水管、下水道等）占用路灯管位，路灯电缆线路无法按设计标准深度埋设，而采取用C20混凝土包封以确保管线的承压要求。

4 素土夯实必须达到原状土密实度的80％及以上。

5 图中A为PE管直径尺寸。

图名	电缆沟及电缆各种管线敷设做法图（七）	图号	CZ4-1-7

135

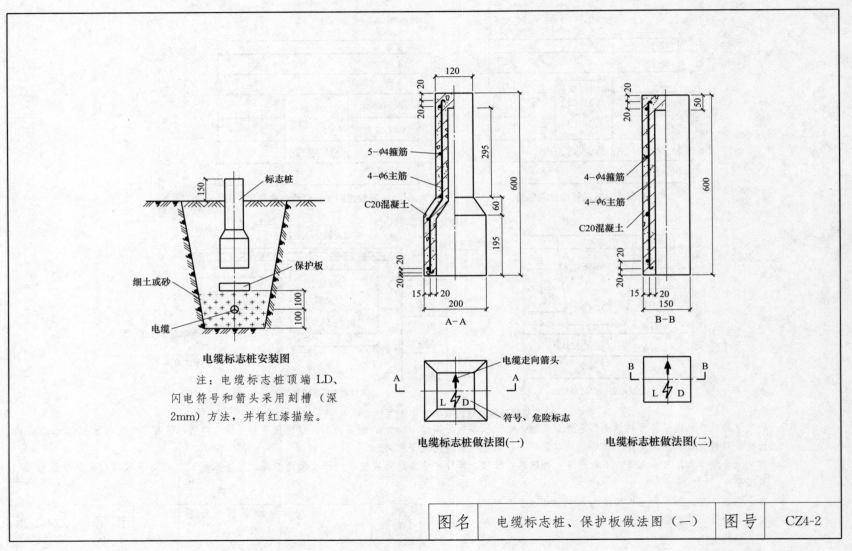

标志桩

150

细土或砂

保护板

电缆

100 100 100

电缆标志桩安装图

注：电缆标志桩顶端LD、闪电符号和箭头采用刻槽（深2mm）方法，并有红漆描绘。

120

20

20

5-φ4箍筋

4-φ6主筋

C20混凝土

295

600

60

195

20 20

15 20

200

A—A

20

20

4-φ4箍筋

4-φ6主筋

C20混凝土

50

600

20 20

15 20

150

B—B

A — A

电缆走向箭头

L   D

符号、危险标志

电缆标志桩做法图（一）

B B

L D

电缆标志桩做法图（二）

图名	电缆标志桩、保护板做法图（一）	图号	CZ4-2

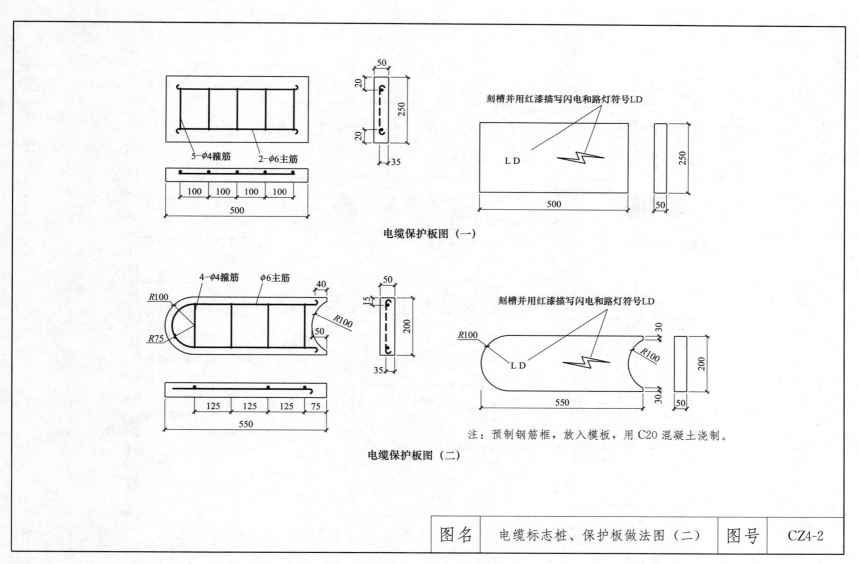

5-φ4箍筋　2-φ6主筋

电缆保护板图（一）

刻槽并用红漆描写闪电和路灯符号LD

LD

4-φ4箍筋　φ6主筋

刻槽并用红漆描写闪电和路灯符号LD

LD

注：预制钢筋框，放入模板，用C20混凝土浇制。

电缆保护板图（二）

| 图名 | 电缆标志桩、保护板做法图（二） | 图号 | CZ4-2 |

137

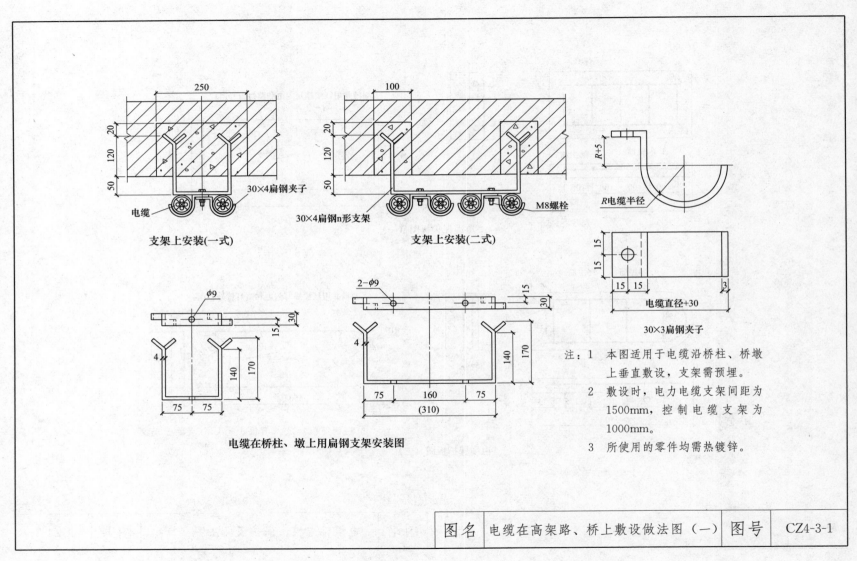

250

20
120
50

30×4扁钢夹子

电缆

支架上安装(一式)

100

20
120
50

30×4扁钢n形支架

M8螺栓

支架上安装(二式)

R+5

R电缆半径

15
15

15 15 3

电缆直径+30

30×3扁钢夹子

φ9

15
30

140
170

4

75 75

2-φ9

15
30

140
170

4

75 160 75

(310)

电缆在桥柱、墩上用扁钢支架安装图

注：1 本图适用于电缆沿桥柱、桥墩
     上垂直敷设，支架需预埋。

    2 敷设时，电力电缆支架间距为
     1500mm，控 制 电 缆 支 架 为
     1000mm。

    3 所使用的零件均需热镀锌。

| 图名 | 电缆在高架路、桥上敷设做法图（一） | 图号 | CZ4-3-1 |

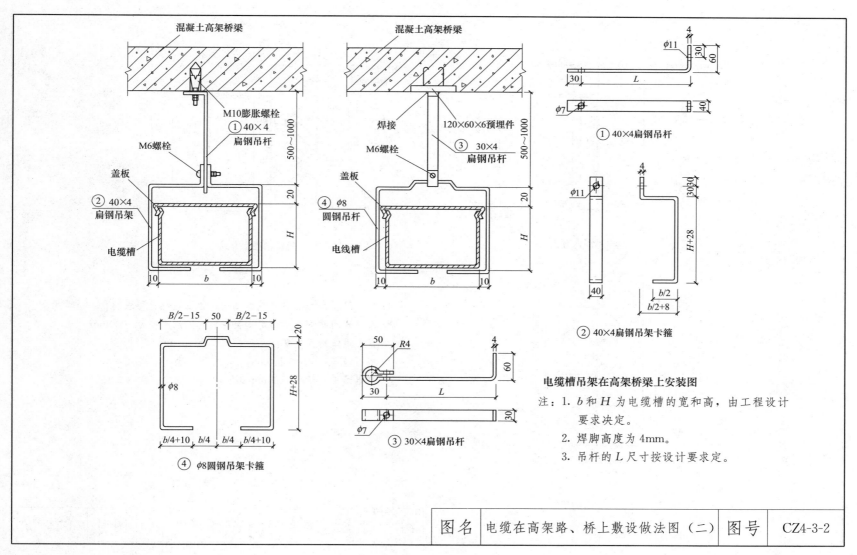

混凝土高架桥梁

M10膨胀螺栓

① 40×4
扁钢吊杆

M6螺栓

盖板

② 40×4
扁钢吊架

电缆槽

500~1000

20

H

10   b   10

混凝土高架桥梁

焊接

120×60×6预埋件

③ 30×4
扁钢吊杆

M6螺栓

盖板

④ φ8
圆钢吊杆

电线槽

500~1000

20

H

10   b   10

φ11
30
60
4

30

L

φ7
40

① 40×4扁钢吊杆

φ11

40

4

H+28

b/2
b/2+8

30 30

② 40×4扁钢吊架卡箍

B/2-15   50   B/2-15

φ8

H+28

H+20

b/4+10   b/4   b/4   b/4+10

④ φ8圆钢吊架卡箍

50   R4

30   L

60   4

φ7   30

③ 30×4扁钢吊杆

电缆槽吊架在高架桥梁上安装图

注：1. b 和 H 为电缆槽的宽和高，由工程设计
要求决定。

2. 焊脚高度为4mm。

3. 吊杆的 L 尺寸按设计要求定。

图名	电缆在高架路、桥上敷设做法图（二）	图号	CZ4-3-2

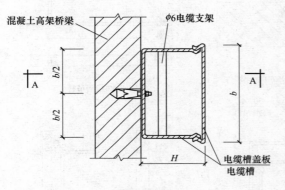

电缆槽固定方式(一)

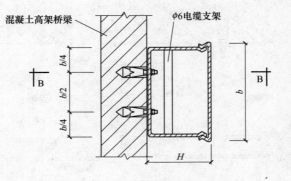

电缆槽固定方式(二)

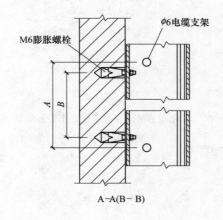

A-A(B-B)

注：1. b 和 H 为电缆槽的宽度和高度，由工程设计要求决定。
　　2. A 为电缆槽内电缆固定支架安装间距，尺寸为 1000mm。
　　3. B 为电缆槽固定螺栓间距，尺寸为 500mm。
　　4. 当电缆槽宽度 $b \leqslant 100$mm 时，可采用固定方式（一）。
　　5. 当电缆槽宽度 $b > 100$mm 时，可采用固定方式（二）。

图名	电缆在高架路、桥上敷设做法图（三）	图号	CZ4-3-3

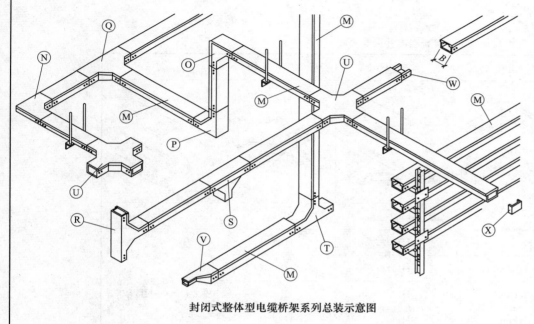

封闭式整体型电缆桥架系列总装示意图

封闭式整体型电缆托盘

型号	托盘宽 B(mm)	断面示意图	支持点(吊点)间距(m)		
			2.0	2.5	3.0
			最大允许荷载(N)		
FB-1	100	100 × 100	1323	882	617
FB-2	200	200	1323	882	617
FB-3	300	300	1234	793	568
FB-4	400	400	1097		509
FB-5	500	500	1009	617	450

注：制造长度为2m。

注：1. 电缆桥架系指电缆线槽、电缆托盘。本图电缆桥架沿高架路桥的桥梁、桥墩上沿梁水平敷设、沿桥墩、柱垂直安装等，施工时要按批准的设计进行。

2. 电缆桥架水平安装时的距地高度不宜低于2.5m，垂直安装时距地1.8m以下部分应加金属盖板保护。

3. 电缆桥架水平安装支撑点间距一般1.5～3m，垂直安装固定点不宜大于2m。

4. 几组电缆桥架统一高度平行安装时，各相邻桥架应考虑维护、检修距离。

5. 金属电缆桥架间在连接板的两端跨接铜芯接地线，最小截面不应小于4mm²。

图名	电缆在高架路、桥上敷设做法图（四）	图号	CZ4-3-4

141

封闭式整体型电缆桥架配件编号表之一

名称	直线托盘 M	水平转角 N	水平三通 Q	水平四通 U	异颈接头 V
图形					
规格 B	型号（套）				
100mm	HJ3001	HJ3011	HJ3021	HJ3031	
200mm	HJ3002	HJ3012	HJ3022	HJ3032	
300mm	HJ3003	HJ3013	HJ3023	HJ3033	HJ3041～HJ3049
400mm	HJ3004	HJ3014	HJ3024	HJ3034	
500mm	HJ3005	HJ3015	HJ3025	HJ3035	

注：电缆桥架具体型号根据工程设计确定。

图名	电缆在高架路、桥上敷设做法图（五）	图号	CZ4-3-5

封闭式整体型电缆桥架配件编号表之二

名称	引下三通 S	引上三通 R、T	下转角 P	上转角 O	终端封堵 X
图形					
规格 B			型号（套）		
100mm	HJ3051	HJ3061	HJ3071	HJ3081	HJ3091
200mm	HJ3052	HJ3062	HJ3072	HJ3082	HJ3092
300mm	HJ3053	HJ3063	HJ3073	HJ3083	HJ3093
400mm	HJ3054	HJ3064	HJ3074	HJ3084	HJ3094
500mm	HJ3055	HJ3065	HJ3075	HJ3085	HJ3095

注：电缆桥架具体型号根据工程设计确定。

图名	电缆在高架路、桥上敷设做法图（六）	图号	CZ4-3-6

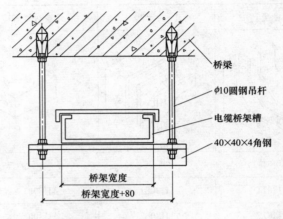

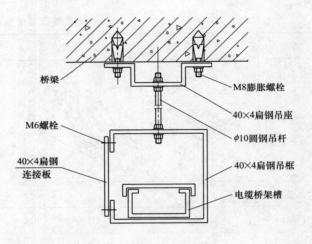

桥梁
ϕ10圆钢吊杆
电缆桥架槽
40×40×4角钢

桥梁
M6螺栓
40×4扁钢
连接板
M8膨胀螺栓
40×4扁钢吊座
ϕ10圆钢吊杆
40×4扁钢吊框
电缆桥架槽

桥架宽度
桥架宽度+80

电缆桥架吊装方式(一)　　　　　　　　　　　　　　　电缆桥架吊装方式(二)

注：1. 电缆桥架各形式的吊架应能承受桥架、托盘、电缆的荷载和自重，并经设计计算验证。

2. 电缆桥架吊架应安装牢固、横平竖直，支架间距不宜大于 3m，其高低偏差不大于 5mm。

3. 桥架上部距桥梁顶部或其他障碍物不应小于 300mm。

4. 在选择电缆桥架的弯通或引上、引下装置时，应满足电缆弯曲半径。

5. 当电缆桥架经过桥梁伸缩缝时，应留有 20～30mm 补偿余量，其连接宜采用伸缩连接板。

| 图名 | 电缆在高架路、桥上敷设做法图（七） | 图号 | CZ4-3-7 |

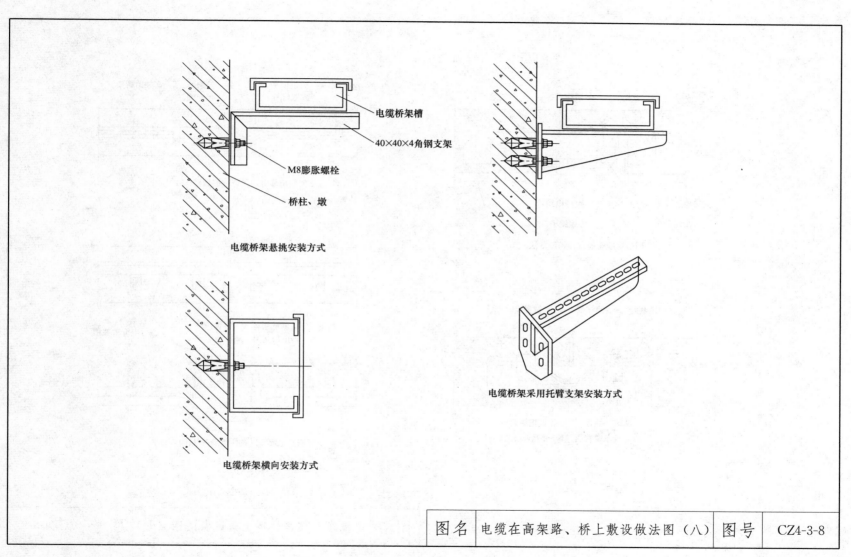

电缆桥架悬挑安装方式

电缆桥架槽

40×40×4角钢支架

M8膨胀螺栓

桥柱、墩

电缆桥架横向安装方式

电缆桥架采用托臂支架安装方式

图名	电缆在高架路、桥上敷设做法图（八）	图号	CZ4-3-8

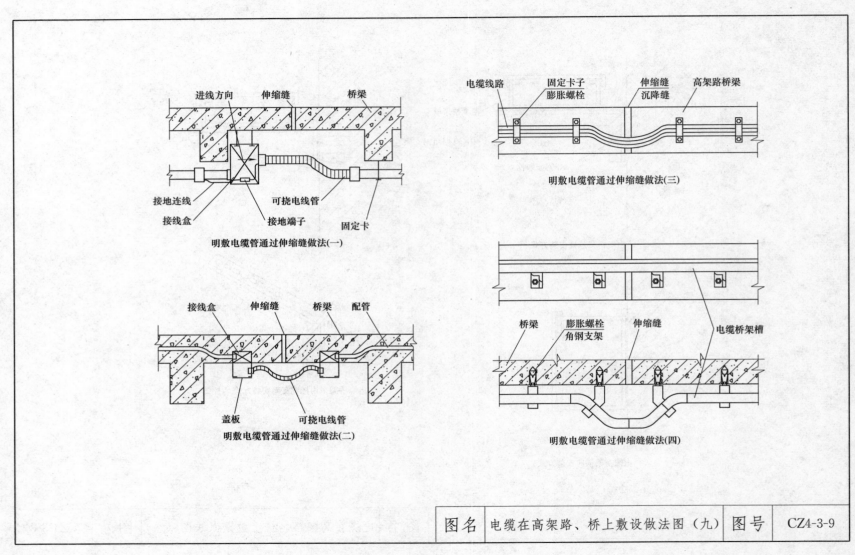

进线方向　伸缩缝　桥梁

接地连线
接线盒
接地端子
可挠电线管
接地端子
固定卡

明敷电缆管通过伸缩缝做法(一)

接线盒　伸缩缝　桥梁　配管

盖板　可挠电线管

明敷电缆管通过伸缩缝做法(二)

电缆线路　固定卡子　伸缩缝　高架路桥梁
膨胀螺栓　沉降缝

明敷电缆管通过伸缩缝做法(三)

桥梁　膨胀螺栓　伸缩缝　电缆桥架槽
角钢支架

明敷电缆管通过伸缩缝做法(四)

图名	电缆在高架路、桥上敷设做法图（九）	图号	CZ4-3-9

146

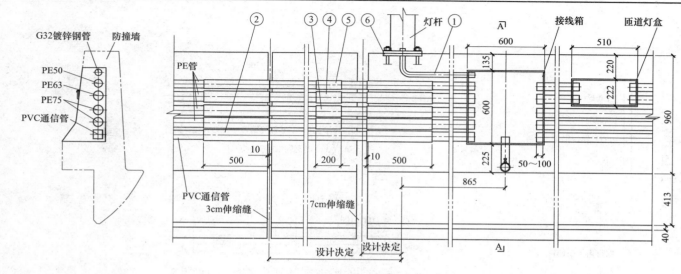

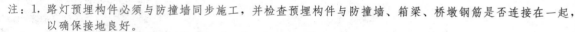

注：1. 路灯预埋构件必须与防撞墙同步施工，并检查预埋构件与防撞墙、箱梁、桥墩钢筋是否连接在一起，以确保接地良好。

2. 接线箱、路灯基础、匝道灯预埋件与防撞墙预埋焊接，焊接长度：单面焊为 $10d$，双面焊为 $5d$。

3. 镀锌管组件设置应位置恰当，排列整齐，过伸缩缝或断缝组件固定端应出伸缩缝边沿 10mm。

4. 固定时，伸缩缝或断缝组件应分别与防撞护栏钢筋绑扎三道和两道。

5. 各管路需伸入镀锌管组件 100mm，3mm 伸缩缝处可直接穿过不截断。

6. 混凝土浇筑前所有进入接线箱管道长度为 50mm、穿电缆时需于箱壁割齐。

7. 伸缩缝处 PE 管两头伸入钢管时，离钢管中心应各留 4～5mm 伸缩距离。

A-A 横穿道路管线

材料明细表

编号	名　　称	型号及规格	单位	数量	备注
1	路灯用上引钢管	G32	个	1	镀锌钢管
2	镀锌方管	80×80×3	个	1	伸缩缝
3	PE75管伸缩缝接头	—	个	1	7cm 伸缩缝
4	PE63管伸缩缝接头	—	个	1	7cm 伸缩缝
5	PE50管伸缩缝接头	—	个	1	7cm 伸缩缝
6	路灯基础	—	个	1	

图名	高架路灯管线敷设做法图	图号	CZ4-3-10

147

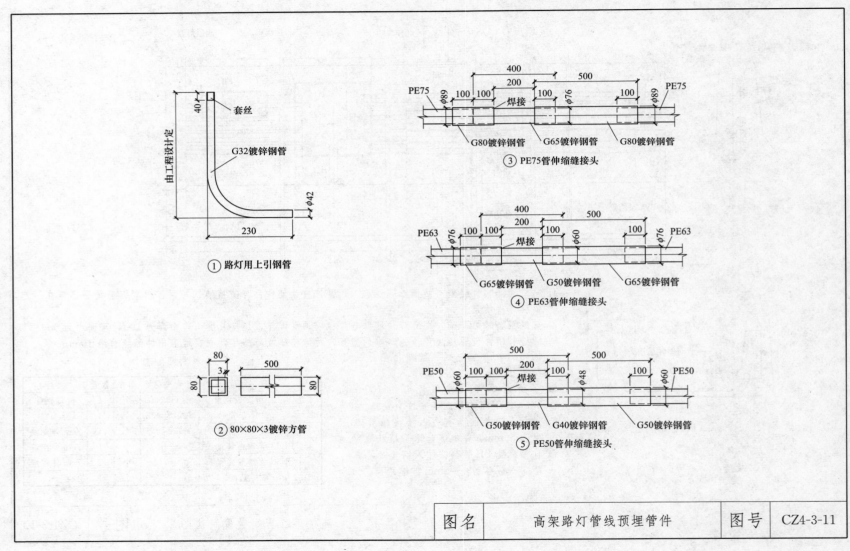

① 路灯用上引钢管

套丝

G32镀锌钢管

由工程设计定

40

230

φ42

② 80×80×3镀锌方管

80

3

80

500

80

③ PE75管伸缩缝接头

PE75

PE75

φ89

φ89

400

200

500

100 100

焊接

100

φ76

100

G80镀锌钢管

G65镀锌钢管

G80镀锌钢管

④ PE63管伸缩缝接头

PE63

PE63

φ76

φ76

400

200

500

100 100

焊接

100

φ60

100

G65镀锌钢管

G50镀锌钢管

G65镀锌钢管

⑤ PE50管伸缩缝接头

PE50

PE50

φ60

φ60

500

200

500

100 100

焊接

100

φ48

100

G50镀锌钢管

G40镀锌钢管

G50镀锌钢管

| 图名 | 高架路灯管线预埋管件 | 图号 | CZ4-3-11 |

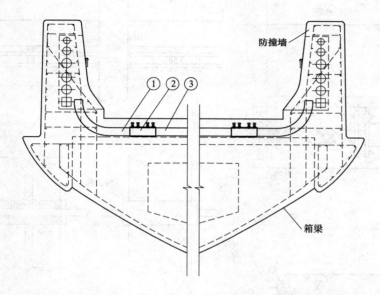

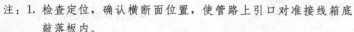

防撞墙

箱梁

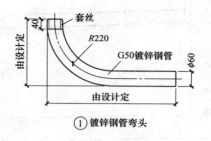

套丝

由设计定

R220

G50镀锌钢管

40

Φ60

由设计定

① 镀锌钢管弯头

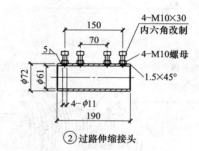

4-M10×30
内六角改制

4-M10螺母

1.5×45°

150

70

5

Φ72

Φ61

4-Φ11

190

② 过路伸缩接头

注：1. 检查定位，确认横断面位置，使管路上引口对准接线箱底
　　　敲落板内。

　　2. 管道应平直、固定牢靠，管内无杂物，接头平滑，管口无
　　　毛刺，钢管外露管口必须采用木楔密封。

　　3. 横穿管应在箱梁浇筑前实施到位。

　　4. 管道连接采用快速镀锌钢套管接头方式，管道弯曲件半径
　　　应符合要求。

　　5. 管道敷设于箱梁主钢筋上层，固定时应每根分别与箱梁钢
　　　筋绑扎，每2m固定一道，接头处在管子两边各固定一道。

材料明细表

编号	名称	型号及规格	单位	数量	备注
1	镀锌钢管弯头	G50	个	1	过路
2	过路伸缩接头	—	个	1	过路
3	过路镀锌钢管	G50	个	1	过路

图名	高架过路管敷设示意图	图号	CZ4-3-12

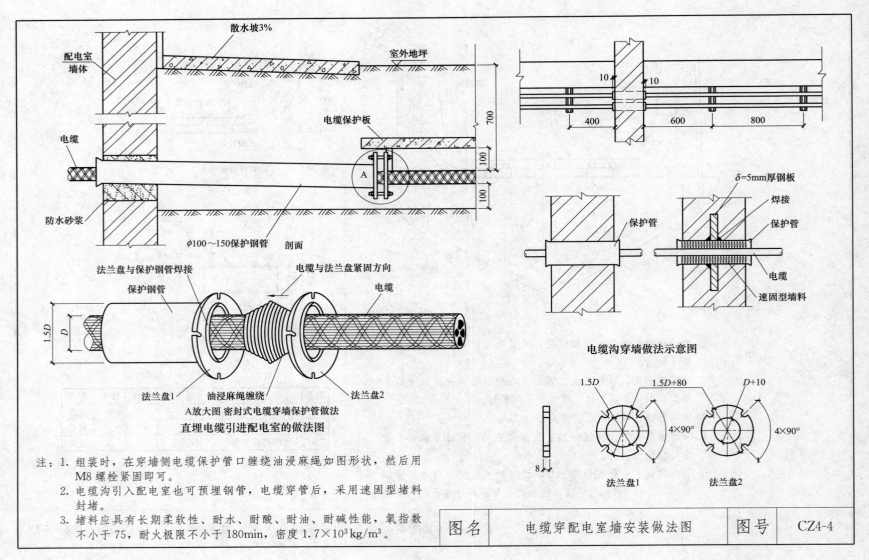

散水坡3%
室外地坪
配电室墙体
电缆保护板
700
电缆
A
100
100
防水砂浆
$\phi100\sim150$保护钢管
剖面

10   10
400   600   800

δ=5mm厚钢板
焊接
保护管
保护管
电缆
速固型墙料

法兰盘与保护钢管焊接
电缆与法兰盘紧固方向
保护钢管
电缆
1.5D
D
法兰盘1
油浸麻绳缠绕
法兰盘2
A放大图 密封式电缆穿墙保护管做法
直埋电缆引进配电室的做法图

电缆沟穿墙做法示意图

1.5D   1.5D+80   D+10
4×90°   4×90°
8
法兰盘1   法兰盘2

注：1. 组装时，在穿墙侧电缆保护管口缠绕油浸麻绳如图形状，然后用M8螺栓紧固即可。
2. 电缆沟引入配电室也可预埋钢管，电缆穿管后，采用速固型堵料封堵。
3. 堵料应具有长期柔软性、耐水、耐酸、耐油、耐碱性能，氧指数不小于75，耐火极限不小于180min，密度 $1.7\times10^3\,\mathrm{kg/m^3}$。

| 图名 | 电缆穿配电室墙安装做法图 | 图号 | CZ4-4 |

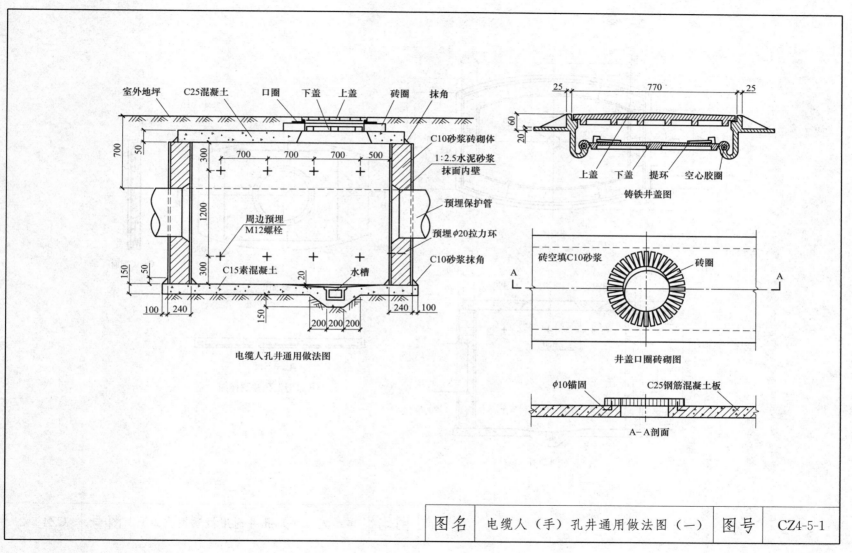

室外地坪　C25混凝土　口圈　下盖　上盖　砖圈　抹角

700
50
300
700　700　700　500
1200
C10砂浆砖砌体
1:2.5水泥砂浆抹面内壁
预埋保护管
周边预埋M12螺栓
预埋φ20拉力环
150
50
300
C15素混凝土　20　水槽
C10砂浆抹角
100　240
150
200 200 200
240　100

电缆人孔井通用做法图

25　770　25
60
20
上盖　下盖　提环　空心胶圈

铸铁井盖图

砖空填C10砂浆　砖圈
A　A

井盖口圈砖砌图

φ10锚固　C25钢筋混凝土板

A－A剖面

| 图名 | 电缆人（手）孔井通用做法图（一） | 图号 | CZ4-5-1 |

151

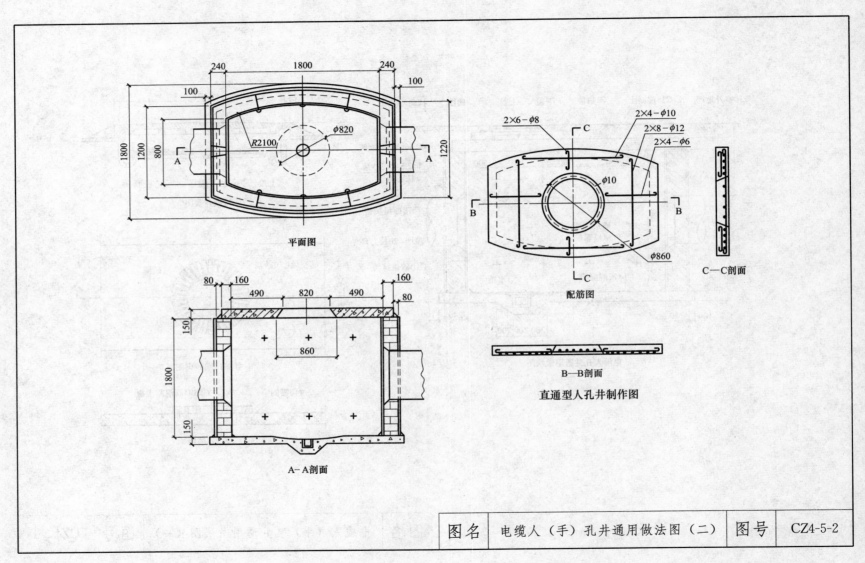

平面图

R2100

φ820

A—A剖面

配筋图

2×6—φ8

2×4—φ10

2×8—φ12

2×4—φ6

φ10

φ860

C—C剖面

B—B剖面

直通型人孔井制作图

| 图名 | 电缆人（手）孔井通用做法图（二） | 图号 | CZ4-5-2 |

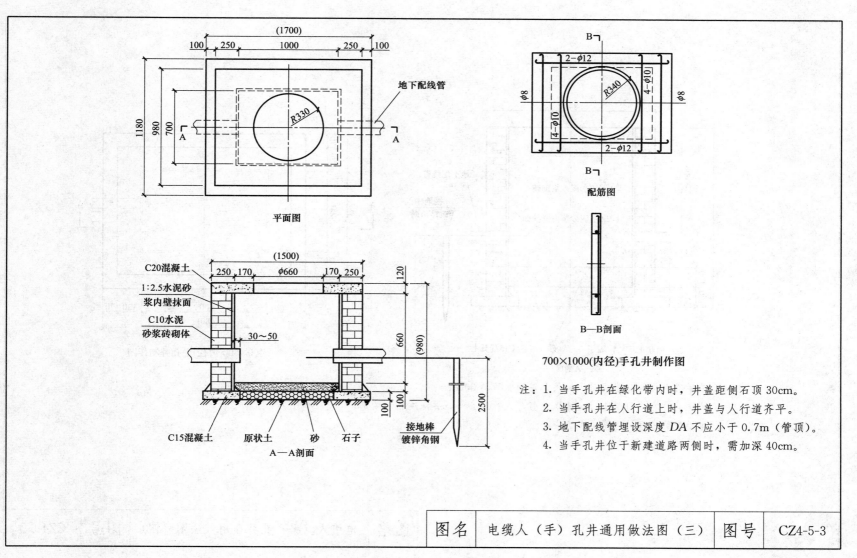

平面图

(1700)
100 250 1000 250 100
1180 980 700 R330
地下配线管

配筋图
2-φ12
φ8 φ8
4-φ10 4-φ10
R340
2-φ12
B—B剖面

700×1000(内径)手孔井制作图

A—A剖面

(1500)
250 170 φ660 170 250 120
C20混凝土
1:2.5水泥砂浆内壁抹面
C10水泥砂浆砖砌体
30～50
660 (980)
100 100 2500
C15混凝土 原状土 砂 石子
接地棒镀锌角钢

注：1. 当手孔井在绿化带内时，井盖距侧石顶30cm。
    2. 当手孔井在人行道上时，井盖与人行道齐平。
    3. 地下配线管埋设深度 DA 不应小于0.7m（管顶）。
    4. 当手孔井位于新建道路两侧时，需加深40cm。

| 图名 | 电缆人（手）孔井通用做法图（三） | 图号 | CZ4-5-3 |

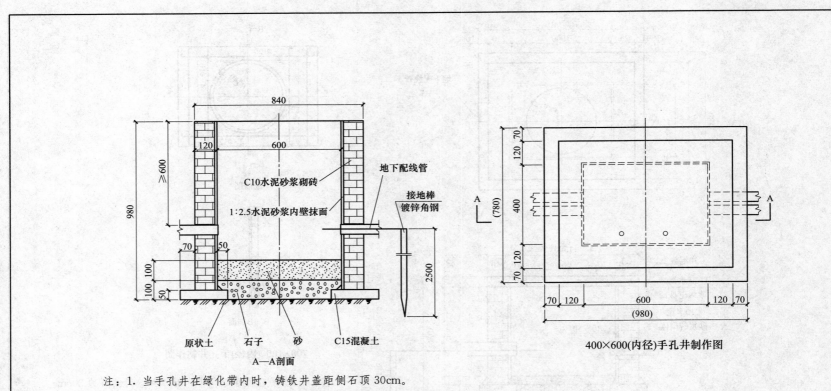

C10水泥砂浆砌砖

1:2.5水泥砂浆内壁抹面

地下配线管

接地棒
镀锌角钢

840
120
600
≥600
980
70
50
100 100
100
50

2500

原状土　石子　砂　C15混凝土

A—A剖面

400×600(内径)手孔井制作图

70
120
120
400
70
120
(780)
70 120 600 120 70
(980)
A
A

注：1. 当手孔井在绿化带内时，铸铁井盖距侧石顶30cm。
　　2. 当手孔井在人行道上时，铸铁井盖与人行道齐平，井深度相应增加。
　　3. 地下配线管埋设深度 DA 不应小于0.7m（管顶）。

图名	电缆人（手）孔井通用做法图（四）	图号	CZ4-5-4

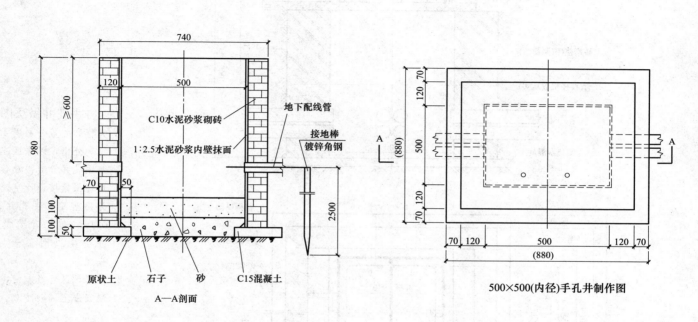

740

120

500

C10水泥砂浆砌砖

地下配线管

≥600

1:2.5水泥砂浆内壁抹面

接地棒
镀锌角钢

980

70

50

100

100

100

50

2500

原状土　石子　砂　C15混凝土

A—A剖面

70

120

500

120

70

880

A

500

A

70

120

70

120

500

120

70

880

500×500(内径)手孔井制作图

注：1. 当手孔井在绿化带内时，铸铁井盖距侧石顶30cm。
　　2. 当手孔井在人行道上时，铸铁井盖与人行道齐平，井深度相应增加。
　　3. 地下配线管埋设深度 DA 不应小于 0.7m（管顶）。

| 图名 | 电缆人（手）孔井通用做法图（五） | 图号 | CZ4-5-5 |

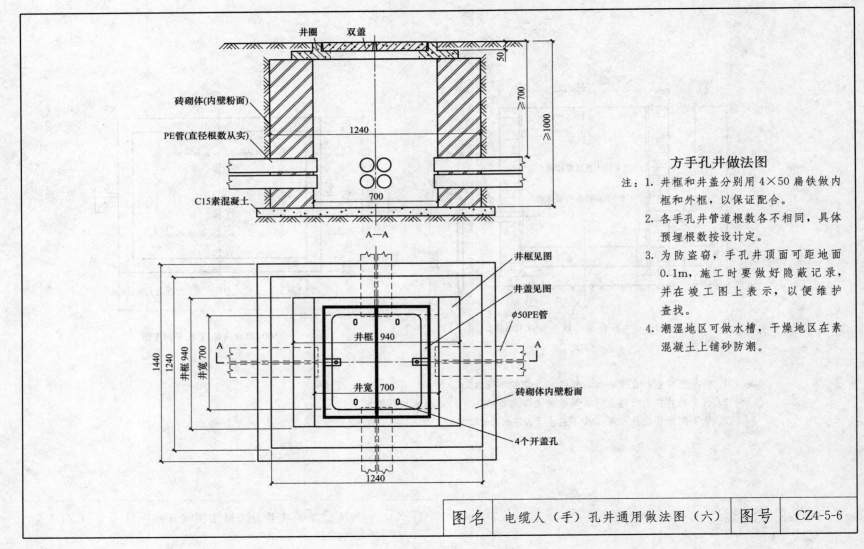

井圈 双盖

砖砌体(内壁粉面)

PE管(直径根数从实)

C15素混凝土

1240

700

50

≥700

≥1000

A—A

井框见图

井盖见图

φ50PE管

砖砌体内壁粉面

4个开盖孔

井框 940

井宽 700

井框 940

井宽 700

1440

1240

1240

A

A

0   0

0   0

方手孔井做法图

注：1. 井框和井盖分别用 4×50 扁铁做内
　　框和外框，以保证配合。

　　2. 各手孔井管道根数各不相同，具体
　　预埋根数按设计定。

　　3. 为防盗窃，手孔井顶面可距地面
　　0.1m，施工时要做好隐蔽记录，
　　并在竣工图上表示，以便维护
　　查找。

　　4. 潮湿地区可做水槽，干燥地区在素
　　混凝土上铺砂防潮。

图名	电缆人（手）孔井通用做法图（六）	图号	CZ4-5-6

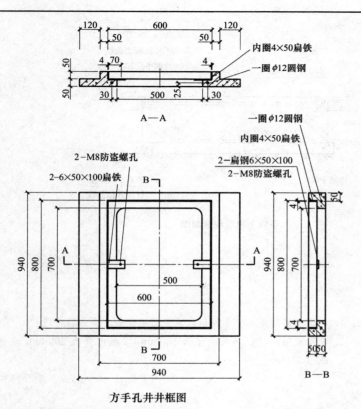

方手孔井井框图

注：1. 井框用 4×50 扁铁围成内框，以保证与井盖尺寸的配合，用 6×50×100 扁钢做成 M8 螺孔以防盗窃，井框用 $\phi12$ 钢筋箍一圈，其余用 C20 混凝土浇制。

2. 一圈 $\phi12$ 钢筋长 2.9m。

3. 一个井框配两个井盖，井盖见右图。

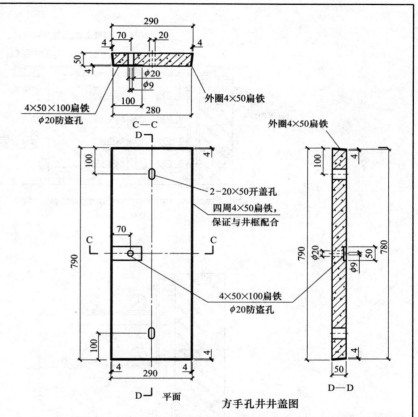

方手孔井井盖图

注：1. 井盖用 4×50 扁铁围成外框，以保证与井框架尺寸的配合，用 4×50×100 扁铁做成防盗孔。井盖用 2 根 $\phi12×750$ 纵向钢筋，4 根 $\phi12×250$ 横向钢筋，用 C20 混凝土浇制。

2. 一个井框配两个井盖，井盖见左图。

图名	电缆人（手）孔井通用做法图（七）	图号	CZ4-5-7

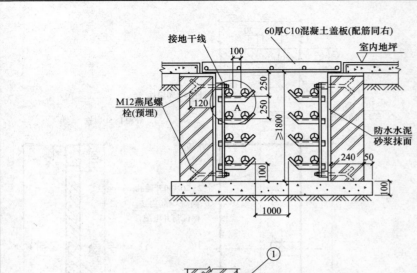

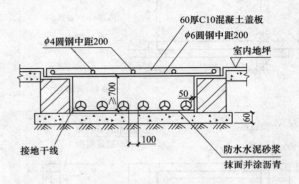

6条以下电缆沟断面图

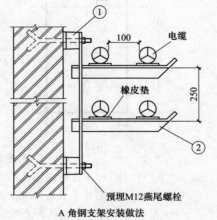

A 角钢支架安装做法

注：1. 电缆支架均用 25×4 扁钢或 φ13 圆钢接地，需热镀锌。
 2. 电缆支架尺寸：一根电缆为 160mm，2 根电缆为 200mm，3 根电缆为 310mm。

图名	电缆沟及支架做法图（一）	图号	CZ4-6-1

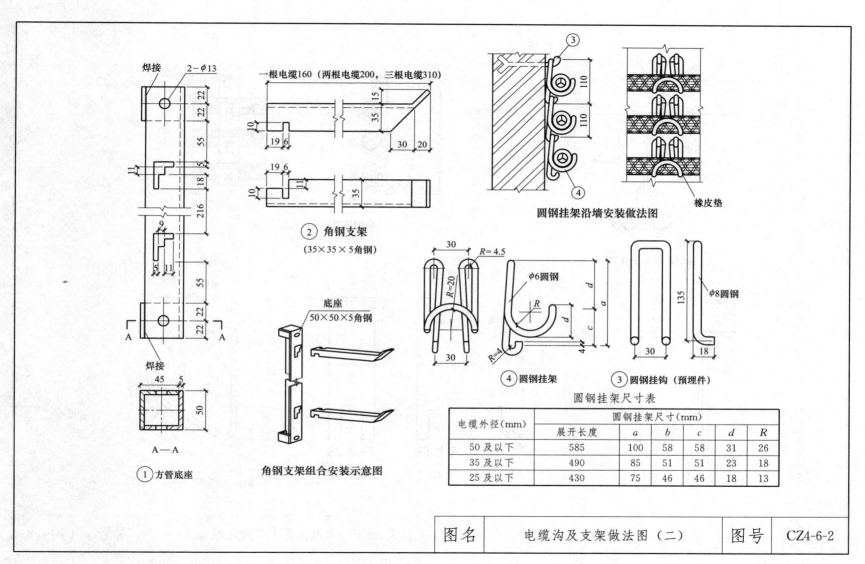

焊接

2-φ13

一根电缆160（两根电缆200，三根电缆310）

圆钢挂架沿墙安装做法图

橡皮垫

② 角钢支架
（35×35×5角钢）

焊接

底座
50×50×5角钢

① 方管底座

角钢支架组合安装示意图

φ6圆钢

R= 4.5

R=20

R=4

④ 圆钢挂架

φ8圆钢

③ 圆钢挂钩（预埋件）

圆钢挂架尺寸表

电缆外径(mm)	圆钢挂架尺寸(mm)					
	展开长度	a	b	c	d	R
50及以下	585	100	58	58	31	26
35及以下	490	85	51	51	23	18
25及以下	430	75	46	46	18	13

图名	电缆沟及支架做法图（二）	图号	CZ4-6-2

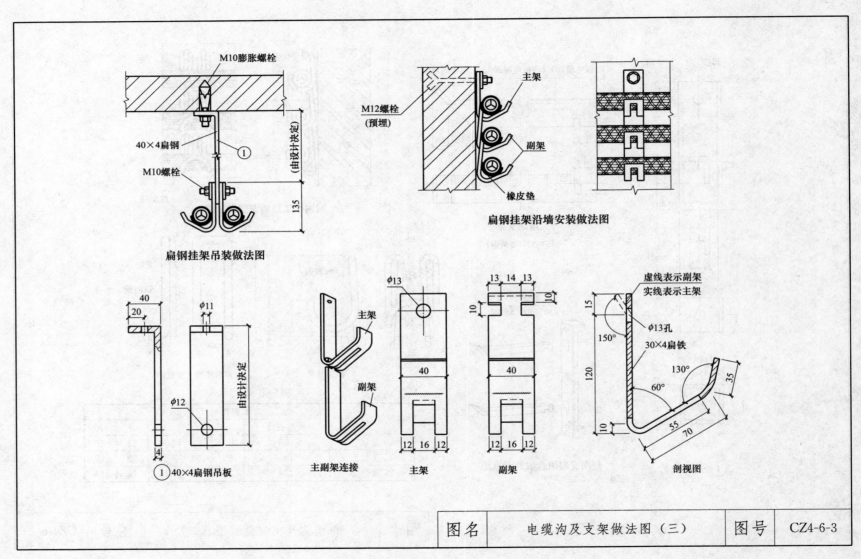

M10膨胀螺栓

40×4扁钢

①

M10螺栓

（由设计决定）

135

扁钢挂架吊装做法图

M12螺栓
（预埋）

主架

副架

橡皮垫

扁钢挂架沿墙安装做法图

40

20

φ11

由设计决定

φ12

4

① 40×4扁钢吊板

主架

副架

主副架连接

φ13

40

12 16 12

主架

13 14 13

10

10

40

12 16 12

副架

虚线表示副架
实线表示主架

15

150°

φ13孔

30×4扁铁

120

130°

35

60°

10

55

70

剖视图

| 图名 | 电缆沟及支架做法图（三） | 图号 | CZ4-6-3 |

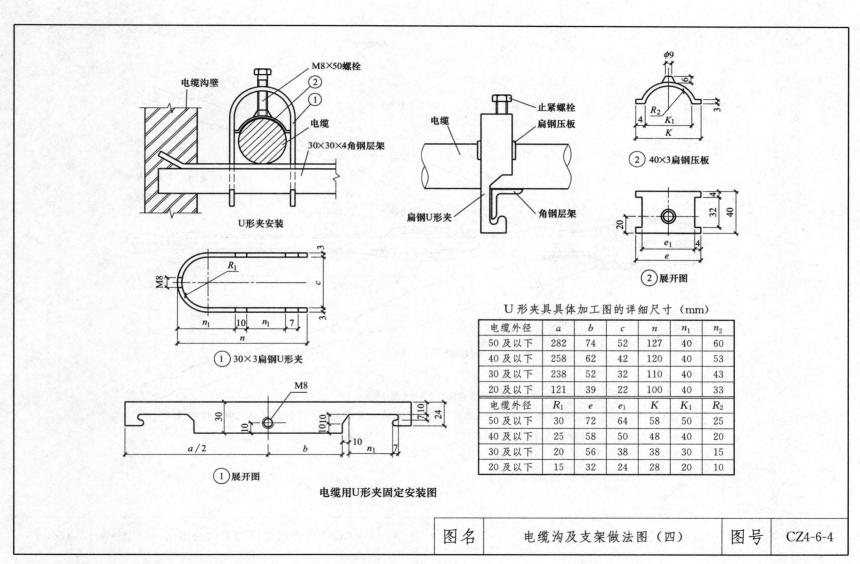

U形夹安装

M8×50螺栓
电缆沟壁
电缆
30×30×4角钢层架

电缆
止紧螺栓
扁钢压板
扁钢U形夹
角钢层架

②40×3扁钢压板

②展开图

①30×3扁钢U形夹

①展开图

电缆用U形夹固定安装图

U形夹具具体加工图的详细尺寸（mm）

电缆外径	a	b	c	n	n_1	n_2
50及以下	282	74	52	127	40	60
40及以下	258	62	42	120	40	53
30及以下	238	52	32	110	40	43
20及以下	121	39	22	100	40	33
电缆外径	R_1	e	e_1	K	K_1	R_2
50及以下	30	72	64	58	50	25
40及以下	25	58	50	48	40	20
30及以下	20	56	38	38	30	15
20及以下	15	32	24	28	20	10

图名	电缆沟及支架做法图（四）	图号	CZ4-6-4

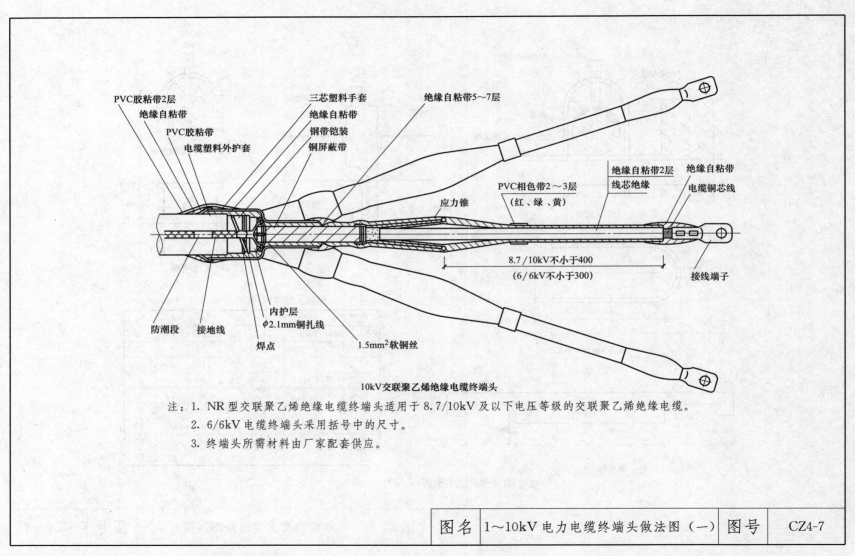

PVC胶粘带2层
绝缘自粘带
PVC胶粘带
电缆塑料外护套
三芯塑料手套
绝缘自粘带
钢带铠装
铜屏蔽带
绝缘自粘带5～7层
绝缘自粘带2层
线芯绝缘
绝缘自粘带
电缆铜芯线
PVC相色带2～3层
（红、绿、黄）
应力锥
接线端子

8.7/10kV不小于400
（6/6kV不小于300）

防潮段　接地线
焊点
内护层
φ2.1mm铜扎线
1.5mm² 软铜丝

10kV交联聚乙烯绝缘电缆终端头

注：1. NR型交联聚乙烯绝缘电缆终端头适用于8.7/10kV及以下电压等级的交联聚乙烯绝缘电缆。

2. 6/6kV电缆终端头采用括号中的尺寸。

3. 终端头所需材料由厂家配套供应。

图名	1～10kV电力电缆终端头做法图（一）	图号	CZ4-7

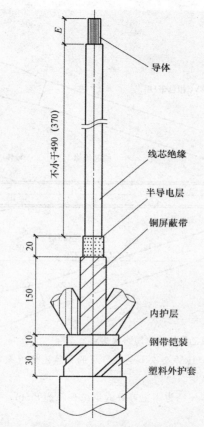

导体

线芯绝缘

半导电层

铜屏蔽带

内护层

钢带铠装

塑料外护套

E

不小于490 (370)

20

150

10

30

10kV交联聚乙烯绝缘电缆终端头剥切尺寸

注：E＝接线端子孔深＋5。

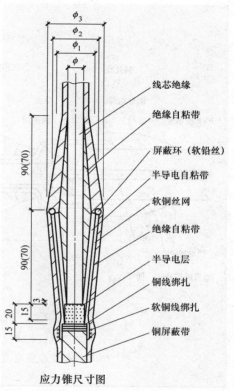

ϕ_3

ϕ_2

ϕ_1

ϕ

线芯绝缘

绝缘自粘带

屏蔽环（软铅丝）

半导电自粘带

软铜丝网

绝缘自粘带

半导电层

铜线绑扎

软铜线绑扎

铜屏蔽带

90(70)

90(70)

15 20

15

3

应力锥尺寸图

注：ϕ 为电缆线芯绝缘外径；ϕ_1 为增绕绝缘外径，$\phi_1＝\phi＋16mm$；

ϕ_2 为应力锥屏蔽环外径；ϕ_3 为应力锥总外径，$\phi_3＝\phi_2＋4mm$。

图名	1～10kV电力电缆终端头做法图（二）	图号	CZ4-7-1

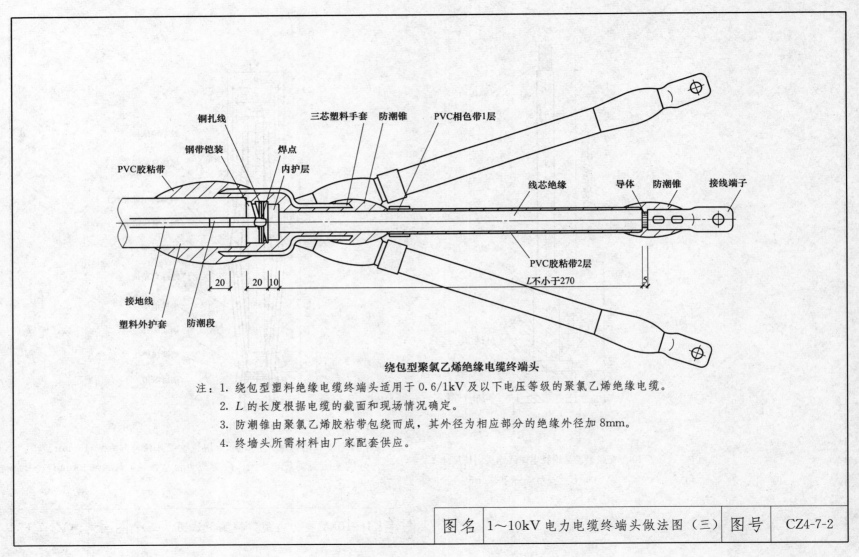

铜扎线　三芯塑料手套　防潮锥　PVC相色带1层

钢带铠装　焊点

PVC胶粘带　内护层

线芯绝缘　导体　防潮锥　接线端子

接地线

塑料外护套　防潮段

20　20　10

PVC胶粘带2层

L不小于270

5

绕包型聚氯乙烯绝缘电缆终端头

注：1. 绕包型塑料绝缘电缆终端头适用于 0.6/1kV 及以下电压等级的聚氯乙烯绝缘电缆。

　　2. L 的长度根据电缆的截面和现场情况确定。

　　3. 防潮锥由聚氯乙烯胶粘带包绕而成，其外径为相应部分的绝缘外径加 8mm。

　　4. 终墙头所需材料由厂家配套供应。

| 图名 | 1～10kV 电力电缆终端头做法图（三） | 图号 | CZ4-7-2 |

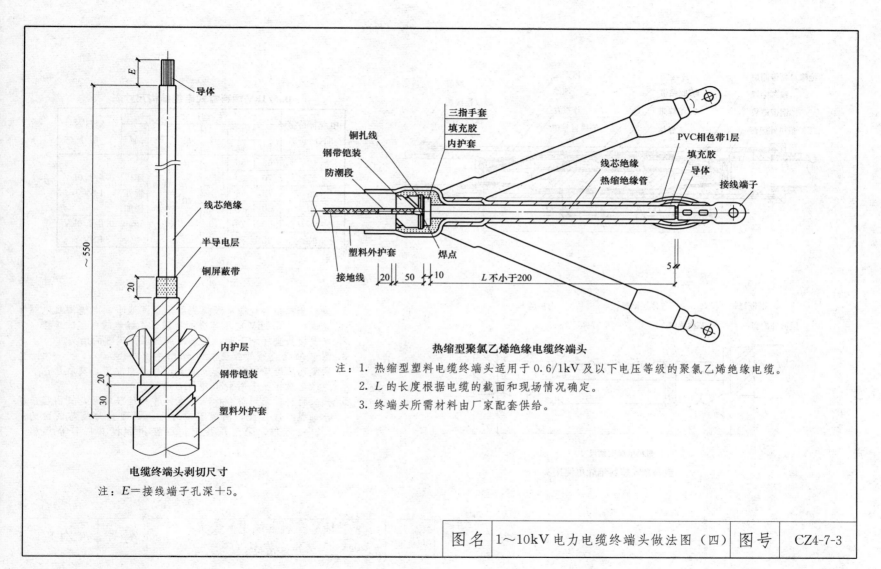

导体

线芯绝缘

半导电层

铜屏蔽带

内护层

钢带铠装

塑料外护套

电缆终端头剥切尺寸

注：E＝接线端子孔深＋5。

三指手套
填充胶
内护套

铜扎线

钢带铠装

防潮段

线芯绝缘

热缩绝缘管

PVC相色带1层

填充胶

导体

接线端子

塑料外护套

焊点

接地线

L不小于200

热缩型聚氯乙烯绝缘电缆终端头

注：1. 热缩型塑料电缆终端头适用于 0.6/1kV 及以下电压等级的聚氯乙烯绝缘电缆。

2. L 的长度根据电缆的截面和现场情况确定。

3. 终端头所需材料由厂家配套供给。

图名	1～10kV 电力电缆终端头做法图（四）	图号	CZ4-7-3

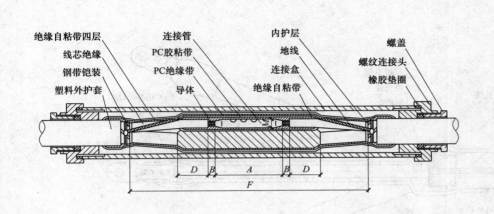

绝缘自粘带四层　　连接管　　　　内护层　　　螺盖
线芯绝缘　　　　PC胶粘带　　　地线　　螺纹连接头
钢带铠装　　　　PC绝缘带　　　连接盒　　橡胶垫圈
塑料外护套　　　导体　　　绝缘自粘带

0.6/1kV 塑料盒式电缆结构尺寸表

电缆标称截面（mm²）	结构尺寸						塑料盒型号
	A		B	D	F	M	
	铝	铜					
16	65	56	5	40	320	连接管外径加6mm	0.6/1.0kV LSV-1
25	70	60					
35	75	64					
50	80	72					
70	90	78	10		350		0.6/1.0kV LSV-2
95	95	82					

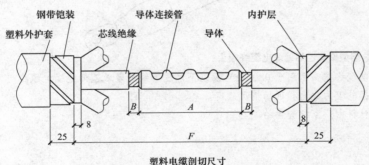

钢带铠装　　　　导体连接管　　　内护层
塑料外护套　　芯线绝缘　　　导体

塑料电缆剖切尺寸

塑料盒式塑料绝缘电缆接头

注：1. 塑料盒式塑料绝缘电缆接头用于直埋地下，电缆沟或电缆隧道内 0.6/1kV 电压等级的交联聚乙烯绝缘电缆的连接。
2. 电缆接头直埋地下时，应采用灌低温浇铸剂的接头。
3. 图中 M 为连接管外径，加 6mm 绝缘外径。
4. 聚氯乙烯绝缘电缆接头采用 J-10 绝缘自粘带，交联聚乙烯绝缘电缆接头采用 J-30 绝缘自粘带。
5. 接头材料应采用符合标准的连接管和接线端子，其内径应与电缆芯线匹配，间隙不应过大；截面宜为线芯截面的 1.2～1.5 倍，采用压接时，压接钳和模具应符合规格要求。

图名	1kV 塑料电缆中间接头 制作安装图（一）	图号	CZ4-8-1

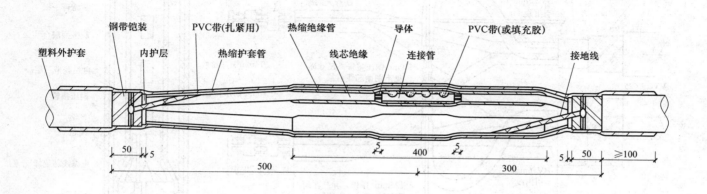

钢带铠装　　　PVC带(扎紧用)　　热缩绝缘管　　　导体　　　PVC带(或填充胶)

塑料外护套　　　　内护层　　　热缩护套管　　线芯绝缘　　连接管　　　　　　接地线

50　5

500

5　400　5

5　50　≥100

300

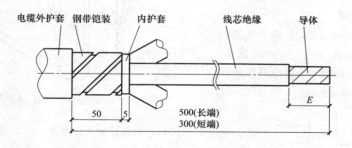

电缆外护套　钢带铠装　　内护套　　　　线芯绝缘　　　导体

50　5

500(长端)
300(短端)

E

注：1. 热缩型塑料绝缘电缆接头适用于电缆沟或电
　　　缆隧道内 0.6/1kV 电压等级的聚氯乙烯绝缘
　　　电缆的连接。
　　2. 剥切尺寸中 $E=L/2+5$，L 为连接管的长度。
　　3. 接头所需材料由厂家配套供应。

| 图名 | 1kV 塑料电缆中间接头
制作安装图（二） | 图号 | CZ4-8-2 |

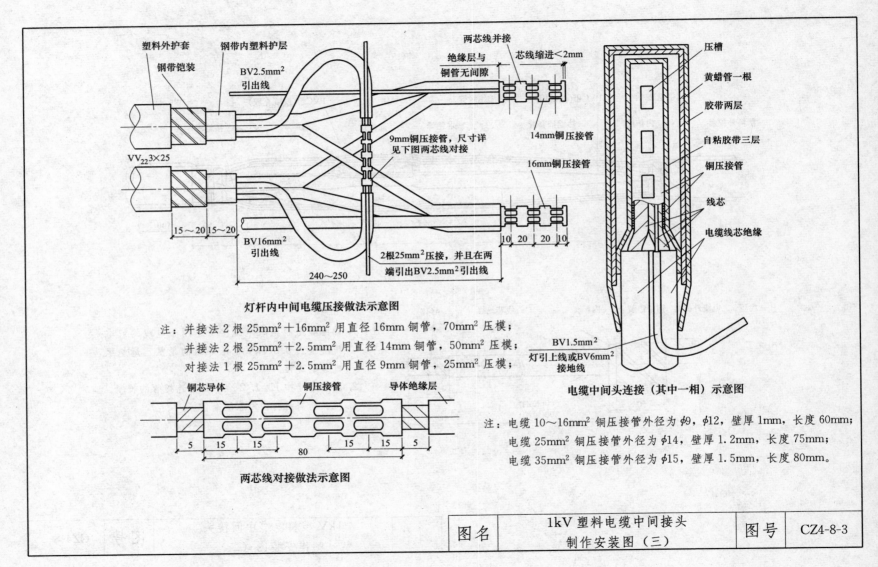

塑料外护套
钢带铠装
钢带内塑料护层
BV2.5mm² 引出线
两芯线并接
绝缘层与铜管无间隙
芯线缩进<2mm
压槽
黄蜡管一根
胶带两层
自粘胶带三层
铜压接管
线芯
电缆线芯绝缘
9mm铜压接管，尺寸详见下图两芯线对接
14mm铜压接管
16mm铜压接管
VV₂₂3×25
15～20 15～20
BV16mm² 引出线
2根25mm²压接，并且在两端引出BV2.5mm²引出线
10 20 20 10
240～250

灯杆内中间电缆压接做法示意图

注：并接法 2 根 25mm²＋16mm² 用直径 16mm 铜管，70mm² 压模；
　　并接法 2 根 25mm²＋2.5mm² 用直径 14mm 铜管，50mm² 压模；
　　对接法 1 根 25mm²＋2.5mm² 用直径 9mm 铜管，25mm² 压模；

铜芯导体
铜压接管
导体绝缘层
5 15 15 80 15 15 5

两芯线对接做法示意图

BV1.5mm²
灯引上线或BV6mm²接地线

电缆中间头连接（其中一相）示意图

注：电缆 10～16mm² 铜压接管外径为 φ9，φ12，壁厚 1mm，长度 60mm；
　　电缆 25mm² 铜压接管外径为 φ14，壁厚 1.2mm，长度 75mm；
　　电缆 35mm² 铜压接管外径为 φ15，壁厚 1.5mm，长度 80mm。

图名	1kV 塑料电缆中间接头 制作安装图（三）	图号	CZ4-8-3

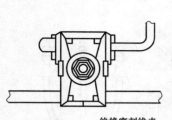
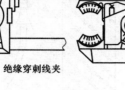

绝缘穿刺线夹

	穿刺线夹三种应选用选型表					
主线与主线连接	主线截面（mm²）	主线截面（mm²）	型号	螺栓	标称载流（A）	重量（g/只）
	25～95	25～95	1351229-1	1	207	170
	50～150	50～150	1351230-1	1	239	200
	95～240	95～240	1351232-1	1	424	1050
主线与引出线连接	主线截面（mm²）	引出线截面（mm²）	型号	螺栓	标称载流（A）	重量（g/只）
	16～95	16～95	1351227-1	1	138	10
	50～150	50～150	1351227-2	1	138	125
	120～240	120～240	1351231-1	1	239	310
主线与支线连接	主线截面（mm²）	支线截面（mm²）	型号	螺栓	标称载流（A）	重量（g/只）
	16～95	1.5～10	1351228-1	1	63	48
	50～95	50～95	1390217-1	1	207	170
	50～185	6～35	708094-1	1	138	190
	50～240	6～35	1390218-1	1	174	180
	95～240	95～240	1351232-1	2	424	1050

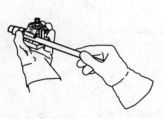
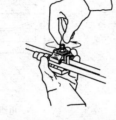

(a) 把支线插入连接器盖套

(b) 将线夹固定于主线连接处，然后用手将力矩螺母拧紧

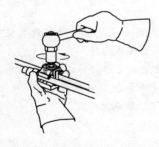
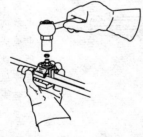

(c)、(d) 根据力矩螺母的尺寸选择合适的六角套筒扳手，垂直拧紧力矩螺母

穿刺线夹安装顺序图

注：1. 绝缘穿刺线夹可以在电缆任意位置做 T 形分支，不需要截断主电缆，不需要剥去电缆的绝缘皮，接头是密封结构，防护等级高。
2. 绝缘穿刺线夹具有力矩螺母和穿刺结构组成，力矩螺母用于保证恒定的接触压力，确保良好的电气接触，并同穿刺结构一起使安装简便可靠，安装时只需要目测力矩螺母是否拧断，导线位置是否合适，如果一切正常，就可以保证质量。
3. 不需要专用工具，不需要对导线和线夹做特殊处理，操作简单、快捷，可以大大提高安装效率，节省人工和安装费用。

图名	1kV 塑料电缆中间接头制作安装图（四）	图号	CZ4-8-4

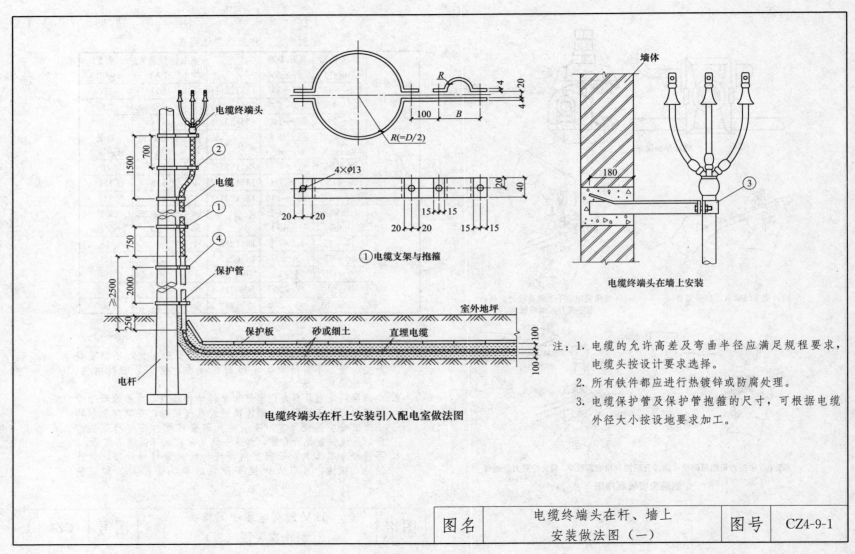

电缆终端头

电缆

保护管

电杆

室外地坪

保护板　砂或细土　直埋电缆

电缆终端头在杆上安装引入配电室做法图

$R(=D/2)$

100　B

$4×\phi13$

20　20

15　15

20　20　15　15

① 电缆支架与抱箍

墙体

180

电缆终端头在墙上安装

注：1. 电缆的允许高差及弯曲半径应满足规程要求，
　　　　电缆头按设计要求选择。
　　2. 所有铁件都应进行热镀锌或防腐处理。
　　3. 电缆保护管及保护管抱箍的尺寸，可根据电缆
　　　　外径大小按设地要求加工。

图名	电缆终端头在杆、墙上 安装做法图（一）	图号	CZ4-9-1

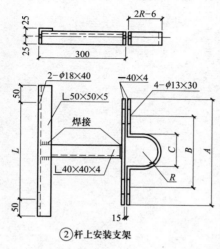

②杆上安装支架

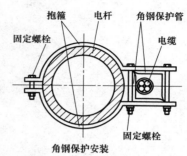

④电缆引至杆上采用钢管或角钢保护安装方式

③墙上安装支架

电缆支架尺寸表

电缆外径(mm)	尺寸			
	A	B	C	R
40 及以下	148	98	48	20
40~60	168	118	68	30
60~80	188	138	88	40
80~100	208	158	108	50

注：1. 安装电缆终端头的所有铁件需热镀锌。

2. 在固定电缆终端头处，电缆护套外面应垫橡皮或塑料带。

3. 图中的 L 值为电杆的直径加 16mm。

图名	电缆终端头在杆、墙上安装做法图（二）	图号	CZ4-9-2

CZ5 接地安全保护

图名	接地安全保护	图号	CZ5

接地安全保护

编制说明

城市道路照明和夜间景观照明设施分布在城市的大街小巷，钢灯杆、金属配电箱柜等设备设在道路两侧，极易被人接触，为防止意外触电事故的发生，必须切实做好照明设施的安全防护措施。

本章节主要介绍接地装置安装施工做法、其中包括：常用典型结构和水平带状接地装置；高架路防撞墙、桥桩、建筑物混凝土钢筋接地装置；箱式变、配电箱体（壳）接地；金属灯杆、高杆照明基础接地装置；配电室内接地装置沿墙敷设；架空线路分支接零系统重复接地和明敷钢管线路接地。除设计有特殊要求外，一般要求如下：

1. 城市道路照明电气设备的下列金属部分均应接零或接地保护：

（1）变压器、配电柜（箱、屏）等的金属底座、外壳和金属门；

（2）室内外配电装置的金属构架及靠近带电部位的金属遮拦；

（3）电力电缆的金属铠装、接线盒和保护管；

（4）钢灯杆、金属灯座、Ⅰ类照明灯具的金属外壳；

（5）其他因绝缘破坏可能使其带电的外露导体。

2. 严禁采用裸铝导体作接地极或接地线。接地线严禁兼做他用。

3. 在市区内由公共配变供电的路灯配电系统采用的保护方式，应符合当地供电部门的统一规定。

4. 当采用接零保护时，单相开关应装在相线上，零线上严禁装设开关或熔断器。

5. 道路照明配电系统宜选用 TN-S 接地制式，整个系统的中性线（N）应与保护线（PE）分开，在始端 PE 线与变压器中性点（N）连接，PE 线与每根路灯钢杆接地螺栓可靠连接，在线路分支、末端及中间适当位置处作重复接地形成联网。

6. 在配电线路的分支、末端及中间适当位置做重复接地并形成联网，其重复接地电阻不应大于 10Ω，系统接地电阻不应大于 4Ω。

7. 道路照明配电系统的变压器中性点（N）的接地电阻不应大于 4Ω。

8. 人工接地装置应符合下列规定：

（1）垂直接地体所用的钢管，其内径不应小于 40mm、壁厚 3.5mm；角钢应采用 $50\times50\times5$（mm）以上，圆钢直径不应小于 20mm，每根长度不小于 2.5m，极间距离不宜小于其长度的 2 倍，接地体顶端距地面不应小于 0.6m。

图名	编制说明	图号	CZ5

175

（2）水平接地体所用的扁钢截面不小于4×30（mm），圆钢直径不小于10mm，埋深不小于0.6m，极间距离不宜小于5m。

9. 保护接地线必须有足够的机械强度，应满足不平衡电流及谐波电流的要求，并应符合下列规定：

（1）保护接地线和相线的材质应相同，当相线截面在35mm²及以下时，保护接地线的最小截面不应小于相线的截面，当相线截面在35mm²以上时，保护接地线的最小截面不得小于相线截面的50%；

（2）采用扁钢时不应小于4×30mm，圆钢直径不应小于10mm；

（3）箱式变电站、地下式变电站、控制柜（箱、屏）可开启的门应与接地的金属框架可靠连接，采用的裸铜软线截面不应小于4mm²。

10. 明敷设接地体（线）应符合下列规定：

（1）敷设位置不应妨碍设备的拆卸和检修，接地体与构筑物的距离不应小于1.5m；

（2）接地体（线）应水平或垂直敷设，亦可与构筑物倾斜结构平行敷设；在直线段上不应起伏或弯曲；

（3）跨越桥梁及构筑物的伸缩缝、沉降缝时，应将接地线弯成弧状；

（4）接地线支持件的距离：水平直线部分宜为0.5～1.5m，垂直部分宜为1.5～3.0m，转弯部分宜为0.3～0.5m；

（5）沿配电房墙壁水平敷设时，距地面宜为0.25～0.3m，与墙壁间的距离宜为0.01～0.015m。

11. 安全保护工程交接检查验收应符合下列规定：

（1）接地线规格正确，连接可靠，防腐层应完好；

（2）工频接地电阻值及设计的其他测试参数符合设计规定，雨后不应立即测量接地电阻。

12. 安全保护工程交接验收应提交下列文件资料：

（1）设计图及设计变更文件；

（2）工程竣工图等资料；

（3）测试记录。

图名	编制说明	图号	CZ5

接地装置常用结构及其工频接地电阻表

序号	形式	简图	钢材(mm)				不同土壤电阻率 $\rho(\Omega\cdot m)$ 时的工频接地电阻值(Ω)			
			扁钢规格	圆钢直径	D	L_1	$\rho=0.5\times10^2$	$\rho=1\times10^2$	$\rho=5\times10^2$	$\rho=1\times10^3$
1	水平敷设		40×4	—	—	5000	9.5	19	95	190
						6000	8.4	16.8	84	168
						8000	6.86	13.7	68.6	137
						10000	5.85	11.7	58.5	117
						12000	5.4	10.8	54	108
						24000	3.1	6.2	31	62
						32000	2.4	4.8	24	48
						40000	2	4	20	40
2	环形放射性敷设		40×4	—	12000	—	1.12	2.32	11.25	22.5
3	双环形放射性敷设		40×4	—	28000 $d=12000$	30000	0.51	0.94	5.1	10.2

图名	接地装置常用结构及其 工频接地电阻（一）	图号	CZ5-1-1

続表

序号	形式	简　图	钢材（mm）				不同土壤电阻率 $\rho(\Omega \cdot m)$ 时的工频接地电阻值（Ω）			
			扁钢规格	圆钢直径	L	L_1	$\rho=0.5\times10^2$	$\rho=1\times10^2$	$\rho=5\times10^2$	$\rho=1\times10^3$
4	两根垂直敷设		40×4	20	5000 5000 5000 5000	 3000 2500 3000	 5.5 5.8 5.35	 11 11.6 10.7	 55 58 53.5	 110 116 107
5	三根垂直敷设		40×4	20	5000 5000 5000 5000	2500 3000 2500 3000	3.55 3.3 3.5 3.25	7.1 6.6 7.0 6.5	35.5 33 35 32.5	71 66 70 65
6	五根垂直敷设		40×4	20	5000 5000 7500 7500	2000 3000 2000 3000	2.4 2.05 2 1.75	4.8 4.1 4 3.5	24 20.5 20 17.5	48 41 40 35

图名	接地装置常用结构及其 工频接地电阻（二）	图号	CZ5-1-2

水平敷设接地体采用 40mm×4mm 扁钢，埋深 600mm 时的接地电阻值表

ρ(Ω·m) \ 电阻(Ω) \ L(m)	5	10	15	20	25	30	35	40	45	50	55	60
$0.1×10^2$	2.92	1.46	1.06	0.85	0.70	0.61	0.53	0.48	0.43	0.40	0.37	0.34
$0.2×10^2$	5.84	2.93	2.12	1.70	1.40	1.21	1.06	0.95	0.86	0.79	0.73	0.68
$0.3×10^2$	8.76	4.39	3.18	2.54	2.11	1.82	1.60	1.43	1.30	1.19	1.10	1.02
$0.4×10^2$	11.68	5.86	4.24	3.39	2.81	2.42	2.13	1.91	1.73	1.58	1.46	1.36
$0.5×10^2$	14.6	7.32	5.30	4.24	3.51	3.03	2.66	2.39	2.16	1.98	1.83	1.70
$0.6×10^2$	17.52	8.76	6.36	5.08	4.21	3.63	3.14	2.86	2.59	2.37	2.19	2.03
$0.7×10^2$	20.44	10.25	7.42	5.93	4.91	4.24	3.72	3.34	3.02	2.77	2.56	2.37
$0.8×10^2$	23.36	11.71	8.48	6.78	5.62	4.84	4.26	3.82	3.46	3.16	2.92	2.71
$0.9×10^2$	26.28	13.18	9.54	7.62	6.32	5.45	4.79	4.29	3.89	3.56	3.29	3.05
$1×10^2$	29.20	14.64	10.60	8.47	7.02	6.05	5.32	4.87	4.32	3.95	3.65	3.39
$2×10^2$	—	29.28	21.20	16.94	14.04	12.10	10.64	9.54	8.64	7.90	7.30	6.78
$3×10^2$	—	—	31.80	25.41	21.06	18.15	15.96	14.31	12.96	11.85	10.95	10.17
$4×10^2$	—	—	—	28.08	24.20	21.28	19.08	17.28	15.80	14.60	13.56	
$5×10^2$	—	—	—	—	30.25	26.60	23.85	21.60	19.75	18.25	16.95	

水平接地体的形状系数 A

形状	—	L	Y	O	X	✳	□	+
A	0	0.378	0.867	0.48	5.27	8.81	1.69	2.14

注：不同形式水平接地体的接地电阻值应按下式计算：

$$R_p = \frac{\rho}{2\pi L}\left(\ln\frac{L^2}{hd} + A\right)$$

式中　R_p——水平接地体的接地电阻值（Ω）；

　　　L——水平接地体的总长度（m）；

　　　A——水平接地体的形状系数；

　　　h——水平接地体的埋深（m）；

　　　d——水平接地体的直径（m），采用扁钢时 $d=b/2$；

　　　ρ——土壤电阻率（Ω·m）；

　　　b——扁钢宽度（m）。

选择接地装置的形式参考表

土壤电阻率（Ω·m）	采用方式
$\rho \leqslant 3×10^2$	垂直接地体
$3×10^2 < \rho \leqslant 5×10^2$	水平接地体
$\rho > 5×10^2$	人工处理水平接地体

图名	接地装置常用结构及其 工频接地电阻（三）	图号	CZ5-1-3

土壤电阻率数值表

类别	名 称	电阻率近似值(Ω·m)	不同情况下电阻率的变化范围(Ω·m)		
			较湿时(一般地区 多雷区)	较干时(少雨区 沙漠区)	地下水含盐碱时
土	陶黏土	10	5~20	10~100	3~10
	泥炭、泥灰岩、沼泽地	20	10~30	50~300	3~30
	黑土、园田土、陶土	50	30~100	50~300	10~30
	黏土	60	30~100	50~300	10~30
	砂质黏土	100	30~300	80~1000	10~30
	黄土	200	100~200	250	30
	含砂黏土、砂土	300	100~1000	1000 以上	30~100
	多石土壤	400	—	—	—
砂土	砂、砂砾	1000	250~1000	1000~2500	—
	砾石、碎石	5000	—	—	—
	多岩地区	5000	—	—	—
	花岗岩	200000	—	—	—
混凝土	在水中	40~55	—	—	—
	在混凝土中	100~200	—	—	—
	在干土中	500~1300	—	—	—
	在干燥的大地中	12000~18000	—	—	—

接地装置的工频接地电阻（Ω）简易计算式

接地装置形式	杆塔形式	简易计算式
n 根水平放射线数设接地体（$n \leq 12$，每根长约 60m）	各形杆塔	$R \approx \dfrac{0.062\rho}{n+1.2}$
沿装配式基础周围敷设的深埋式接地体	铁塔	$R \approx 0.07\rho$
	门形杆塔	$R \approx 0.04\rho$
	V 形拉线的门形杆塔	$R \approx 0.045\rho$
装配式基础的自然接地体	铁塔	$R \approx 0.1\rho$
	门形杆塔	$R \approx 0.06\rho$
	V 形拉线的门形杆塔	$R \approx 0.09\rho$
钢筋混凝土杆的自然接地体	单杆	$R \approx 0.3\rho$
	双杆	$R \approx 0.2\rho$
	拉线杆、双杆	$R \approx 0.1\rho$
	一个拉线盘	$R \approx 0.28\rho$
深埋式与装配式基础自然接地体混合使用	铁塔	$R \approx 0.05\rho$
	门形杆塔	$R \approx 0.03\rho$
	V 形拉线的门形杆塔	$R \approx 0.04\rho$

注：表中 ρ 为土壤电阻率（Ω·m）。

人工接地体工频接地电阻（Ω）简易计算式

接地体形式	简易计算式	备 注
垂直式	$R \approx 0.3\rho$	长度 3m 左右的接地体
单根水平式	$R \approx 0.03\rho$	长度 6m 左右的接地体
复合式（接地网）	$R \approx 0.5\dfrac{\rho}{\sqrt{S}} = 0.28\dfrac{\rho}{r}$ 或 $R = \dfrac{\sqrt{\pi}}{4} \cdot \dfrac{\rho}{\sqrt{S}} + \dfrac{\rho}{L} = \dfrac{\rho}{4r} - \dfrac{\rho}{L}$	S—大于 100m² 的闭合接地网 r—与接地网面积 S 等值圆的半径(m) L—接地体的总长度(m) ρ—土壤电阻率(Ω·m)

图名	接地装置常用结构及其工频接地电阻（四）	图号	CZ5-1-4

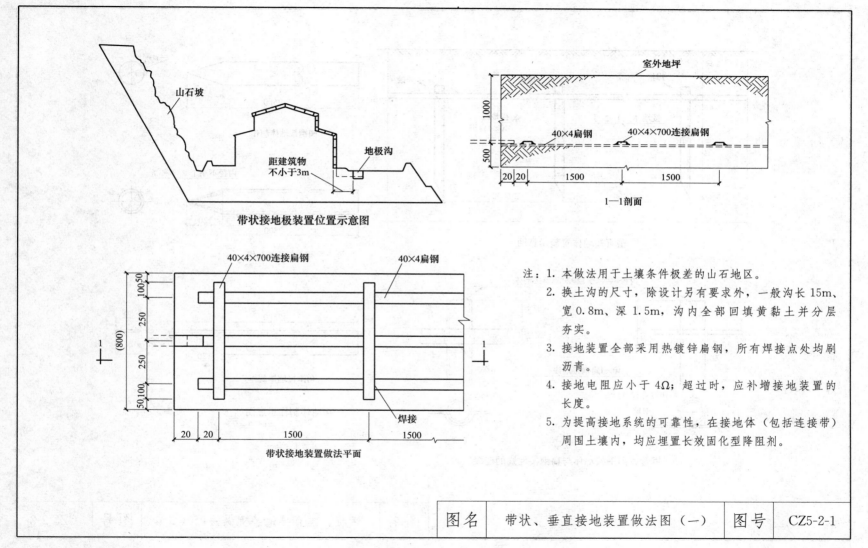

山石坡

距建筑物
不小于3m

地极沟

带状接地极装置位置示意图

室外地坪

1000

500

40×4扁钢

40×4×700连接扁钢

20 20

1500

1500

1—1剖面

40×4×700连接扁钢

40×4扁钢

100 50

250

(800)

250

50 100

焊接

20 20

1500

1500

带状接地装置做法平面

注：1. 本做法用于土壤条件极差的山石地区。

2. 换土沟的尺寸，除设计另有要求外，一般沟长15m、宽0.8m、深1.5m，沟内全部回填黄黏土并分层夯实。

3. 接地装置全部采用热镀锌扁钢，所有焊接点处均刷沥青。

4. 接地电阻应小于4Ω；超过时，应补增接地装置的长度。

5. 为提高接地系统的可靠性，在接地体（包括连接带）周围土壤内，均应埋置长效固化型降阻剂。

图名	带状、垂直接地装置做法图（一）	图号	CZ5-2-1

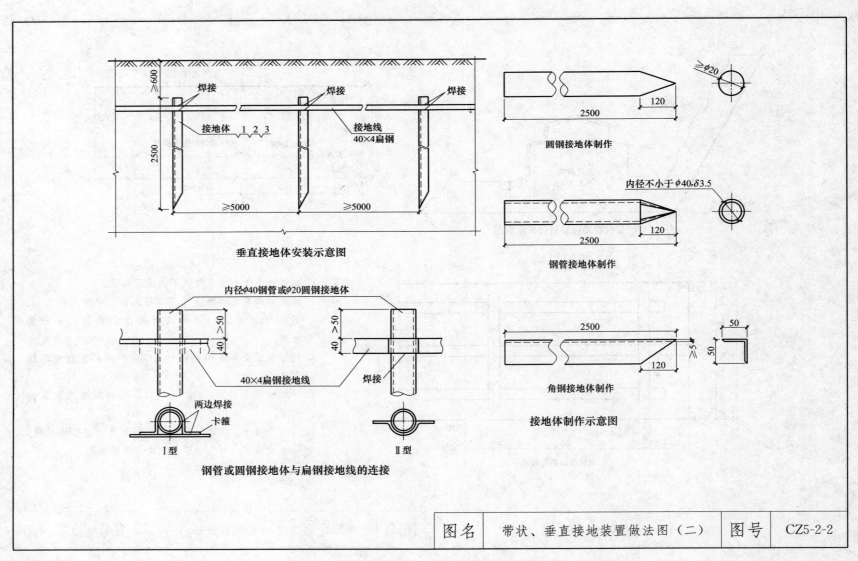

垂直接地体安装示意图

≥600

焊接

焊接

焊接

接地体 1 2 3

接地线
40×4扁钢

2500

≥5000

≥5000

圆钢接地体制作

≥φ20

2500

120

钢管接地体制作

内径不小于φ40,δ3.5

2500

120

角钢接地体制作

2500

50

50

120

≥5

接地体制作示意图

内径φ40钢管或φ20圆钢接地体

40

≥50

40

≥50

40×4扁钢接地线

焊接

两边焊接

卡箍

Ⅰ型

Ⅱ型

钢管或圆钢接地体与扁钢接地线的连接

| 图名 | 带状、垂直接地装置做法图（二） | 图号 | CZ5-2-2 |

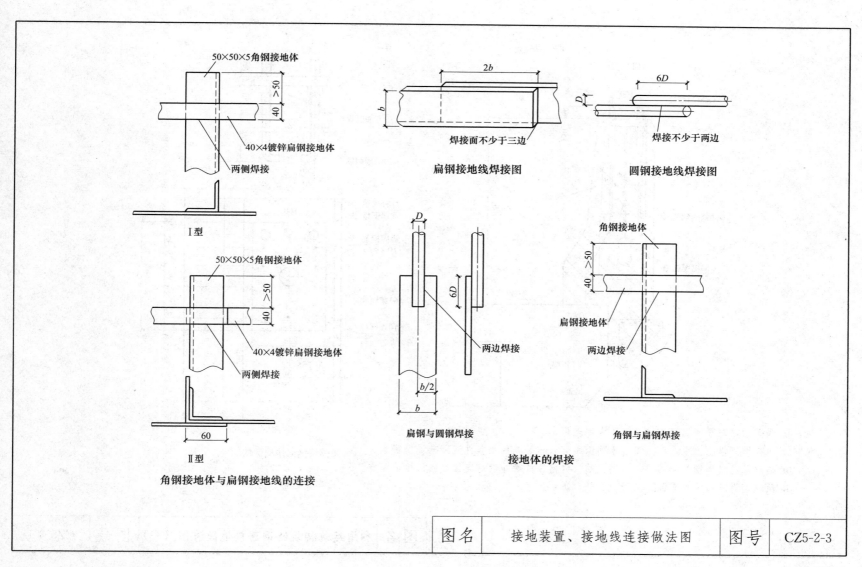

50×50×5角钢接地体

>50

40

40×4镀锌扁钢接地体

两侧焊接

I型

2b

b

焊接面不少于三边

扁钢接地线焊接图

6D

D

焊接不少于两边

圆钢接地线焊接图

50×50×5角钢接地体

>50

40

40×4镀锌扁钢接地体

两侧焊接

60

II型

角钢接地体与扁钢接地线的连接

D

6D

两边焊接

b/2

b

扁钢与圆钢焊接

接地体的焊接

角钢接地体

>50

40

扁钢接地体

两边焊接

角钢与扁钢焊接

图名	接地装置、接地线连接做法图	图号	CZ5-2-3

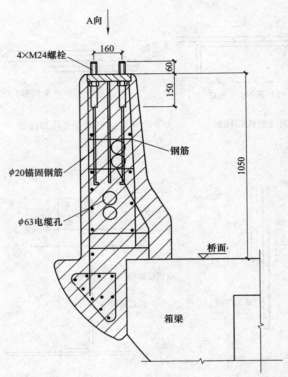

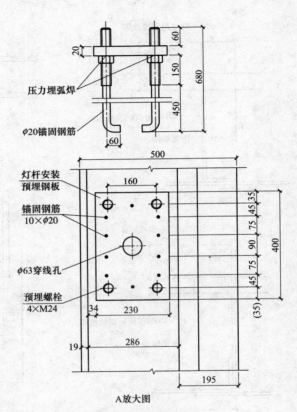

A放大图

防撞墙钢筋接地做法图

注：1. 锚固钢筋与预埋钢板连接采用压力埋弧焊。
　　2. 防撞墙混凝土为现浇，施工时要确保路灯基础等其他预埋件混凝土浇捣密实。
　　3. 路灯基础锚固钢筋必须与防撞墙钢筋、钢梁、桥墩等钢筋连接，确保接地可靠。
　　4. 预埋钢板及螺栓外露部分必须做除锈、防腐处理。

| 图名 | 利用建筑构筑物钢筋接地做法图（一） | 图号 | CZ5-3-1 |

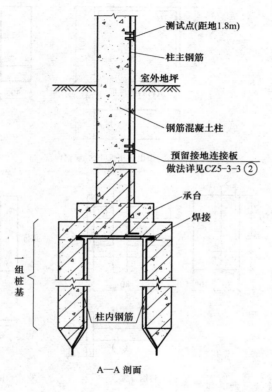

測試点(距地1.8m)

柱主钢筋

室外地坪

钢筋混凝土柱

预留接地连接板
做法详见CZ5-3-3 ②

承台

焊接

一组桩基

柱内钢筋

A—A 剖面

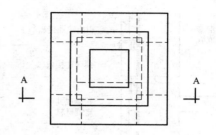

A   A

独立式桩基平面图

注：1. 本图为利用高架路、桥的柱形桩基的钢筋连接接
地极做法。

2. 若每一桩基多于4根，只需连接其四角桩基的钢
筋作为接地极。

3. 钢筋的焊接面应大于截面的六倍。

4. 在结构完成后，必须通过测试点测试接地电阻，
若达不到设计要求，可在柱子预留接地连接板处
加接外附人工接地极。

桥桩基础内钢筋接地做法图

图名	利用建筑构筑物钢筋接地做法图（二）	图号	CZ5-3-2

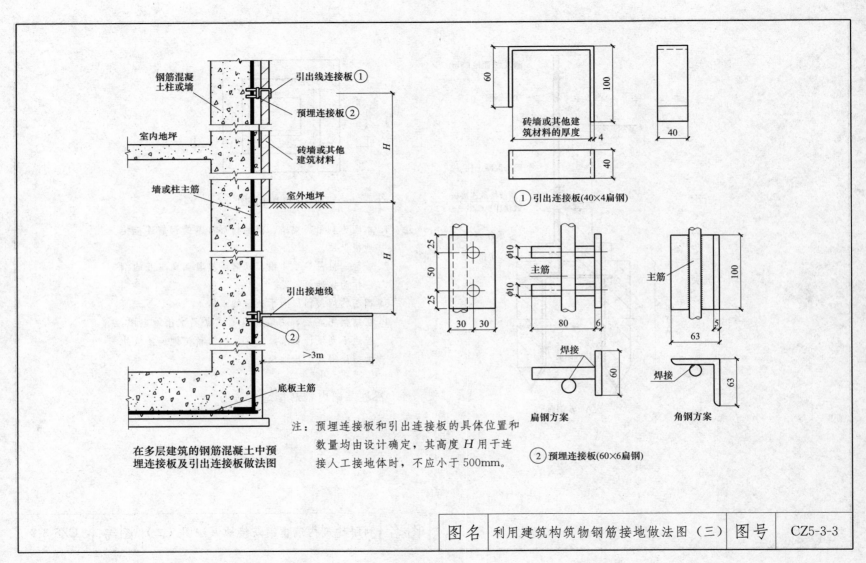

钢筋混凝土柱或墙

引出线连接板①

预埋连接板②

室内地坪

砖墙或其他建筑材料

墙或柱主筋

室外地坪

H

H

引出接地线

②

>3m

底板主筋

在多层建筑的钢筋混凝土中预埋连接板及引出连接板做法图

60

100

砖墙或其他建筑材料的厚度

40

4

40

① 引出连接板(40×4扁钢)

25

50

25

30   30

φ10

主筋

φ10

80   6

焊接

60

扁钢方案

主筋

100

5

63

焊接

63

角钢方案

② 预埋连接板(60×6扁钢)

注：预埋连接板和引出连接板的具体位置和数量均由设计确定，其高度 H 用于连接人工接地体时，不应小于500mm。

| 图名 | 利用建筑构筑物钢筋接地做法图（三） | 图号 | CZ5-3-3 |

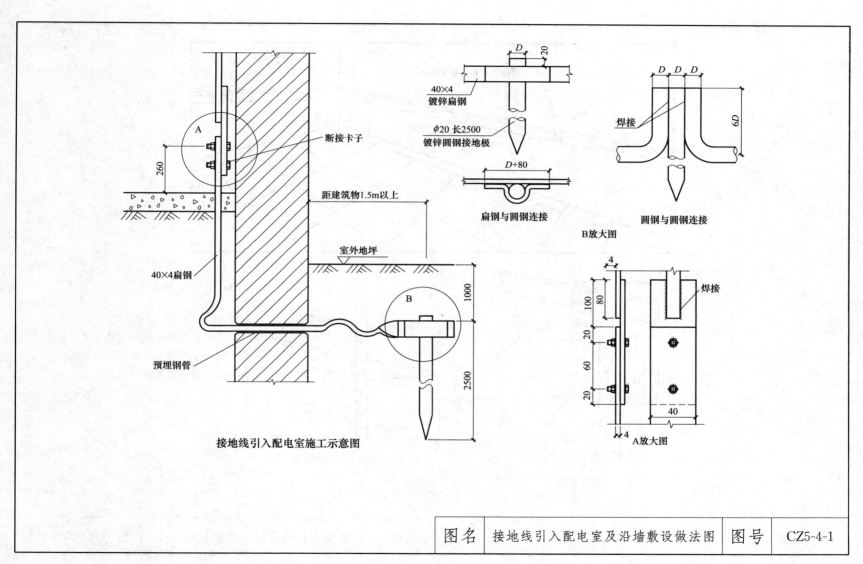

断接卡子

40×4 镀锌扁钢

φ20 长2500 镀锌圆钢接地极

焊接

40×4扁钢

距建筑物1.5m以上

室外地坪

预埋钢管

扁钢与圆钢连接

圆钢与圆钢连接

B放大图

焊接

A放大图

接地线引入配电室施工示意图

图名	接地线引入配电室及沿墙敷设做法图	图号	CZ5-4-1

187

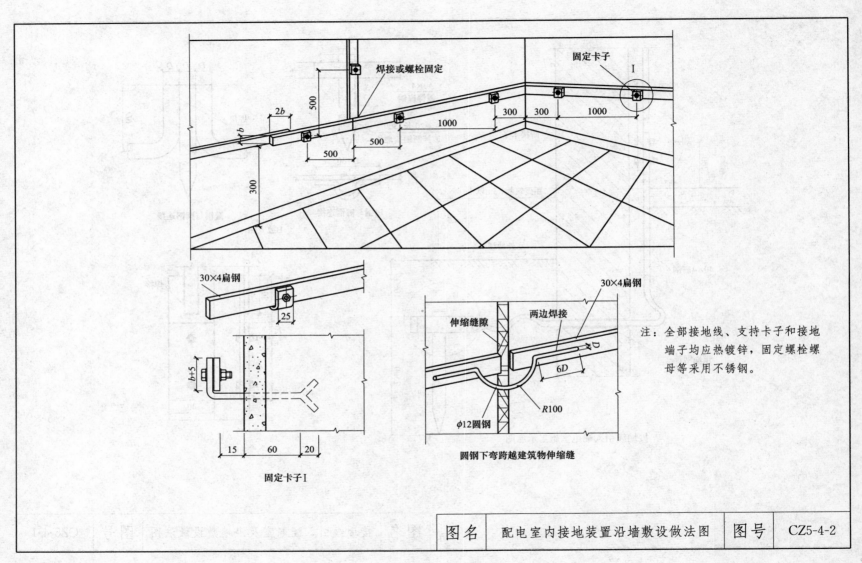

焊接或螺栓固定

固定卡子

I

2b

b

500

500

500

1000

300

300

300

1000

300×4扁钢

25

b+5

15　60　20

固定卡子I

伸缩缝隙

两边焊接

30×4扁钢

6D

φ12圆钢

R100

圆钢下弯跨越建筑物伸缩缝

注：全部接地线、支持卡子和接地
　　端子均应热镀锌，固定螺栓螺
　　母等采用不锈钢。

| 图名 | 配电室内接地装置沿墙敷设做法图 | 图号 | CZ5-4-2 |

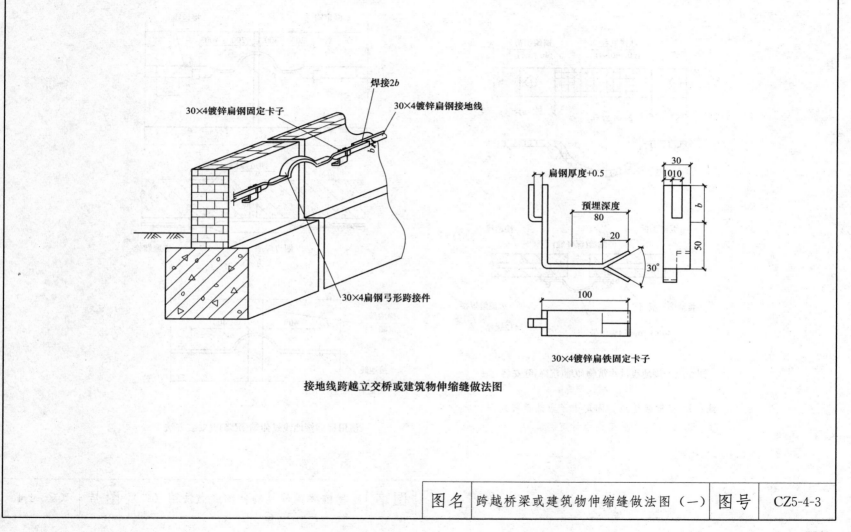

焊接2b

30×4镀锌扁钢固定卡子

30×4镀锌扁钢接地线

b

30×4扁钢弓形跨接件

扁钢厚度+0.5

预埋深度

80

20

30°

30

10 10

b

50

100

接地线跨越立交桥或建筑物伸缩缝做法图

30×4镀锌扁铁固定卡子

图名	跨越桥梁或建筑物伸缩缝做法图（一）	图号	CZ5-4-3

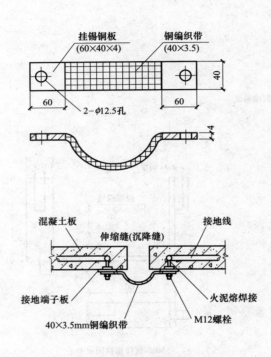

挂锡铜板
(60×40×4)
铜编织带
(40×3.5)

40

60   60
2-φ12.5孔

4

混凝土板   接地线
伸缩缝(沉降缝)

接地端子板   火泥熔焊接

40×3.5mm铜编织带   M12螺栓

铜编织带接地线过建筑物伸缩(沉降)缝安装方法

注：1. 扁钢接地线、固定卡子应热镀锌处理。
　　2. 铜编织带长度由设计定。

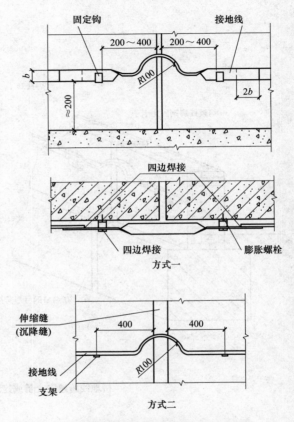

固定钩   接地线

200～400   200～400

b

R100

≈200   2b

四边焊接

四边焊接   膨胀螺栓

方式一

伸缩缝
(沉降缝)   400   400

接地线   R100

支架

方式二

使用扁钢接地线过伸缩(沉降)缝安装方法

| 图名 | 跨越桥梁或建筑物伸缩缝做法图（二） | 图号 | CZ5-4-4 |

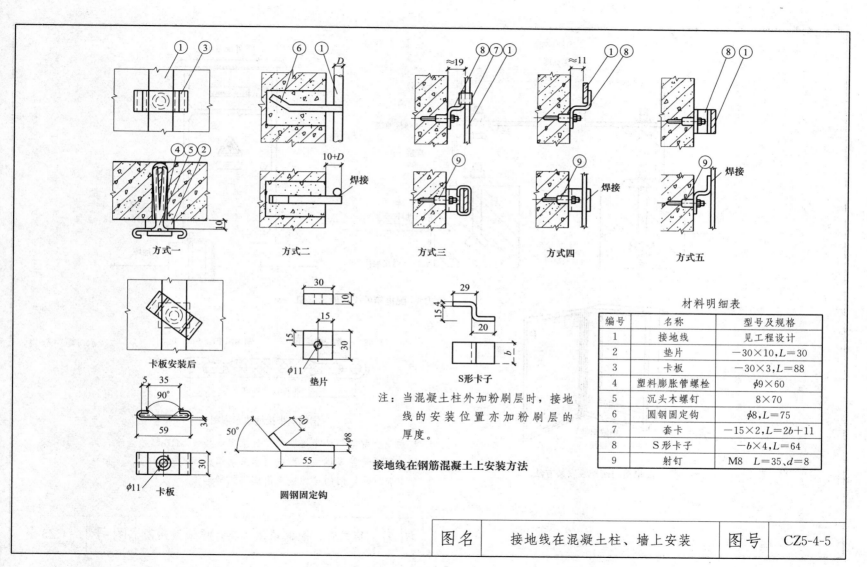

方式一　方式二　方式三　方式四　方式五

卡板安装后

垫片

S形卡子

圆钢固定钩

卡板

注：当混凝土柱外加粉刷层时，接地线的安装位置亦加粉刷层的厚度。

接地线在钢筋混凝土上安装方法

材料明细表

编号	名称	型号及规格
1	接地线	见工程设计
2	垫片	$-30 \times 10, L=30$
3	卡板	$-30 \times 3, L=88$
4	塑料膨胀管螺栓	$\phi 9 \times 60$
5	沉头木螺钉	8×70
6	圆钢固定钩	$\phi 8, L=75$
7	套卡	$-15 \times 2, L=2b+11$
8	S形卡子	$-b \times 4, L=64$
9	射钉	M8　$L=35, d=8$

图名	接地线在混凝土柱、墙上安装	图号	CZ5-4-5

191

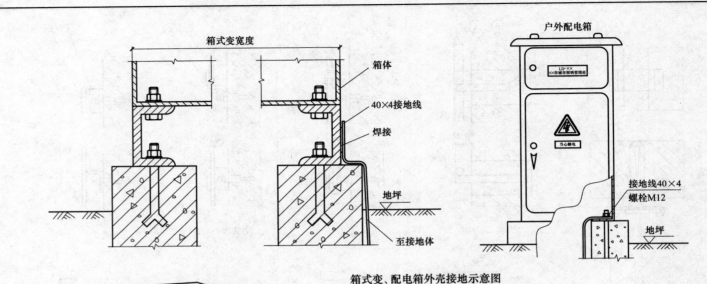

箱式变、配电箱外壳接地示意图

配电箱门接地线安装方法

铜编织带接地线示意图

注：1. 箱式变、配电箱外壳接地保护可采用焊接或 M16 螺栓固定，焊接必须采取防腐措施。配电箱宜采用螺栓固定。
2. 配电箱（柜）门的接地应采用铜编织带连接。

| 图名 | 箱式变、配电箱体（壳）接地做法图 | 图号 | CZ5-5 |

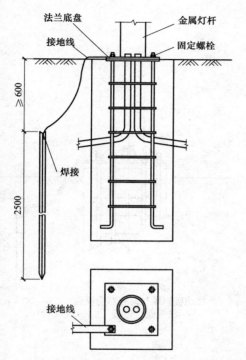

金属灯杆接地线固定在法兰螺栓上做法图

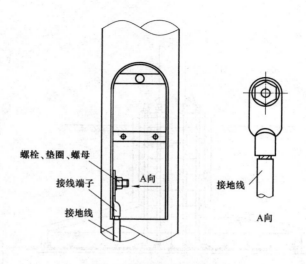

金属灯杆接地线与螺栓连接示意图

注：金属灯杆的接地线可采用 40×4 镀锌扁钢，$\phi 10$ 圆钢或多股铜线焊接在接地体上，与金属灯杆连接可在法兰盘的螺栓上或与灯杆内的专用接地螺栓固定。

图名	金属灯杆接地线固定做法图	图号	CZ5-6

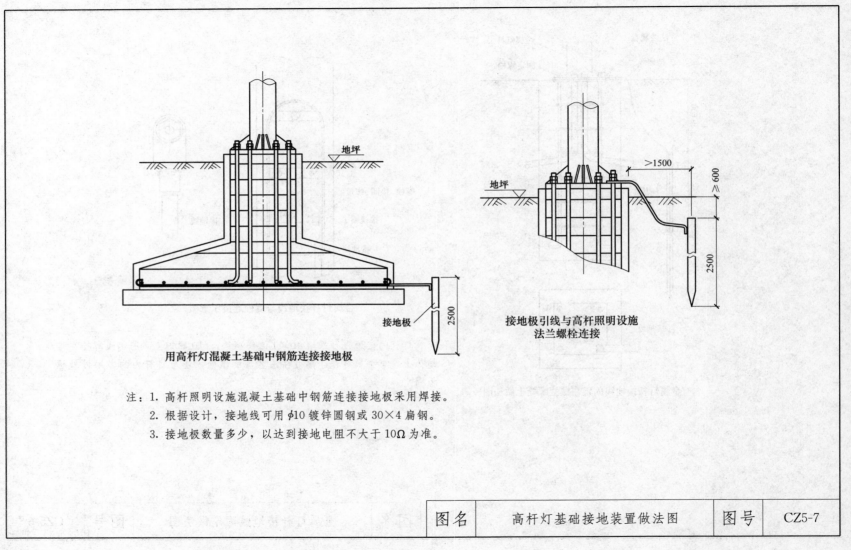

地坪

接地极

2500

用高杆灯混凝土基础中钢筋连接接地极

>1500

≥600

地坪

2500

接地极引线与高杆照明设施
法兰螺栓连接

注：1. 高杆照明设施混凝土基础中钢筋连接接地极采用焊接。

　　2. 根据设计，接地线可用 $\phi 10$ 镀锌圆钢或 30×4 扁钢。

　　3. 接地极数量多少，以达到接地电阻不大于 10Ω 为准。

图名	高杆灯基础接地装置做法图	图号	CZ5-7

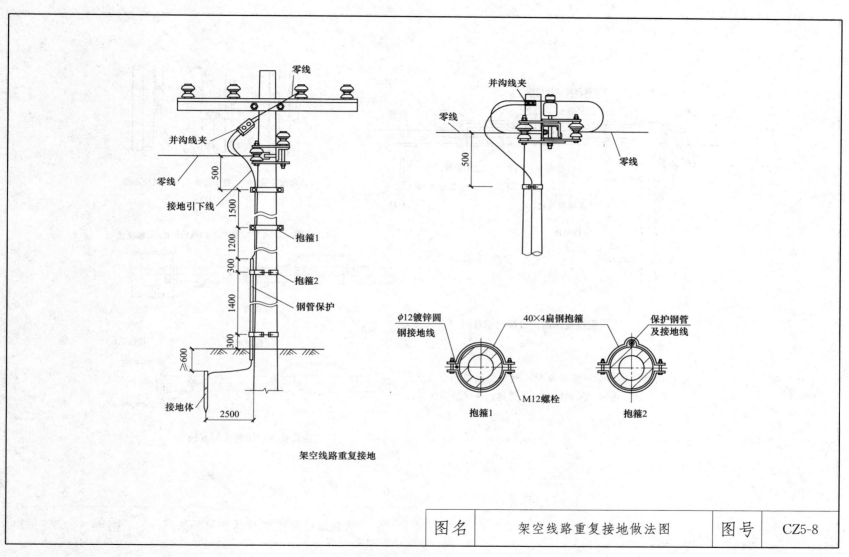

零线
并沟线夹
零线
接地引下线
500
1500
抱箍1
1200
300
抱箍2
1400
钢管保护
300
≥600
接地体
2500

架空线路重复接地

并沟线夹
零线
500
零线

φ12镀锌圆钢接地线
40×4扁钢抱箍
保护钢管及接地线
M12螺栓
抱箍1
抱箍2

图名	架空线路重复接地做法图	图号	CZ5-8

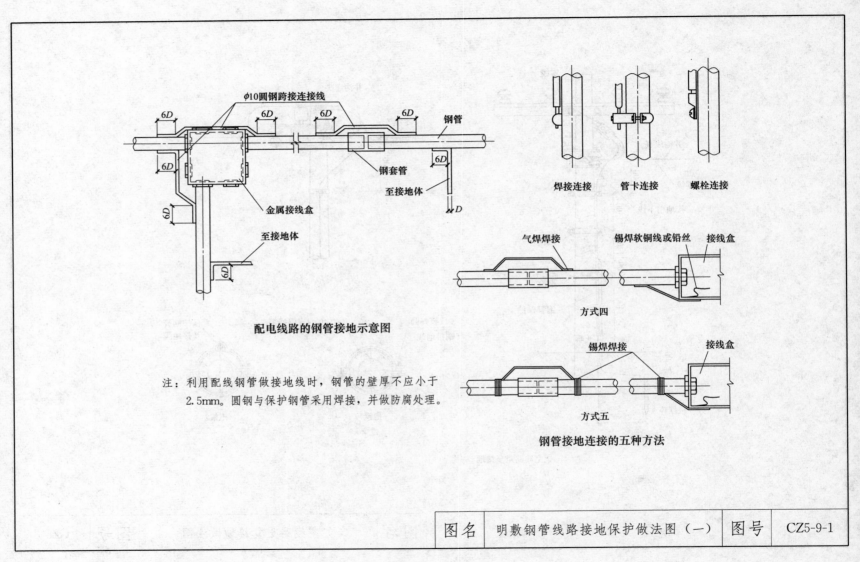

φ10圆钢跨接连接线

6D   6D   6D   6D

钢管

6D

6D

钢套管

至接地体

金属接线盒

6D

至接地体

6D

D

配电线路的钢管接地示意图

焊接连接　　管卡连接　　螺栓连接

气焊焊接　　锡焊软铜线或铅丝　　接线盒

方式四

锡焊焊接　　接线盒

方式五

钢管接地连接的五种方法

注：利用配线钢管做接地线时，钢管的壁厚不应小于
　　2.5mm。圆钢与保护钢管采用焊接，并做防腐处理。

图名	明敷钢管线路接地保护做法图（一）	图号	CZ5-9-1

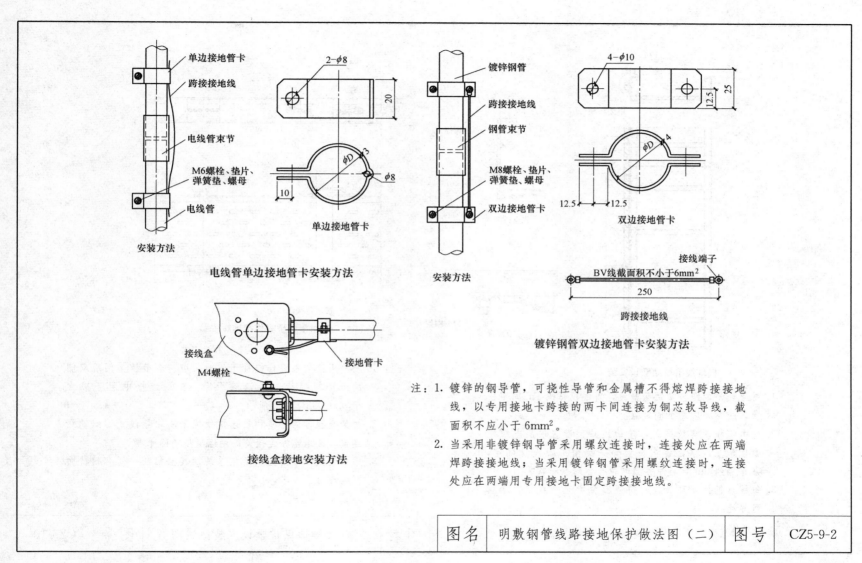

单边接地管卡

跨接接地线

电线管束节

M6螺栓、垫片、弹簧垫、螺母

电线管

安装方法

2-φ8

20

φD

φ8

10

单边接地管卡

电线管单边接地管卡安装方法

镀锌钢管

跨接接地线

钢管束节

M8螺栓、垫片、弹簧垫、螺母

双边接地管卡

安装方法

4-φ10

12.5

25

φD

4

12.5   12.5

双边接地管卡

接线端子

BV线截面积不小于6mm²

250

跨接接地线

镀锌钢管双边接地管卡安装方法

接线盒

接地管卡

M4螺栓

接线盒接地安装方法

注：1. 镀锌的钢导管，可挠性导管和金属槽不得熔焊跨接接地线，以专用接地卡跨接的两卡间连接为铜芯软导线，截面积不应小于 6mm²。

2. 当采用非镀锌钢导管采用螺纹连接时，连接处应在两端焊跨接接地线；当采用镀锌钢管采用螺纹连接时，连接处应在两端用专用接地卡固定跨接接地线。

| 图名 | 明敷钢管线路接地保护做法图（二） | 图号 | CZ5-9-2 |

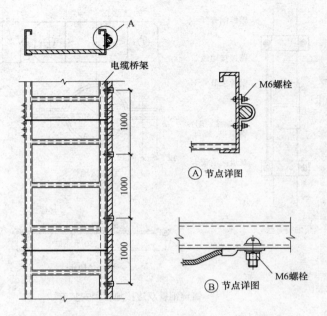

接地线沿桥架敷设安装

A 节点详图

B 节点详图

M6螺栓

电缆桥架

注：1. 接地线沿电缆桥架侧帮敷设，直线段每隔 1m 固定一次，转弯处应增加固定点。

2. 当电缆托盘有数层时，接地线只架设在顶层电缆托盘侧帮上安装，装在托盘哪一侧由工程设计确定，并每隔约 6m 与下面各层电缆托盘跨接一次。

3. 每段（包括非直线段）桥架应至少有一点与接地线可靠连接。

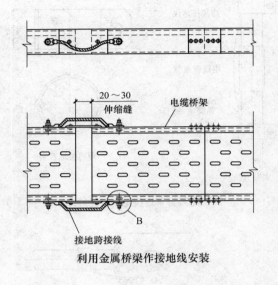

利用金属桥梁作接地线安装

20～30
伸缩缝
电缆桥架
接地跨接线
B

注：1. 当利用桥架系统作接地干线时，应将各节桥架两端双侧的连接板绝缘涂层清除干净，实测连接电阻不应大于 0.00033Ω。

2. 桥架全程各伸缩缝和软连接处应采用软导线或编织铜线连接，接地螺栓连接处的绝缘层应清除干净。

3. 用做接地干线的金属桥架系统，其全程任一处有效截面积均应符合要求。

图名	桥架接地保护敷设安装做法图	图号	CZ5-10

CZ6 道路照明灯具安装

图名	道路照明灯具安装	图号	CZ6

道路照明灯具安装

编制说明

本章节主要包括道路照明灯具安装和高架路、桥上预埋结构和灯具安装；其中包括：7～14m 单、双挑圆锥形灯杆；花篮型中杆灯；庭院灯等金属灯杆；3～16m 现浇混凝土基础安装；太阳能路灯；杆上路灯安装；高架路、桥灯具和防撞站上管线、接线箱、匝道灯箱的预埋；半高杆、高杆照明设施升降结构示意图及混凝土基础示意图等。除设计有特殊要求外，一般要求如下：

1. 同一街道、广场、桥梁等的路灯，从光源中心到地面的安装高度、仰角、装灯方向宜保持一致。灯具安装纵向中心线和灯臂纵向中心线应一致，灯具横向水平线应与地面平行。

2. 基础顶面标高应根据标桩确定。基础开挖后应将坑底夯实。若土质等条件无法满足上部结构承载力要求时，应采取相应的防沉降措施。

3. 钢筋混凝土基础宜采用 C20 等级及以上的商品混凝土，电缆保护管应从基础中心穿出，并应超过混凝土基础平面 30～50mm，保护管穿电缆之前应将管口封堵。

4. 道路照明灯具的效率不应低于 70%，泛光灯灯具效率不应低于 65%，灯具光源腔的防护等级不应低于 IP54，灯具电器腔的防护等级不应低于 IP43。

5. LED 道路照明灯具应符合现行国家标准《LED 城市道路照明应用技术要求》和《道路照明用 LED 灯 性能要求》GB/T 24907 的规定。

6. 灯具引至主线路的导线应使用额定电压不低于 500V 的铜芯绝缘线，最小允许线芯截面不应小于 1.5mm²，功率 400W 及以上的最小允许线芯截面不宜小于 2.5mm²。

7. 每盏灯的相线应装设熔断器，熔断器应固定牢靠，熔断器及其他电器电源进线应上进下出或左进右出。

8. 城市照明设施都应编号，如中杆灯、高杆灯、单挑灯、双挑灯、庭院灯、杆上路灯等道路照明灯都应统一编号，杆号牌高度，规格宜统一，材质防腐、牢固耐用；杆号牌宜标注"路灯"二字和编号、报修电话等内容，字迹清晰、不易脱落。

9. 中杆灯和高杆灯安装时，地脚螺栓埋入混凝土的长度应大于其直径的 20 倍，并应与主筋焊接牢固，螺纹部分应加以保护，基础法兰螺栓中心分布直径应与灯杆底座法兰孔中心分布直径一致，偏差应小于±1mm，螺栓紧固应加垫圈并采用双螺母，设置在振动区域应采取防振措施。

10. 中、高杆灯基坑回填土时，对适于夯实的土质，每回填 300mm 厚度应夯实一次，夯实程度应达到原状土密实度的 80% 及以上；对不宜夯实的水饱和黏性土，应分层填实，其回填土的密实度应达到原状土密实度的 80% 及以上。

11. 单、双挑灯的钢灯杆应进行热镀锌处理，镀锌层厚度不应小于 65μm，因校直等因素涂层破坏部位不得超过 2 处，且修整面积不得超过杆身表面积的 5%；钢灯杆长度 13m 及以下的锥形杆应无横向焊缝，纵向焊缝应匀称、无虚焊。

12. 单、双挑灯杆垂直度偏差应小于半个杆梢，直线路段单、双挑灯、庭院灯排列成一直线时，灯杆横向位置偏移应小于半个杆根。

图名	编 制 说 明	图号	CZ6

13. 庭院灯具结构应便于维护，铸件表面不得有影响结构性能与外观的裂纹、砂眼、疏松气孔和夹杂物等缺陷。

14. 庭院灯宜采用不碎灯罩，灯罩托盘应采用压铸铝或压铸铜材质，并应有泄水孔；采用玻璃灯罩紧固时，螺栓应受力均匀，玻璃灯罩卡口应采用橡胶圈衬垫。

15. 混凝土杆上路灯安装（含与电力杆等合杆安装路灯，下同）的高度、仰角、装灯方向应一致。引下线宜使用铜芯绝缘线和引下线支架，且松紧一致，引下线截面不宜小于 $2.5mm^2$；引下线搭接在主线路上时应在主线上背扣后缠绕 7 圈以上。

16. 引下线严禁从高压线间穿过。

17. 高架路、桥梁等防撞护栏嵌入式路灯安装高度宜在 0.5～0.6m，灯间距不宜大于 6m，并应满足照度（亮度）、均匀度的要求。

18. 防撞护栏嵌入式路灯应限制眩光，必要时应安装挡光板或采用带格栅的灯具，光源腔的防护等级不应低于 IP65。灯具安装灯体突出防撞墙平面不宜大于 10mm。

19. 高架路、桥梁等易发生强烈振动和灯杆易发生碰撞的场所，灯具应采取防振措施和防坠落装置。

20. 防撞护栏嵌入式过渡接线箱应热镀锌，门锁应有防盗装置；箱内线路排列整齐，每一回路挂有标志牌，标志牌应满足相应规范要求。

21. 路灯安装工程交接检查验时应符合下列规定：

(1) 试运行前应检查灯杆、灯具、光源、镇流器、触发器、熔断器等电器的型号、规格符合设计要求；

(2) 杆位合理、杆高、灯臂悬挑长度、仰角一致；各部位螺栓紧固牢靠，电源接线准确无误；

(3) 灯杆、灯臂、灯具、电器等安装固定牢靠。杆上安装路灯的引下线松紧一致；

(4) 灯具纵向中心线和灯臂中心线应一致，灯具横向中心线和地面应平行，投光灯具投射角度应调整适当；

(5) 灯杆、灯臂的热镀锌和涂层不应有损坏；

(6) 基础尺寸、标高与混凝土强度等级应符合设计要求，基础无视觉可辨识的沉降；

(7) 金属灯杆、灯座均应接地（接零）保护，接地线端子固定牢固。

22. 路灯安装工程交接验收时应提交下列资料和文件：

(1) 设计图及设计变更文件；

(2) 工程竣工图等资料；

(3) 灯杆、灯具、光源、镇流器等生产厂家提供的产品说明书、试验记录、合格证及安装图纸等技术文件；

(4) 各种试验记录。

23. 相关标准：

《灯具 第 1 部分：一般要求与实验》GB 7000.1

《普通照明用 LED 模块 安全要求》GB 24819

《普通照明用 LED 模块 性能要求》GB/T 24823

《电气照明和类似设备的无线电骚扰特性的限值和测量方法》GB 17743

《电磁兼容 限值 谐波电流发射限值（设备每相输入电流≤16A）》GB 17625.1

《一般照明用设备电磁兼容抗扰度要求》GB/T 18595

《高杆照明设施技术条件》CJ/T 457

图名	编 制 说 明	图号	CZ6

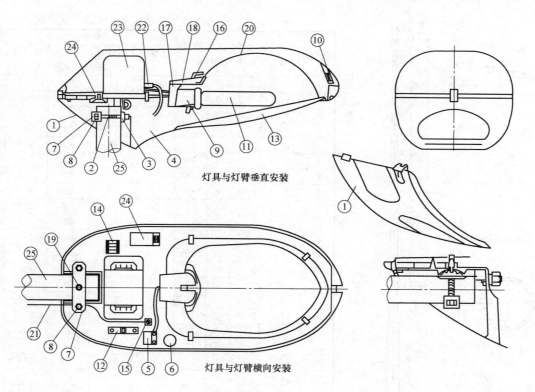

灯具与灯臂垂直安装

灯具与灯臂横向安装

常用灯具结构图

注：1—安装孔后盖板；2—压板螺钉；3—角度调节座；4—壳体；5—触发器；6—电容器；7—灯臂固定压板；8—压板螺栓；9—瓷灯座；
10—上盖扣攀；11—光源；12—熔断器；13—玻璃透光罩；14—接线柱；15—防坠落固定点；16—灯头固定攀；17—灯头盒；
18—灯头支架；19—内六角螺栓；20—反光器；21—防坠落钢丝；22—线束；23—变功率镇流器；24—时控器；25—灯臂

图名	道路照明常用灯具示意图	图号	CZ6-1

常用圆锥灯杆设计数据表

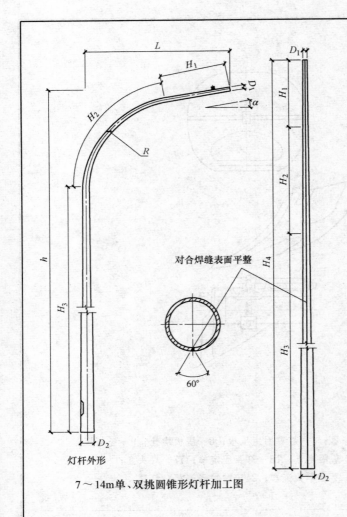

灯杆外形

7～14m单、双挑圆锥形灯杆加工图

对合焊缝表面平整

60°

序号	杆高 h(m)	臂长 L(m)	半径R (mm)	仰角 α(°)	收口方式				上部直杆 H_1 (m)	弧长轴 H_2 (m)	下部直杆 H_3(m)	弧长轴 H_4 (m)
					上口径 D_1(mm)	下口径 D_2(mm)	上口径 D_1(mm)	下口径 D_2(mm)				
1	7	1.2	800	10	70	163	62	155	0.547	1.117	6.117	7.781
2	7	1.5	800	12	70	166	62	158	0.886	1.089	6.033	8.008
3	8	1.2	800	10	70	175	62	167	0.547	1.117	7.117	8.781
4	8	1.5	1200	12	70	177	62	169	0.562	1.634	6.709	8.905
5	8	2	1350	12	70	181	62	173	0.952	1.838	6.481	9.271
6	9	1.2	1000	10	70	187	62	179	0.379	1.396	7.95	9.725
7	9	1.5	1200	12	70	189	62	181	0.562	1.634	7.708	9.904
8	9	2	1350	12	70	193	62	185	0.952	1.838	7.481	10.271
9	10	1.5	1350	15	70	200	62	192	0.517	1.767	8.562	10.846
10	10	2	2000	12	70	203	62	195	0.425	2.723	7.955	11.103
11	10	2.5	2000	10	70	208	62	200	0.86	2.793	7.881	11.534
12	11	1.5	1350	15	70	212	62	204	0.517	1.767	9.562	11.846
13	11	2	2000	12	70	215	62	207	0.425	2.723	8.955	12.103
14	11	2.5	2000	10	70	220	62	212	0.86	2.793	8.881	12.534
15	12	1.5	1350	15	70	224	62	216	0.517	1.767	10.562	12.846
16	12	2	2000	12	70	227	62	219	0.425	2.723	9.955	13.103
17	12	2.5	2000	10	70	232	62	224	0.86	2.793	9.881	13.534
18	13	2	2000	12	70	239	62	231	0.425	2.723	10.955	14.103
19	13	2.5	2000	10	70	244	62	236	0.86	2.793	10.881	14.534
20	14	2	2000	12	70	251	62	243	0.425	2.723	11.955	15.103
21	14	2.5	2000	10	70	256	62	248	0.86	2.793	11.881	15.534

注：1. 灯杆锥度比为 10‰～12‰。

2. 灯杆壁厚不应小于 4.0mm，不低于 Q235 钢板。

3. 设计风速按 36.9m/s，仅供参考，建设单位应以当地土质和气候情况设计为准。

图名	7～14m单、双挑圆锥形灯杆	图号	CZ6-2

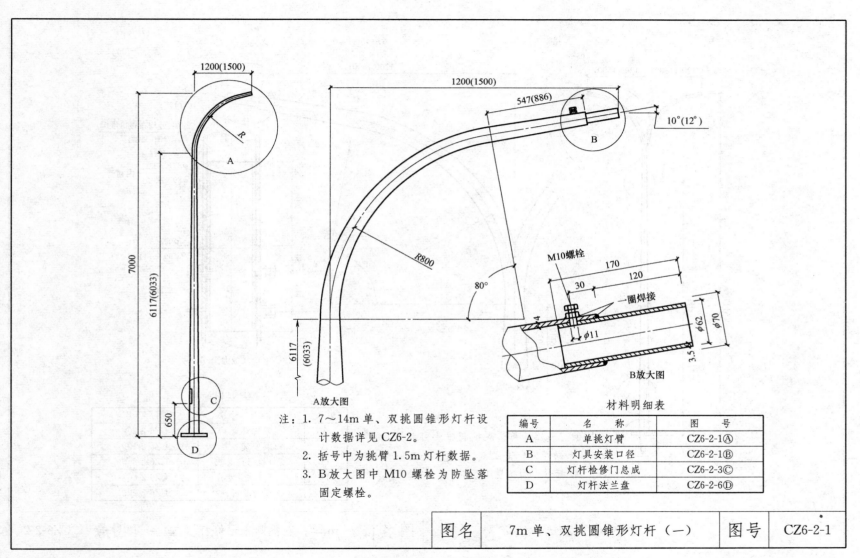

A放大图

注：1. 7～14m单、双挑圆锥形灯杆设
      计数据详见CZ6-2。
   2. 括号中为挑臂1.5m灯杆数据。
   3. B放大图中M10螺栓为防坠落
      固定螺栓。

B放大图

材料明细表

编号	名　　称	图　号
A	单挑灯臂	CZ6-2-1Ⓐ
B	灯具安装口径	CZ6-2-1Ⓑ
C	灯杆检修门总成	CZ6-2-3Ⓒ
D	灯杆法兰盘	CZ6-2-6Ⓓ

图名	7m单、双挑圆锥形灯杆（一）	图号	CZ6-2-1

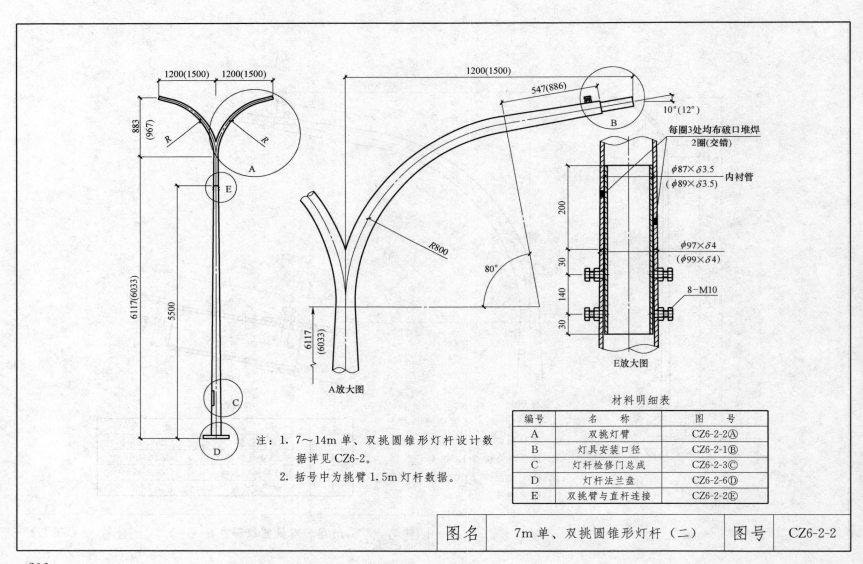

1200(1500) 1200(1500)

883
(967)

R R

A

E

6117(6033)

5500

C

D

1200(1500)

547(886)

10°(12°)

B

R800

80°

6117
(6033)

A放大图

每圈3处均布破口堆焊
2圈(交错)

φ87×δ3.5
(φ89×δ3.5) 内衬管

200

30

30

140

φ97×δ4
(φ99×δ4)

8-M10

E放大图

注：1. 7～14m 单、双挑圆锥形灯杆设计数
    据详见 CZ6-2。
    2. 括号中为挑臂 1.5m 灯杆数据。

材料明细表

编号	名　称	图　号
A	双挑灯臂	CZ6-2-2Ⓐ
B	灯具安装口径	CZ6-2-1Ⓑ
C	灯杆检修门总成	CZ6-2-3Ⓒ
D	灯杆法兰盘	CZ6-2-6Ⓓ
E	双挑臂与直杆连接	CZ6-2-2Ⓔ

图名	7m 单、双挑圆锥形灯杆（二）	图号	CZ6-2-2

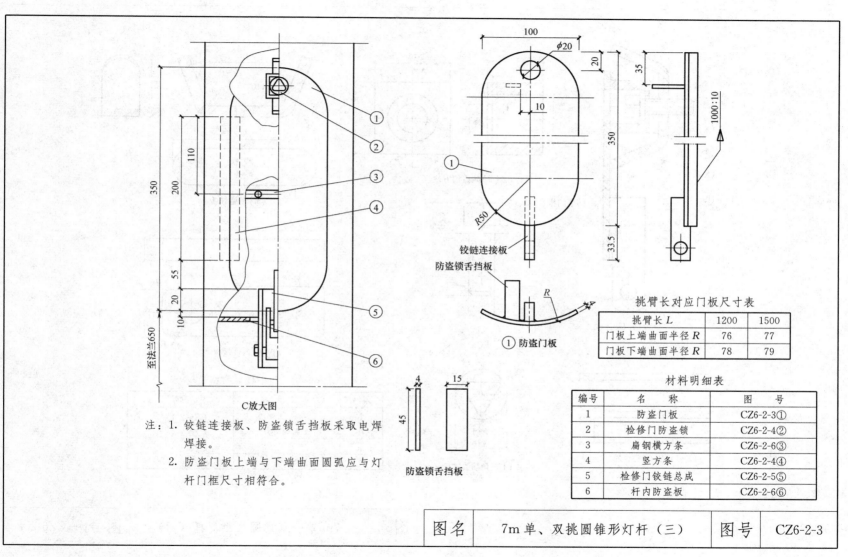

C放大图

注：1. 铰链连接板、防盗锁舌挡板采取电焊
焊接。
2. 防盗门板上端与下端曲面圆弧应与灯
杆门框尺寸相符合。

铰链连接板
防盗锁舌挡板

① 防盗门板

防盗锁舌挡板

挑臂长对应门板尺寸表

挑臂长 L	1200	1500
门板上端曲面半径 R	76	77
门板下端曲面半径 R	78	79

材料明细表

编号	名　称	图　号
1	防盗门板	CZ6-2-3①
2	检修门防盗锁	CZ6-2-4②
3	扁钢横方条	CZ6-2-6③
4	竖方条	CZ6-2-4④
5	检修门铰链总成	CZ6-2-5⑤
6	杆内防盗板	CZ6-2-6⑥

图名	7m单、双挑圆锥形灯杆（三）	图号	CZ6-2-3

207

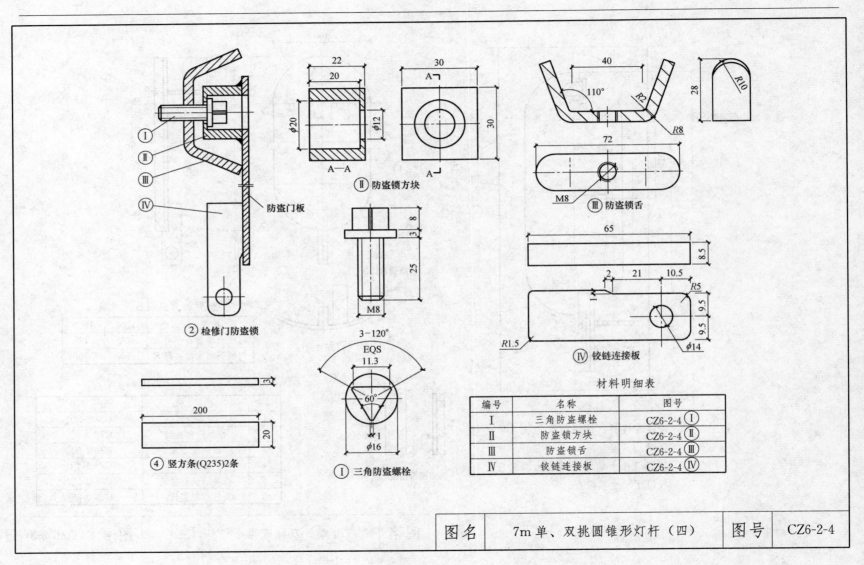

A—A
② 防盗锁方块

防盗门板

② 检修门防盗锁

M8

④ 竖方条(Q235)2条

3-120°
EQS
11.3
60°
ø16
① 三角防盗螺栓

R2
R8

M8　③ 防盗锁舌

R5

R1.5　ø14
④ 铰链连接板

材料明细表

编号	名称	图号
Ⅰ	三角防盗螺栓	CZ6-2-4 Ⅰ
Ⅱ	防盗锁方块	CZ6-2-4 Ⅱ
Ⅲ	防盗锁舌	CZ6-2-4 Ⅲ
Ⅳ	铰链连接板	CZ6-2-4 Ⅳ

图名	7m单、双挑圆锥形灯杆（四）	图号	CZ6-2-4

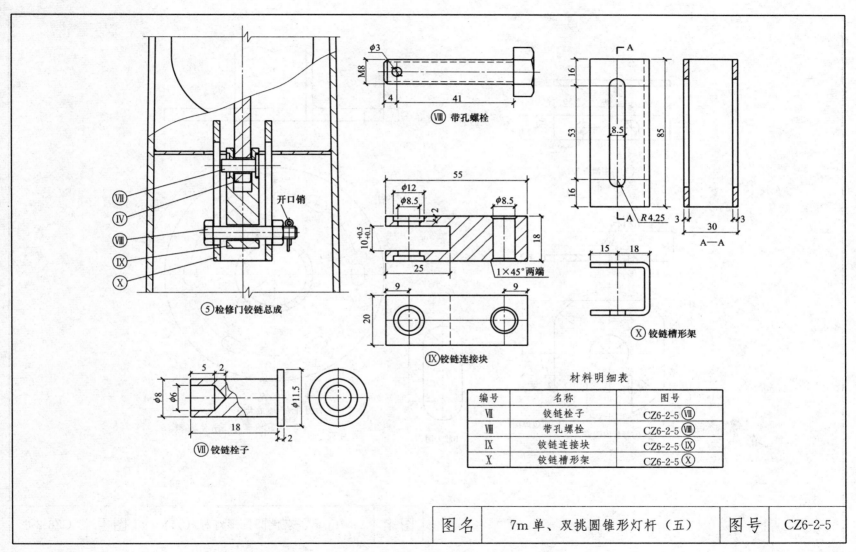

⑤检修门铰链总成

Ⅷ带孔螺栓

Ⅶ铰链栓子

Ⅸ铰链连接块

Ⅹ铰链槽形架

开口销

1×45°两端

材料明细表

编号	名称	图号
Ⅶ	铰链栓子	CZ6-2-5 Ⅶ
Ⅷ	带孔螺栓	CZ6-2-5 Ⅷ
Ⅸ	铰链连接块	CZ6-2-5 Ⅸ
Ⅹ	铰链槽形架	CZ6-2-5 Ⅹ

图名	7m单、双挑圆锥形灯杆（五）	图号	CZ6-2-5

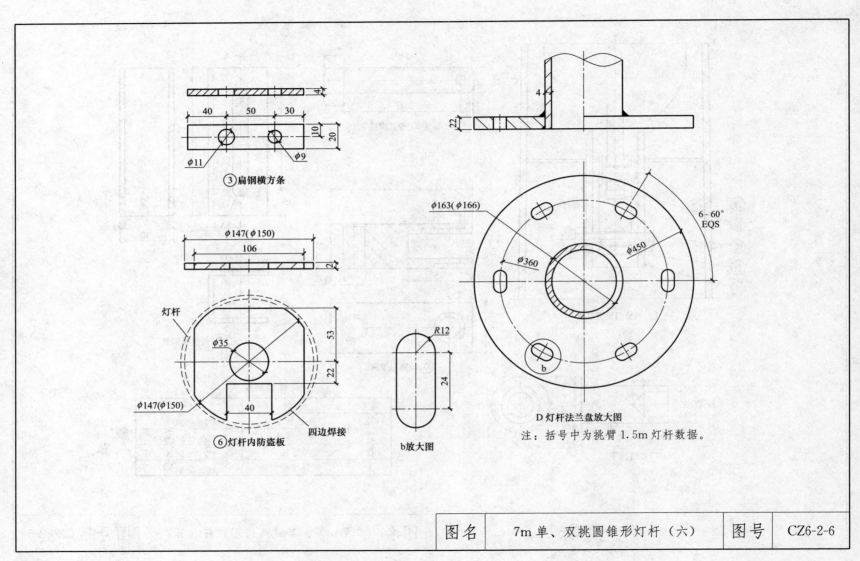

③扁钢横方条

φ147(φ150)
106

⑥灯杆内防盗板

灯杆
φ35
四边焊接
φ147(φ150)
40
53
22

R12
24

b放大图

φ163(φ166)
φ360
φ450
6-60°
EQS
b

D 灯杆法兰盘放大图
注：括号中为挑臂 1.5m 灯杆数据。

| 图名 | 7m单、双挑圆锥形灯杆（六） | 图号 | CZ6-2-6 |

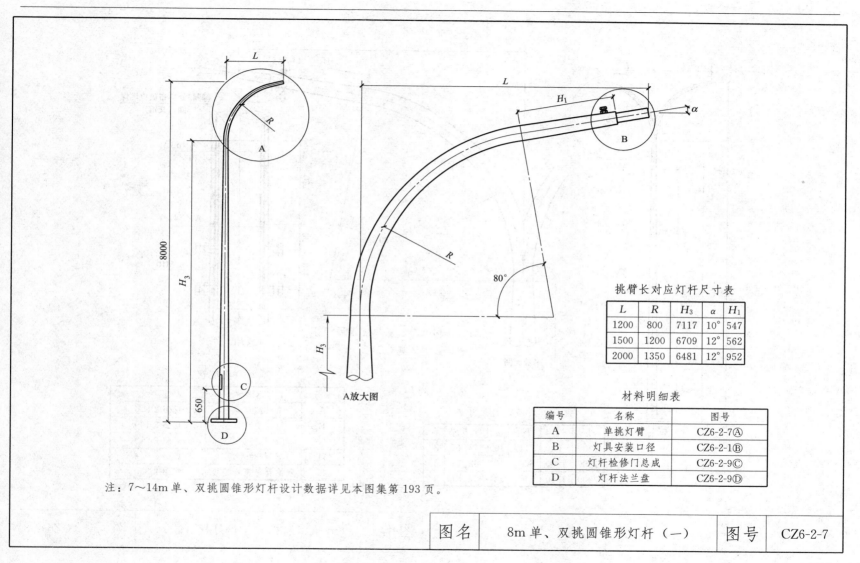

挑臂长对应灯杆尺寸表

L	R	H_3	α	H_1
1200	800	7117	10°	547
1500	1200	6709	12°	562
2000	1350	6481	12°	952

A放大图

材料明细表

编号	名称	图号
A	单挑灯臂	CZ6-2-7Ⓐ
B	灯具安装口径	CZ6-2-1Ⓑ
C	灯杆检修门总成	CZ6-2-9Ⓒ
D	灯杆法兰盘	CZ6-2-9Ⓓ

注：7～14m单、双挑圆锥形灯杆设计数据详见本图集第 193 页。

图名	8m单、双挑圆锥形灯杆（一）	图号	CZ6-2-7

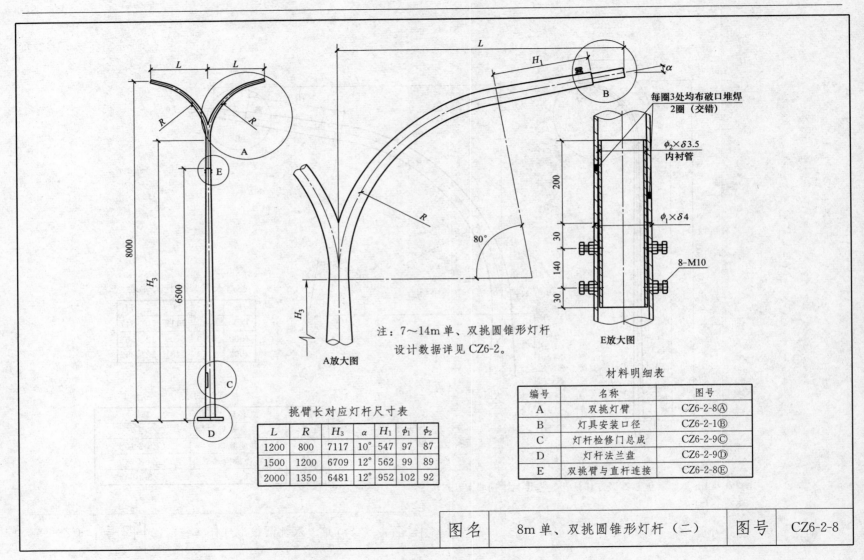

注：7～14m单、双挑圆锥形灯杆
设计数据详见CZ6-2。

A放大图

每圈3处均布破口堆焊
2圈（交错）

$\phi_2 \times \delta 3.5$
内衬管

$\phi_1 \times \delta 4$

8-M10

E放大图

挑臂长对应灯杆尺寸表

L	R	H_3	α	H_1	ϕ_1	ϕ_2
1200	800	7117	10°	547	97	87
1500	1200	6709	12°	562	99	89
2000	1350	6481	12°	952	102	92

材料明细表

编号	名称	图号
A	双挑灯臂	CZ6-2-8Ⓐ
B	灯具安装口径	CZ6-2-1Ⓑ
C	灯杆检修门总成	CZ6-2-9Ⓒ
D	灯杆法兰盘	CZ6-2-9Ⓓ
E	双挑臂与直杆连接	CZ6-2-8Ⓔ

图名	8m单、双挑圆锥形灯杆（二）	图号	CZ6-2-8

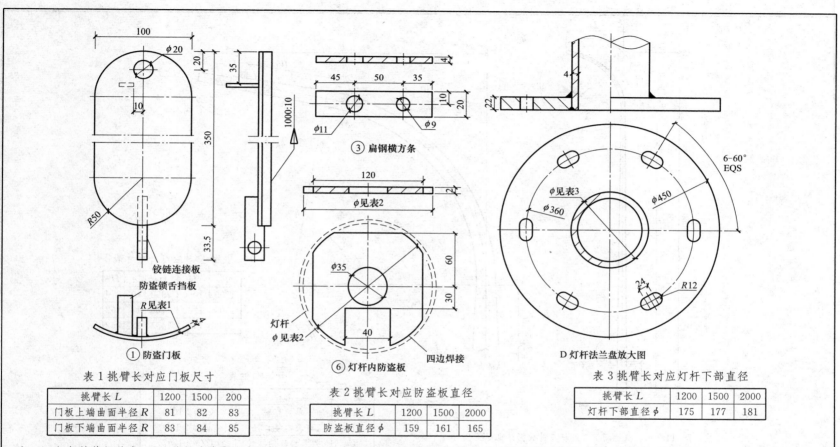

③ 扁钢横方条

① 防盗门板

⑥ 灯杆内防盗板

D 灯杆法兰盘放大图

表1 挑臂长对应门板尺寸

挑臂长 L	1200	1500	200
门板上端曲面半径 R	81	82	83
门板下端曲面半径 R	83	84	85

表2 挑臂长对应防盗板直径

挑臂长 L	1200	1500	2000
防盗板直径 ϕ	159	161	165

表3 挑臂长对应灯杆下部直径

挑臂长 L	1200	1500	2000
灯杆下部直径 ϕ	175	177	181

注：1. 灯杆检修门总成（C）的尺寸除①防盗门板、③扁钢横条、⑥灯杆内防盗板因灯杆直径变化需改变尺寸外，其他尺寸详见CZ6-2-3～CZ6-2-5。
2. 铰链连接板、防盗锁舌挡板采取电焊焊接。
3. 防盗门板上端与下端曲面圆弧应与灯杆门框尺寸相符合。

图名	8m单、双挑圆锥形灯杆（三）	图号	CZ6-2-9

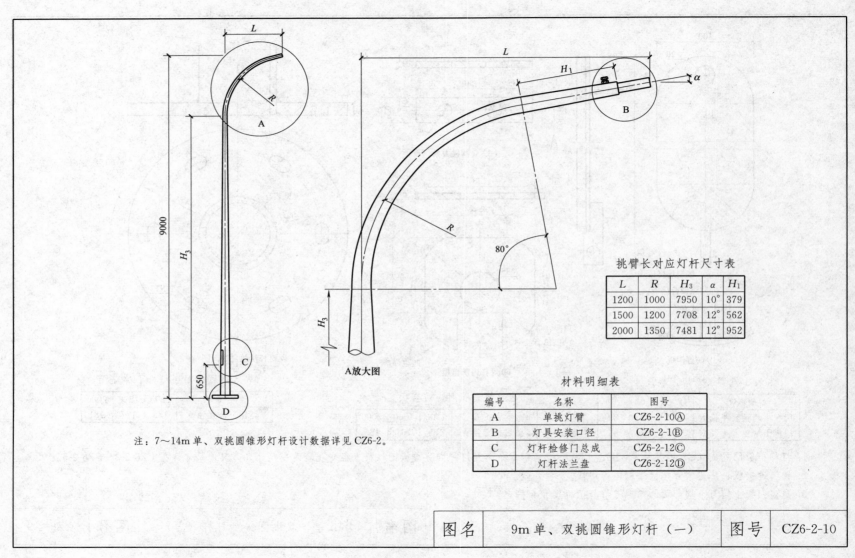

挑臂长对应灯杆尺寸表

L	R	H_3	α	H_1
1200	1000	7950	10°	379
1500	1200	7708	12°	562
2000	1350	7481	12°	952

材料明细表

编号	名称	图号
A	单挑灯臂	CZ6-2-10Ⓐ
B	灯具安装口径	CZ6-2-1Ⓑ
C	灯杆检修门总成	CZ6-2-12Ⓒ
D	灯杆法兰盘	CZ6-2-12Ⓓ

A放大图

注：7~14m单、双挑圆锥形灯杆设计数据详见CZ6-2。

图名	9m单、双挑圆锥形灯杆（一）	图号	CZ6-2-10

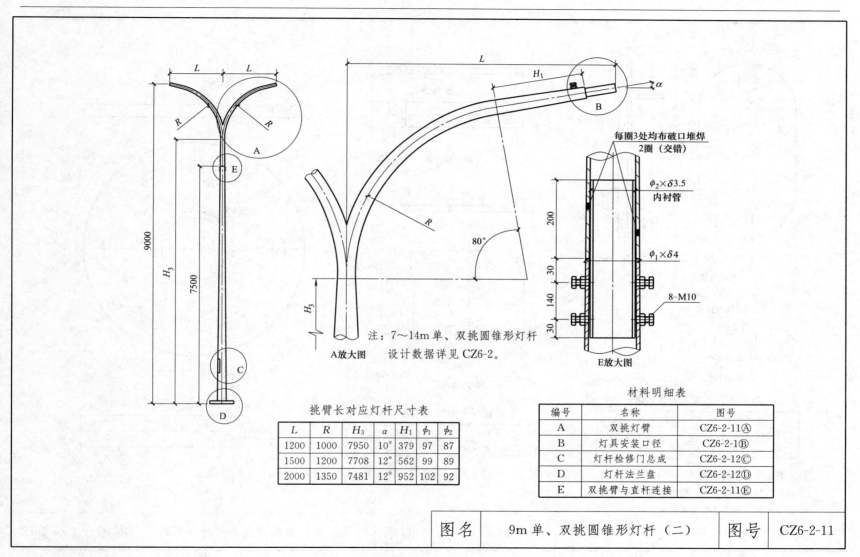

注：7～14m单、双挑圆锥形灯杆
设计数据详见CZ6-2。

A放大图

每圈3处均布破口堆焊
2圈（交错）

$\phi_2 \times \delta 3.5$
内衬管

$\phi_1 \times \delta 4$

8-M10

E放大图

挑臂长对应灯杆尺寸表

L	R	H_3	α	H_1	ϕ_1	ϕ_2
1200	1000	7950	10°	379	97	87
1500	1200	7708	12°	562	99	89
2000	1350	7481	12°	952	102	92

材料明细表

编号	名称	图号
A	双挑灯臂	CZ6-2-11Ⓐ
B	灯具安装口径	CZ6-2-1Ⓑ
C	灯杆检修门总成	CZ6-2-12Ⓒ
D	灯杆法兰盘	CZ6-2-12Ⓓ
E	双挑臂与直杆连接	CZ6-2-11Ⓔ

图名	9m单、双挑圆锥形灯杆（二）	图号	CZ6-2-11

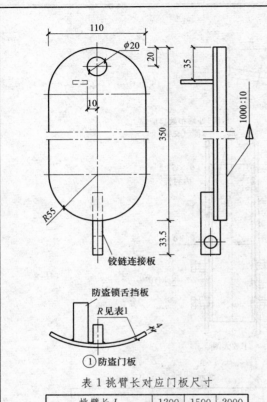

φ20

110

20

350

35

1000:10

R55

33.5

铰链连接板

防盗锁舌挡板

R见表1

① 防盗门板

表1 挑臂长对应门板尺寸

挑臂长 L	1200	1500	2000
门板上端曲面半径 R	87	88	90
门板下端曲面半径 R	89	90	92

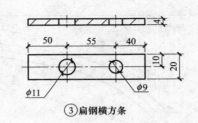

50 55 40

10 20

φ11 φ9

③ 扁钢横方条

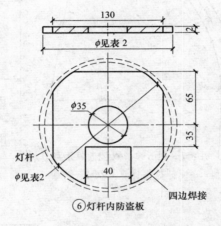

130

4

φ见2

φ35

65

35

40

灯杆

φ见表2

四边焊接

⑥ 灯杆内防盗板

表2 挑臂长对应防盗板直径

挑臂长 L	1200	1500	2000
防盗板直径 φ	171	173	177

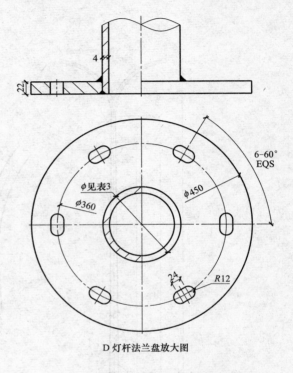

4

22

6-60°
EQS

φ见表3

φ450

φ360

24

R12

D 灯杆法兰盘放大图

表3 挑臂长对应灯杆下部直径

挑臂长 L	1200	1500	2000
灯杆下部直径 φ	187	189	193

注：1. 灯杆检修门总成（C）的尺寸除①防盗门板、③扁钢横条、⑥灯杆内防盗板因灯杆直径变化需改变尺寸外，其他尺寸详见 CZ6-2-3～CZ6-2-5。
　　2. 铰链连接板、防盗锁舌挡板采取电焊焊接。
　　3. 防盗门板上端与下端曲面圆弧应与灯杆门框尺寸相符合。

图名	9m单、双挑圆锥形灯杆（三）	图号	CZ6-2-12

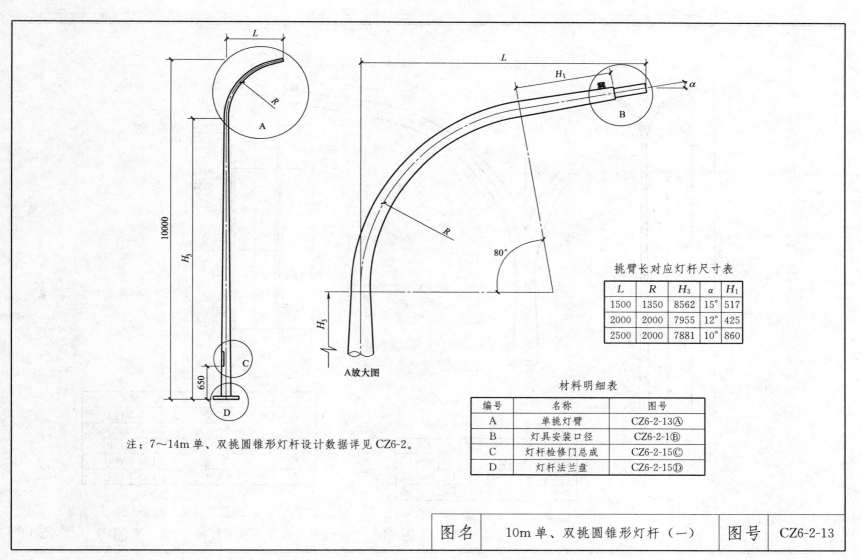

挑臂长对应灯杆尺寸表

L	R	H_3	α	H_1
1500	1350	8562	15°	517
2000	2000	7955	12°	425
2500	2000	7881	10°	860

A放大图

注：7～14m单、双挑圆锥形灯杆设计数据详见CZ6-2。

材料明细表

编号	名称	图号
A	单挑灯臂	CZ6-2-13Ⓐ
B	灯具安装口径	CZ6-2-1Ⓑ
C	灯杆检修门总成	CZ6-2-15Ⓒ
D	灯杆法兰盘	CZ6-2-15Ⓓ

图名	10m单、双挑圆锥形灯杆（一）	图号	CZ6-2-13

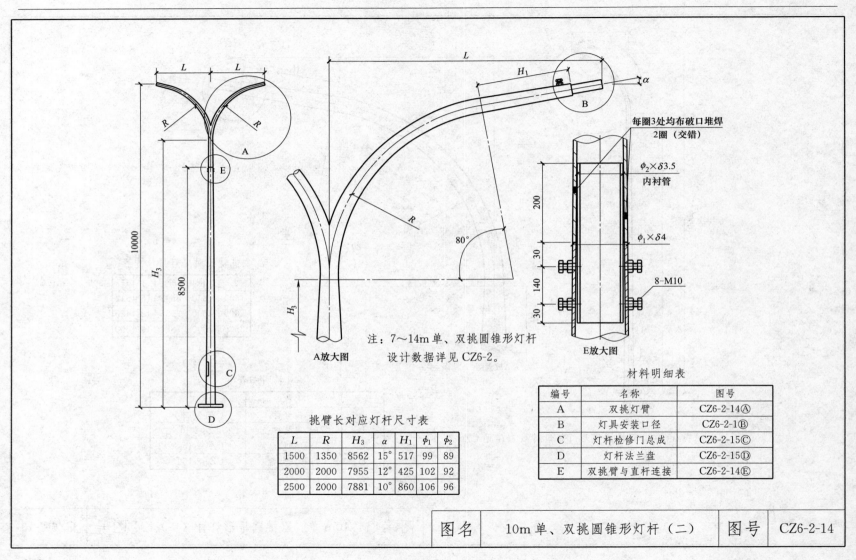

注：7～14m单、双挑圆锥形灯杆
设计数据详见CZ6-2。

A放大图

每圈3处均布破口堆焊
2圈（交错）

$\phi_2 \times \delta 3.5$
内衬管

$\phi_1 \times \delta 4$

8-M10

E放大图

挑臂长对应灯杆尺寸表

L	R	H_3	α	H_1	ϕ_1	ϕ_2
1500	1350	8562	15°	517	99	89
2000	2000	7955	12°	425	102	92
2500	2000	7881	10°	860	106	96

材料明细表

编号	名称	图号
A	双挑灯臂	CZ6-2-14Ⓐ
B	灯具安装口径	CZ6-2-1Ⓑ
C	灯杆检修门总成	CZ6-2-15Ⓒ
D	灯杆法兰盘	CZ6-2-15Ⓓ
E	双挑臂与直杆连接	CZ6-2-14Ⓔ

图名	10m单、双挑圆锥形灯杆（二）	图号	CZ6-2-14

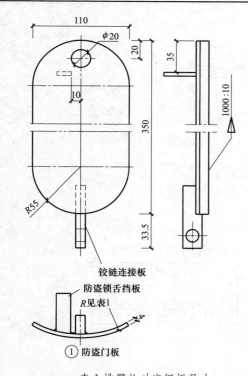

铰链连接板

防盗锁舌挡板

*R*见表1

① 防盗门板

表1 挑臂长对应门板尺寸

挑臂长 *L*	1200	1500	2000
门板上端曲面半径 *R*	94	95	98
门板下端曲面半径 *R*	96	97	100

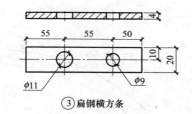

③ 扁钢横方条

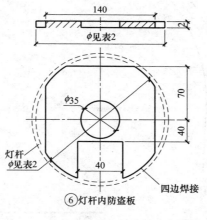

灯杆 *φ*见表2

四边焊接

⑥ 灯杆内防盗板

表2 挑臂长对应防盗板直径

挑臂长 *L*	1200	1500	2000
防盗板直径 *φ*	184	187	192

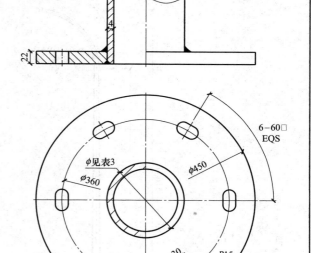

D 灯杆法兰盘放大图

表3 挑臂长对应灯杆下部直径

挑臂长 *L*	1200	1500	2000
灯杆下部直径 *φ*	200	203	208

注：1. 灯杆检修门总成（C）的尺寸除①防盗门板、③扁钢横条、⑥灯杆内防盗板因灯杆直径变化需改变尺寸外，其他尺寸详见CZ6-2-3～CZ6-2-5。
2. 铰链连接板、防盗锁舌挡板采取电焊焊接。
3. 防盗门板上端与下端曲面圆弧应与灯杆门框尺寸相符合。

图名	10m单、双挑圆锥形灯杆（三）	图号	CZ6-2-15

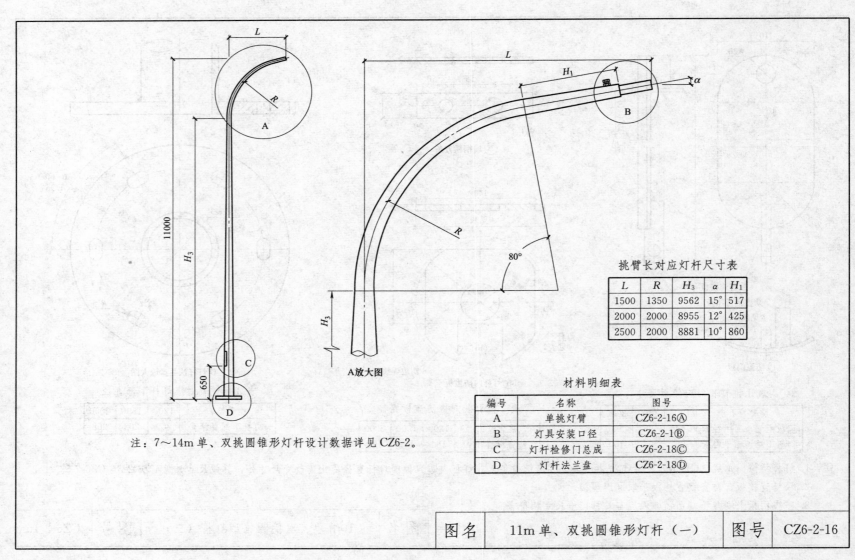

挑臂长对应灯杆尺寸表

L	R	H_3	α	H_1
1500	1350	9562	15°	517
2000	2000	8955	12°	425
2500	2000	8881	10°	860

A放大图

注：7～14m单、双挑圆锥形灯杆设计数据详见CZ6-2。

材料明细表

编号	名称	图号
A	单挑灯臂	CZ6-2-16Ⓐ
B	灯具安装口径	CZ6-2-1Ⓑ
C	灯杆检修门总成	CZ6-2-18Ⓒ
D	灯杆法兰盘	CZ6-2-18Ⓓ

图名	11m单、双挑圆锥形灯杆（一）	图号	CZ6-2-16

220

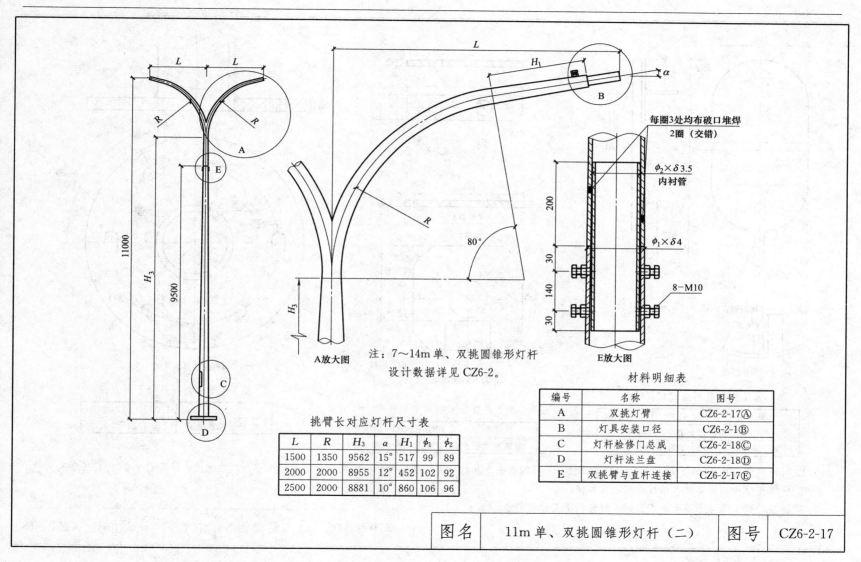

每圈3处均布破口堆焊
2圈（交错）

$\phi_2 \times \delta 3.5$
内衬管

$\phi_1 \times \delta 4$

8—M10

200

30

140

30

E放大图

A放大图

注：7～14m单、双挑圆锥形灯杆
设计数据详见CZ6-2。

挑臂长对应灯杆尺寸表

L	R	H_3	α	H_1	ϕ_1	ϕ_2
1500	1350	9562	15°	517	99	89
2000	2000	8955	12°	452	102	92
2500	2000	8881	10°	860	106	96

材料明细表

编号	名称	图号
A	双挑灯臂	CZ6-2-17Ⓐ
B	灯具安装口径	CZ6-2-1Ⓑ
C	灯杆检修门总成	CZ6-2-18Ⓒ
D	灯杆法兰盘	CZ6-2-18Ⓓ
E	双挑臂与直杆连接	CZ6-2-17Ⓔ

图名	11m单、双挑圆锥形灯杆（二）	图号	CZ6-2-17

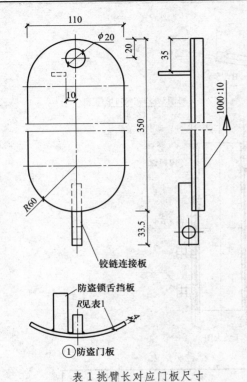

铰链连接板

①防盗门板

防盗锁舌挡板

R见表1

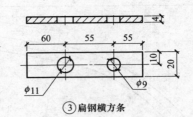

③扁钢横方条

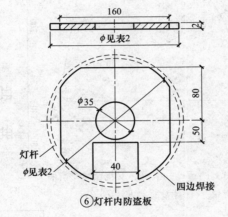

灯杆

φ见表2

四边焊接

⑥灯杆内防盗板

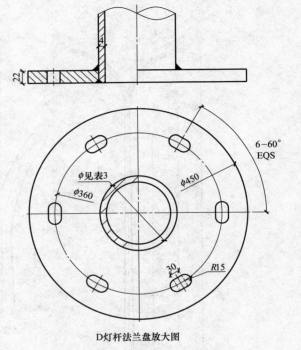

D灯杆法兰盘放大图

表1 挑臂长对应门板尺寸

挑臂长 L	1200	1500	2000
门板上端曲面半径 R	100	101	104
门板下端曲面半径 R	102	103	106

表2 挑臂长对应防盗板直径

挑臂长 L	1200	1500	2000
防盗板直径 φ	196	199	204

表3 挑臂长对应灯杆下部直径

挑臂长 L	1200	1500	2000
灯杆下部直径 φ	212	215	220

注：1. 灯杆检修门总成（C）的尺寸除①防盗门板、③扁钢横条、⑥灯杆内防盗板因灯杆直径变化需改变尺寸外，其他尺寸详见CZ6-2-3～CZ6-2-5。

2. 铰链连接板、防盗锁舌挡板采取电焊焊接。

3. 防盗门板上端与下端曲面圆弧应与灯杆门框尺寸相符合。

图名	11m单、双挑圆锥形灯杆（三）	图号	CZ6-2-18

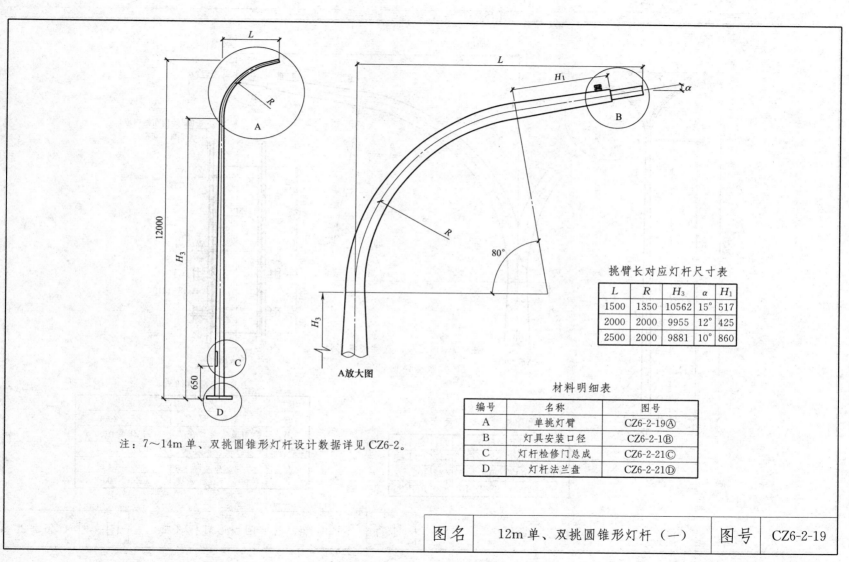

挑臂长对应灯杆尺寸表

L	R	H_3	α	H_1
1500	1350	10562	15°	517
2000	2000	9955	12°	425
2500	2000	9881	10°	860

A放大图

材料明细表

编号	名称	图号
A	单挑灯臂	CZ6-2-19Ⓐ
B	灯具安装口径	CZ6-2-1Ⓑ
C	灯杆检修门总成	CZ6-2-21Ⓒ
D	灯杆法兰盘	CZ6-2-21Ⓓ

注：7～14m单、双挑圆锥形灯杆设计数据详见CZ6-2。

图名	12m单、双挑圆锥形灯杆（一）	图号	CZ6-2-19

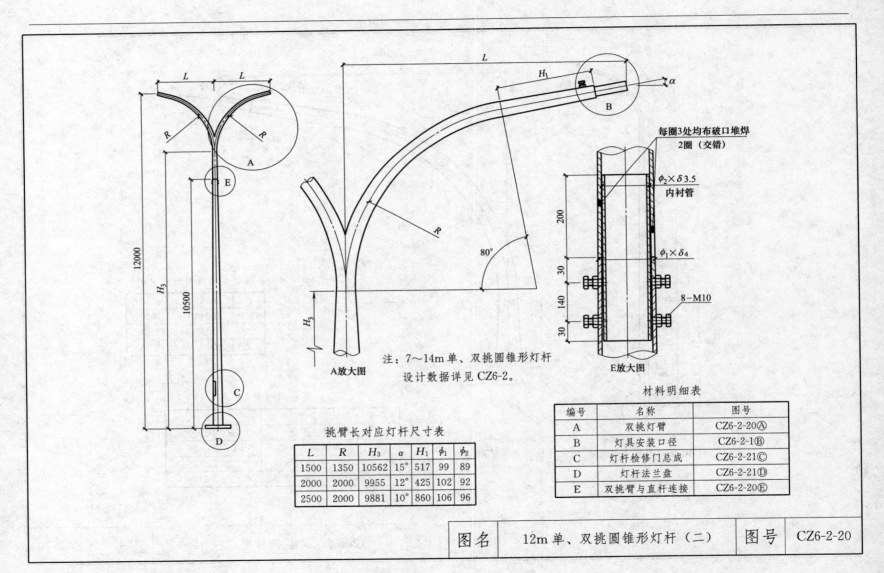

每圈3处均布破口堆焊
2圈（交错）

$\phi_2 \times \delta 3.5$
内衬管

$\phi_1 \times \delta 4$

8—M10

E放大图

注：7~14m单、双挑圆锥形灯杆
设计数据详见CZ6-2。

A放大图

挑臂长对应灯杆尺寸表

L	R	H_3	α	H_1	ϕ_1	ϕ_2
1500	1350	10562	15°	517	99	89
2000	2000	9955	12°	425	102	92
2500	2000	9881	10°	860	106	96

材料明细表

编号	名称	图号
A	双挑灯臂	CZ6-2-20Ⓐ
B	灯具安装口径	CZ6-2-1Ⓑ
C	灯杆检修门总成	CZ6-2-21Ⓒ
D	灯杆法兰盘	CZ6-2-21Ⓓ
E	双挑臂与直杆连接	CZ6-2-20Ⓔ

图名	12m单、双挑圆锥形灯杆（二）	图号	CZ6-2-20

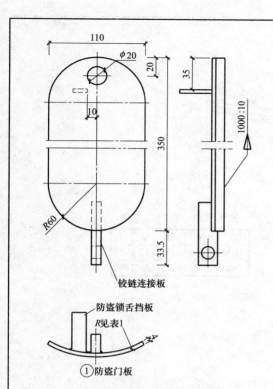

铰链连接板

防盗锁舌挡板

*R*见表1

① 防盗门板

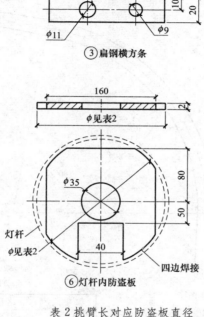

③ 扁钢横方条

⑥ 灯杆内防盗板

灯杆

*φ*见表2

四边焊接

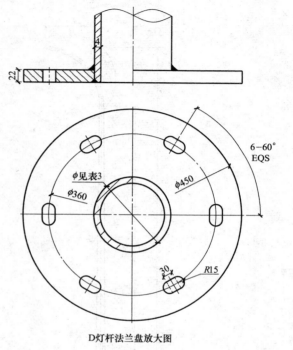

D灯杆法兰盘放大图

表1 挑臂长对应门板尺寸

挑臂长 *L*	1200	1500	2000
门板上端曲面半径 *R*	106	107	110
门板下端曲面半径 *R*	108	109	112

表2 挑臂长对应防盗板直径

挑臂长 *L*	1200	1500	2000
防盗板直径 *φ*	208	211	216

表3 挑臂长对应灯杆下部直径

挑臂长 *L*	1200	1500	2000
灯杆下部直径 *φ*	224	227	232

注：1. 灯杆检修门总成（C）的尺寸除①防盗门板、③扁钢横条、⑥灯杆内防盗板因灯杆直径变化需改变尺寸外，其他尺寸详见CZ6-2-3～CZ6-2-5。
　　2. 铰链连接板、防盗锁舌挡板采取电焊焊接。
　　3. 防盗门板上端与下端曲面圆弧应与灯杆门框尺寸相符合。

图名	12m单、双挑圆锥形灯杆（三）	图号	CZ6-2-21

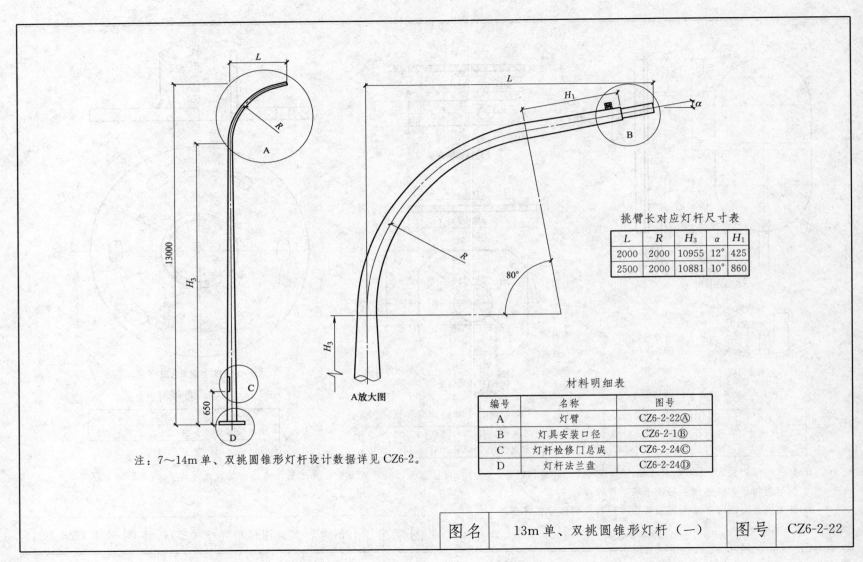

挑臂长对应灯杆尺寸表

L	R	H_3	α	H_1
2000	2000	10955	12°	425
2500	2000	10881	10°	860

A放大图

材料明细表

编号	名称	图号
A	灯臂	CZ6-2-22Ⓐ
B	灯具安装口径	CZ6-2-1Ⓑ
C	灯杆检修门总成	CZ6-2-24Ⓒ
D	灯杆法兰盘	CZ6-2-24Ⓓ

注：7～14m单、双挑圆锥形灯杆设计数据详见CZ6-2。

图名	13m单、双挑圆锥形灯杆（一）	图号	CZ6-2-22

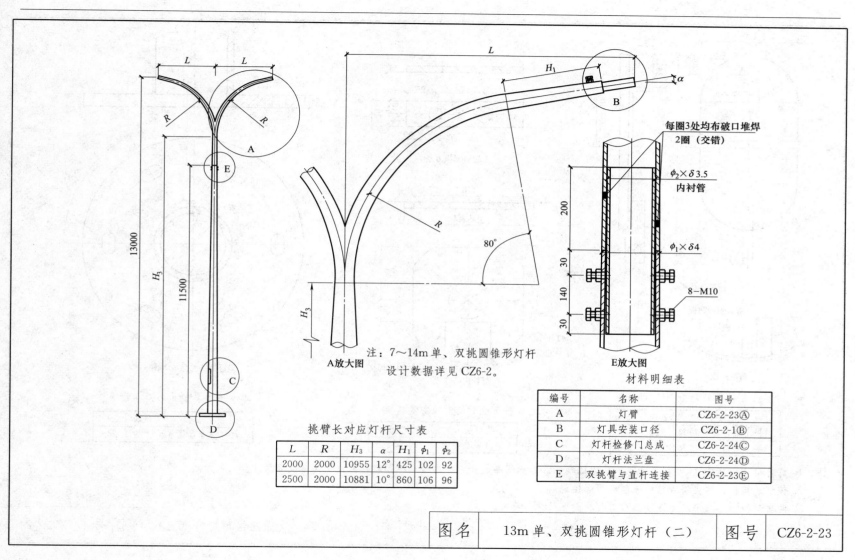

每圈3处均布破口堆焊
2圈（交错）

$\phi_2 \times \delta 3.5$
内衬管

$\phi_1 \times \delta 4$

8—M10

E放大图

A放大图

注：7~14m单、双挑圆锥形灯杆
设计数据详见CZ6-2。

挑臂长对应灯杆尺寸表

L	R	H_3	α	H_1	ϕ_1	ϕ_2
2000	2000	10955	12°	425	102	92
2500	2000	10881	10°	860	106	96

材料明细表

编号	名称	图号
A	灯臂	CZ6-2-23Ⓐ
B	灯具安装口径	CZ6-2-1Ⓑ
C	灯杆检修门总成	CZ6-2-24Ⓒ
D	灯杆法兰盘	CZ6-2-24Ⓓ
E	双挑臂与直杆连接	CZ6-2-23Ⓔ

图名	13m单、双挑圆锥形灯杆（二）	图号	CZ6-2-23

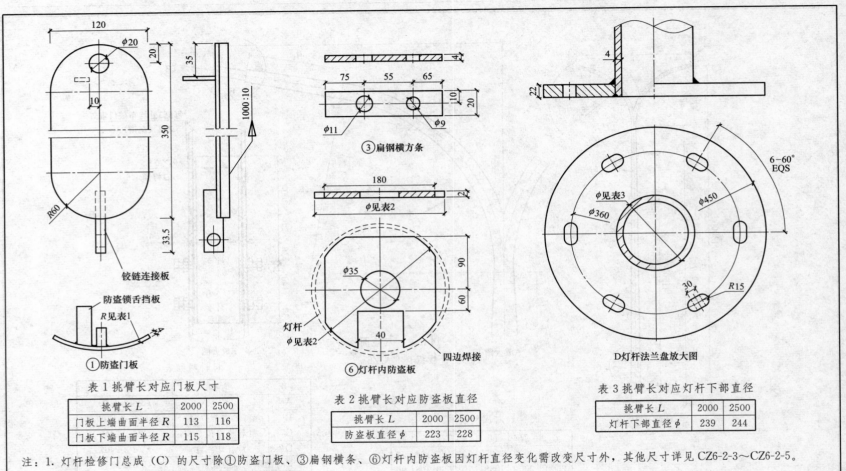

③扁钢横方条

①防盗门板

铰链连接板

防盗锁舌挡板

R见表1

⑥灯杆内防盗板

灯杆

φ见表2

四边焊接

D灯杆法兰盘放大图

表1 挑臂长对应门板尺寸

挑臂长 L	2000	2500
门板上端曲面半径 R	113	116
门板下端曲面半径 R	115	118

表2 挑臂长对应防盗板直径

挑臂长 L	2000	2500
防盗板直径 φ	223	228

表3 挑臂长对应灯杆下部直径

挑臂长 L	2000	2500
灯杆下部直径 φ	239	244

注：1. 灯杆检修门总成（C）的尺寸除①防盗门板、③扁钢横条、⑥灯杆内防盗板因灯杆直径变化需改变尺寸外，其他尺寸详见CZ6-2-3～CZ6-2-5。
2. 铰链连接板、防盗锁舌挡板采取电焊焊接。
3. 防盗门板上端与下端曲面圆弧应与灯杆门框尺寸相符合。

图名	13m单、双挑圆锥形灯杆（三）	图号	CZ6-2-24

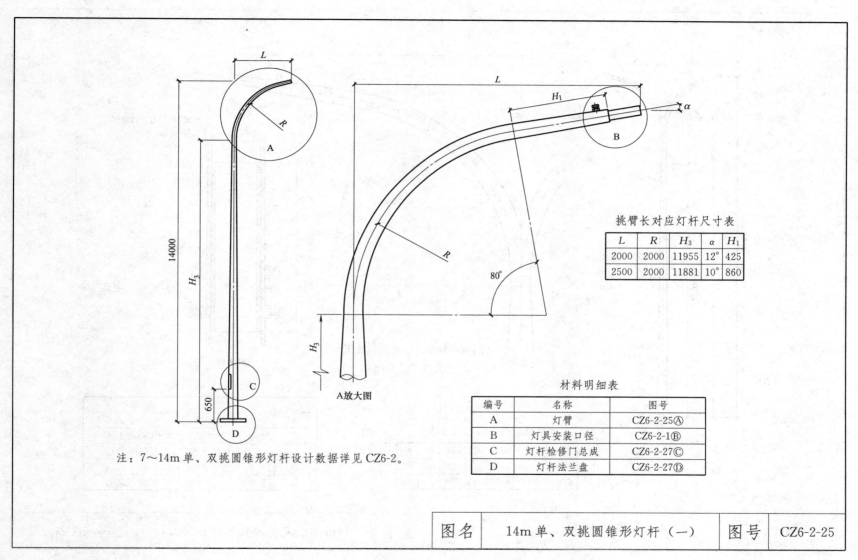

挑臂长对应灯杆尺寸表

L	R	H_3	α	H_1
2000	2000	11955	12°	425
2500	2000	11881	10°	860

A放大图

材料明细表

编号	名称	图号
A	灯臂	CZ6-2-25Ⓐ
B	灯具安装口径	CZ6-2-1Ⓑ
C	灯杆检修门总成	CZ6-2-27Ⓒ
D	灯杆法兰盘	CZ6-2-27Ⓓ

注：7～14m单、双挑圆锥形灯杆设计数据详见CZ6-2。

图名	14m单、双挑圆锥形灯杆（一）	图号	CZ6-2-25

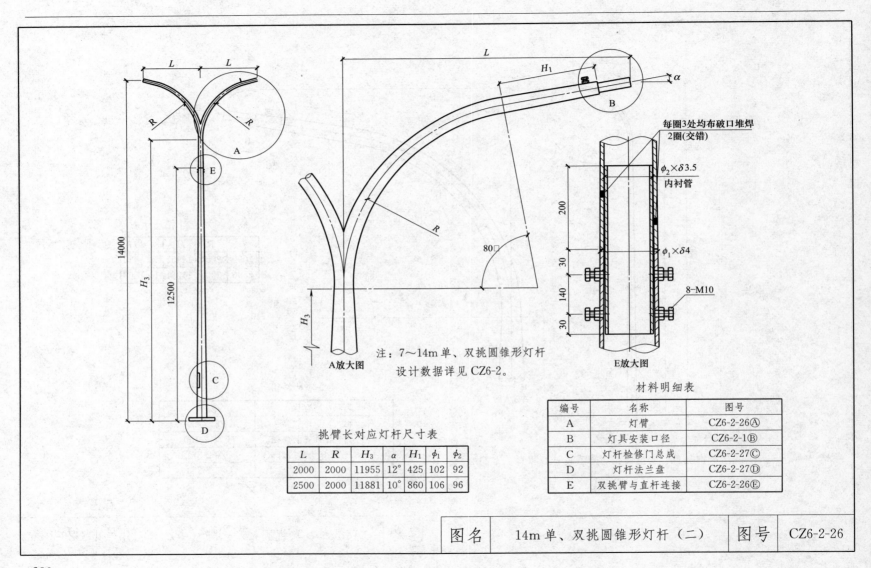

每圈3处均布破口堆焊
2圈(交错)

$\phi_2 \times \delta 3.5$
内衬管

$\phi_1 \times \delta 4$

8-M10

E放大图

A放大图

注：7～14m单、双挑圆锥形灯杆
设计数据详见CZ6-2。

挑臂长对应灯杆尺寸表

L	R	H_3	α	H_1	ϕ_1	ϕ_2
2000	2000	11955	12°	425	102	92
2500	2000	11881	10°	860	106	96

材料明细表

编号	名称	图号
A	灯臂	CZ6-2-26Ⓐ
B	灯具安装口径	CZ6-2-1Ⓑ
C	灯杆检修门总成	CZ6-2-27Ⓒ
D	灯杆法兰盘	CZ6-2-27Ⓓ
E	双挑臂与直杆连接	CZ6-2-26Ⓔ

图名	14m单、双挑圆锥形灯杆（二）	图号	CZ6-2-26

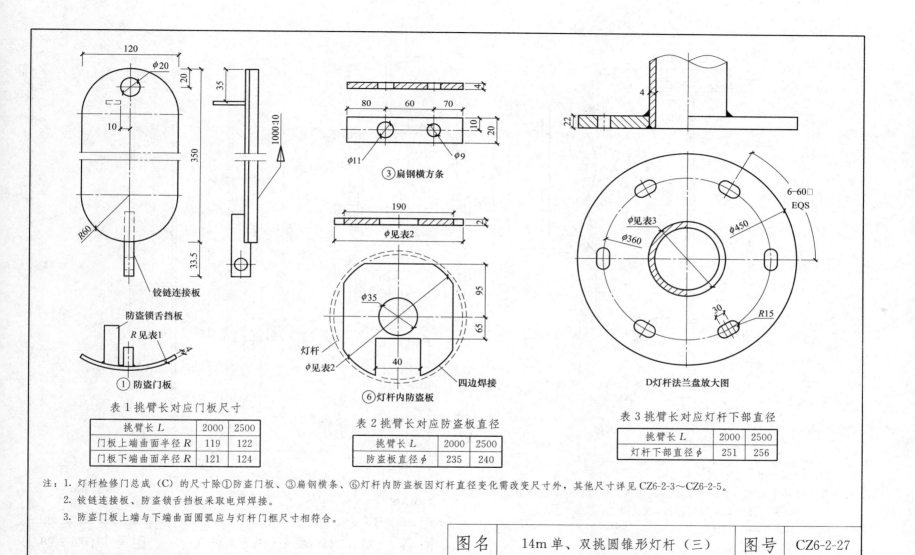

③扁钢横方条

①防盗门板

铰链连接板

防盗锁舌挡板

R见表1

⑥灯杆内防盗板

灯杆

φ见表2

四边焊接

D灯杆法兰盘放大图

表1 挑臂长对应门板尺寸

挑臂长 L	2000	2500
门板上端曲面半径 R	119	122
门板下端曲面半径 R	121	124

表2 挑臂长对应防盗板直径

挑臂长 L	2000	2500
防盗板直径 ϕ	235	240

表3 挑臂长对应灯杆下部直径

挑臂长 L	2000	2500
灯杆下部直径 ϕ	251	256

注：1. 灯杆检修门总成（C）的尺寸除①防盗门板、③扁钢横条、⑥灯杆内防盗板因灯杆直径变化需变尺寸外，其他尺寸详见CZ6-2-3～CZ6-2-5。
2. 铰链连接板、防盗锁舌挡板采取电焊焊接。
3. 防盗门板上端与下端曲面圆弧应与灯杆门框尺寸相符合。

图名	14m单、双挑圆锥形灯杆（三）	图号	CZ6-2-27

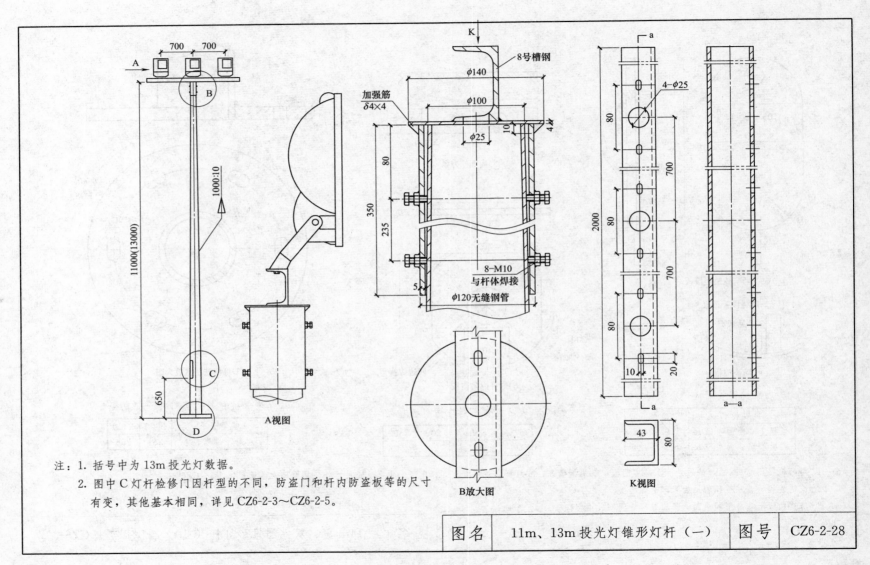

注：1. 括号中为13m投光灯数据。
　　2. 图中C灯杆检修门因杆型的不同，防盗门和杆内防盗板等的尺寸
　　　　有变，其他基本相同，详见CZ6-2-3～CZ6-2-5。

| 图名 | 11m、13m投光灯锥形灯杆（一） | 图号 | CZ6-2-28 |

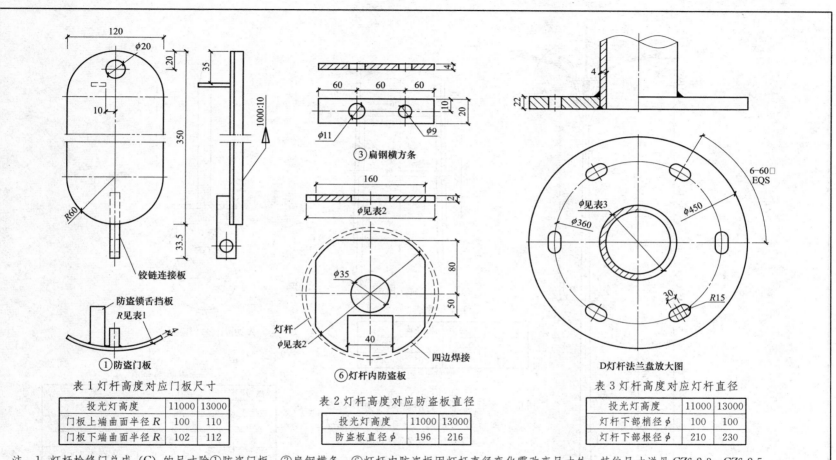

③扁钢横方条

铰链连接板

防盗锁舌挡板
R见表1

①防盗门板

⑥灯杆内防盗板

D灯杆法兰盘放大图

表1 灯杆高度对应门板尺寸

投光灯高度	11000	13000
门板上端曲面半径R	100	110
门板下端曲面半径R	102	112

表2 灯杆高度对应防盗板直径

投光灯高度	11000	13000
防盗板直径φ	196	216

表3 灯杆高度对应灯杆直径

投光灯高度	11000	13000
灯杆下部梢径φ	100	100
灯杆下部根径φ	210	230

注：1. 灯杆检修门总成（C）的尺寸除①防盗门板、③扁钢横条、⑥灯杆内防盗板因灯杆直径变化需改变尺寸外，其他尺寸详见CZ6-2-3～CZ6-2-5。

2. 铰链连接板、防盗锁舌挡板采取电焊焊接。

3. 防盗门板上端与下端曲面圆弧应与灯杆门框尺寸相符合。

图名	11m、13m投光灯锥形灯杆（二）	图号	CZ6-2-29

233

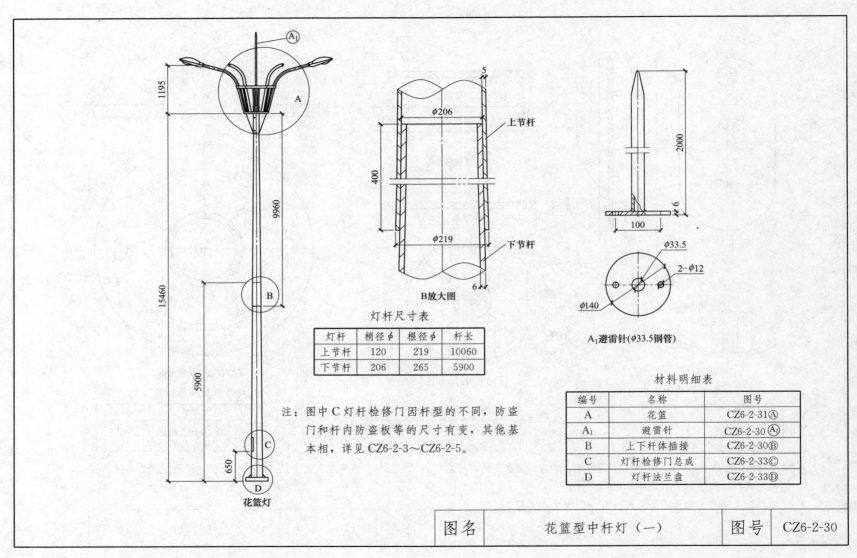

花篮灯

B放大图

灯杆尺寸表

灯杆	梢径 φ	根径 φ	杆长
上节杆	120	219	10060
下节杆	206	265	5900

注：图中 C 灯杆检修门因杆型的不同，防盗门和杆内防盗板等的尺寸有变，其他基本相，详见 CZ6-2-3～CZ6-2-5。

A_1避雷针(ϕ33.5钢管)

材料明细表

编号	名称	图号
A	花篮	CZ6-2-31Ⓐ
A_1	避雷针	CZ6-2-30 Ⓐ₁
B	上下杆体插接	CZ6-2-30Ⓑ
C	灯杆检修门总成	CZ6-2-33Ⓒ
D	灯杆法兰盘	CZ6-2-33Ⓓ

图名	花篮型中杆灯（一）	图号	CZ6-2-30

234

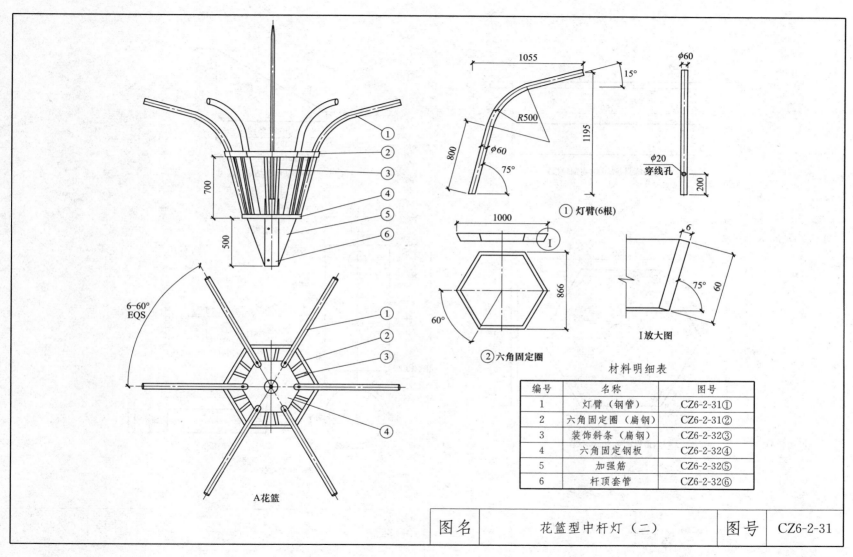

1055

15°

φ60

R500

1195

800

φ60

75°

φ60

φ20
穿线孔

200

① 灯臂(6根)

1000

Ⅰ

6

866

60°

75°

60

② 六角固定圈

Ⅰ放大图

700

500

①
②
③
④
⑤
⑥

6-60°
EQS

①
②
③
④

A花篮

材料明细表

编号	名称	图号
1	灯臂（钢管）	CZ6-2-31①
2	六角固定圈（扁钢）	CZ6-2-31②
3	装饰斜条（扁钢）	CZ6-2-32③
4	六角固定钢板	CZ6-2-32④
5	加强筋	CZ6-2-32⑤
6	杆顶套管	CZ6-2-32⑥

图名	花篮型中杆灯（二）	图号	CZ6-2-31

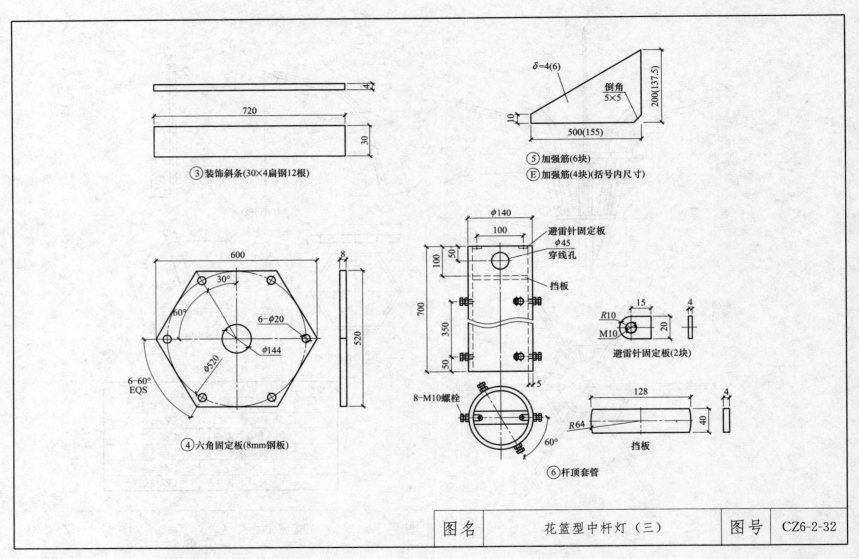

③装饰斜条(30×4扁钢12根)

⑤加强筋(6块)
Ⓔ加强筋(4块)(括号内尺寸)

δ=4(6)
倒角 5×5
200(137.5)
500(155)
10

600
30°
60°
6-ϕ20
ϕ144
ϕ520
6-60°
EQS

④六角固定板(8mm钢板)

ϕ140
100
50
避雷针固定板
ϕ45
穿线孔
挡板
100
700
350
50
8-M10螺栓
60°

R10
M10
15
20
4
避雷针固定板(2块)

128
R64
40
4
挡板

⑥杆顶套管

| 图名 | 花篮型中杆灯（三） | 图号 | CZ6-2-32 |

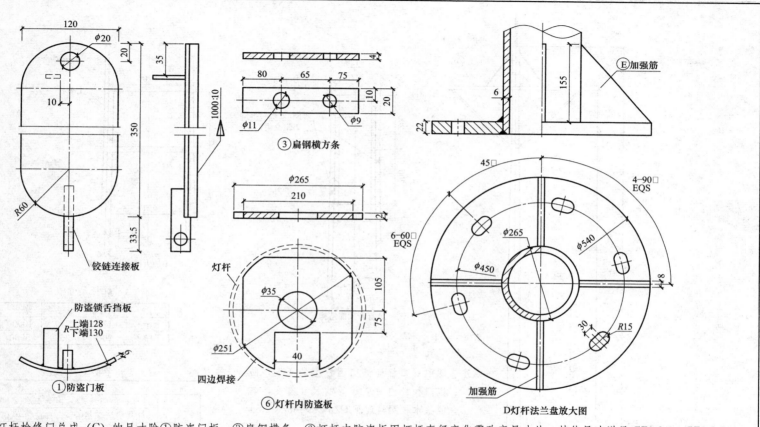

铰链连接板

③扁钢横方条

①防盗门板

⑥灯杆内防盗板

防盗锁舌挡板

灯杆

灯杆

四边焊接

⑥灯杆内防盗板

E加强筋

加强筋

D灯杆法兰盘放大图

注：1. 灯杆检修门总成（C）的尺寸除①防盗门板、③扁钢横条、⑥灯杆内防盗板因灯杆直径变化需改变尺寸外，其他尺寸详见CZ6-2-3～CZ6-2-5。

2. 铰链连接板、防盗锁舌挡板采取电焊焊接。

3. 防盗门板上端与下端曲面圆弧应与灯杆门框尺寸相符合。

图名	花篮型中杆灯（四）	图号	CZ6-2-33

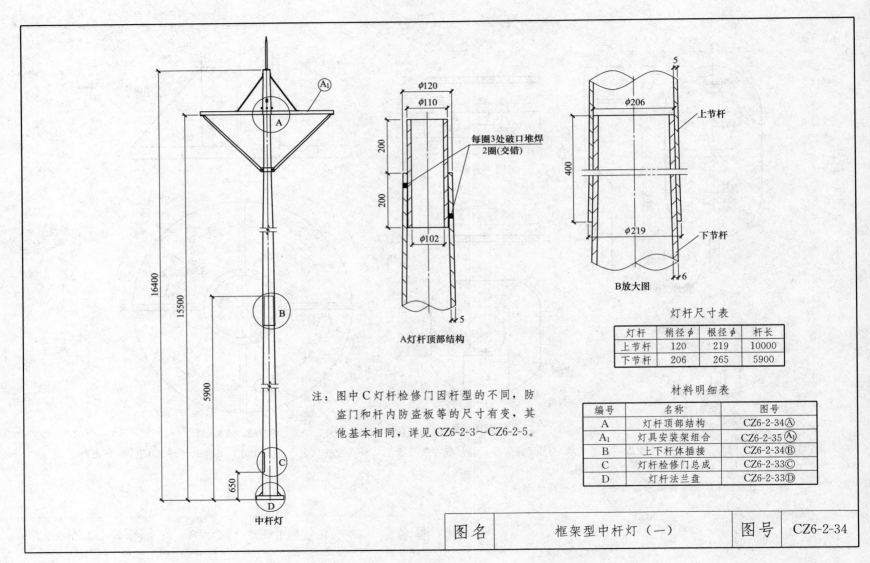

φ120
φ110
200
200
200
φ102

每圈3处破口堆焊
2圈(交错)

5

A灯杆顶部结构

5
φ206
400
φ219
上节杆
下节杆
6

B放大图

A₁
A
16400
15500
5900
B
C
650
D

中杆灯

注：图中 C 灯杆检修门因杆型的不同，防
盗门和杆内防盗板等的尺寸有变，其
他基本相同，详见 CZ6-2-3～CZ6-2-5。

灯杆尺寸表

灯杆	梢径φ	根径φ	杆长
上节杆	120	219	10000
下节杆	206	265	5900

材料明细表

编号	名称	图号
A	灯杆顶部结构	CZ6-2-34Ⓐ
A₁	灯具安装架组合	CZ6-2-35Ⓐ₁
B	上下杆体插接	CZ6-2-34Ⓑ
C	灯杆检修门总成	CZ6-2-33Ⓒ
D	灯杆法兰盘	CZ6-2-33Ⓓ

图名	框架型中杆灯（一）	图号	CZ6-2-34

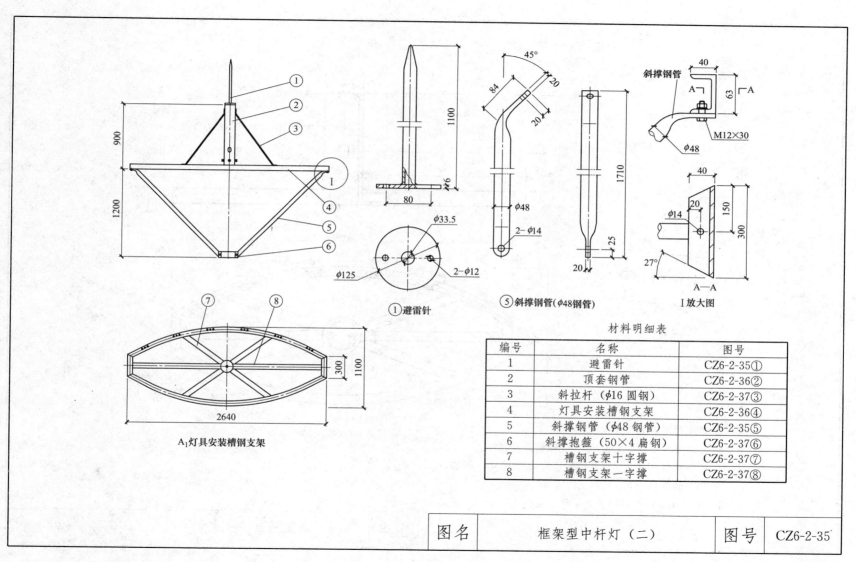

①避雷针

⑤斜撑钢管（φ48钢管）

I放大图

A₁灯具安装槽钢支架

材料明细表

编号	名称	图号
1	避雷针	CZ6-2-35①
2	顶套钢管	CZ6-2-36②
3	斜拉杆（φ16圆钢）	CZ6-2-37③
4	灯具安装槽钢支架	CZ6-2-36④
5	斜撑钢管（φ48钢管）	CZ6-2-35⑤
6	斜撑抱箍（50×4扁钢）	CZ6-2-37⑥
7	槽钢支架十字撑	CZ6-2-37⑦
8	槽钢支架一字撑	CZ6-2-37⑧

图名	框架型中杆灯（二）	图号	CZ6-2-35

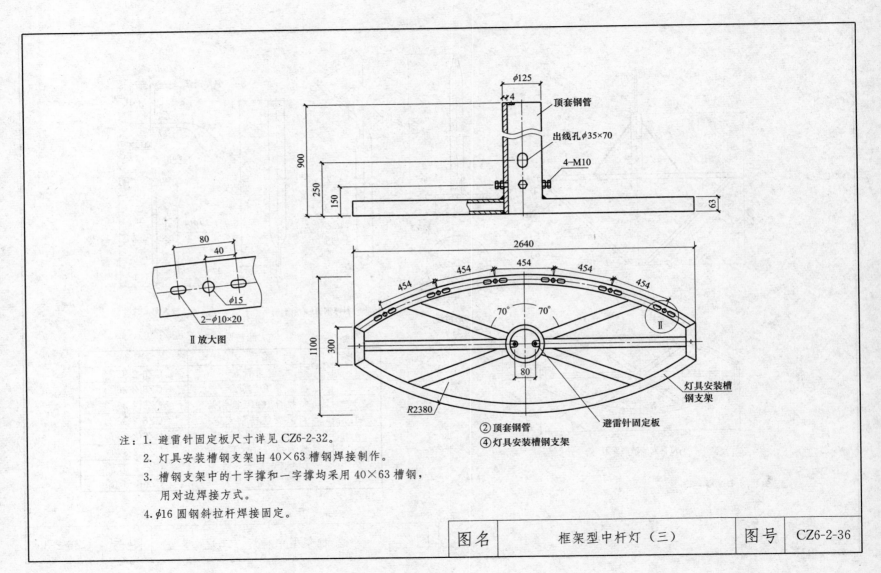

φ125

4

顶套钢管

900

出线孔 φ35×70

4—M10

250

150

63

2640

454   454   454   454   454

70° 70°

1100

300

II

80

80

R2380

②顶套钢管
④灯具安装槽钢支架

避雷针固定板

灯具安装槽
钢支架

80

40

φ15

2—φ10×20

II放大图

注：1. 避雷针固定板尺寸详见 CZ6-2-32。
    2. 灯具安装槽钢支架由 40×63 槽钢焊接制作。
    3. 槽钢支架中的十字撑和一字撑均采用 40×63 槽钢，
       用对边焊接方式。
    4. φ16 圆钢斜拉杆焊接固定。

| 图名 | 框架型中杆灯（三） | 图号 | CZ6-2-36 |

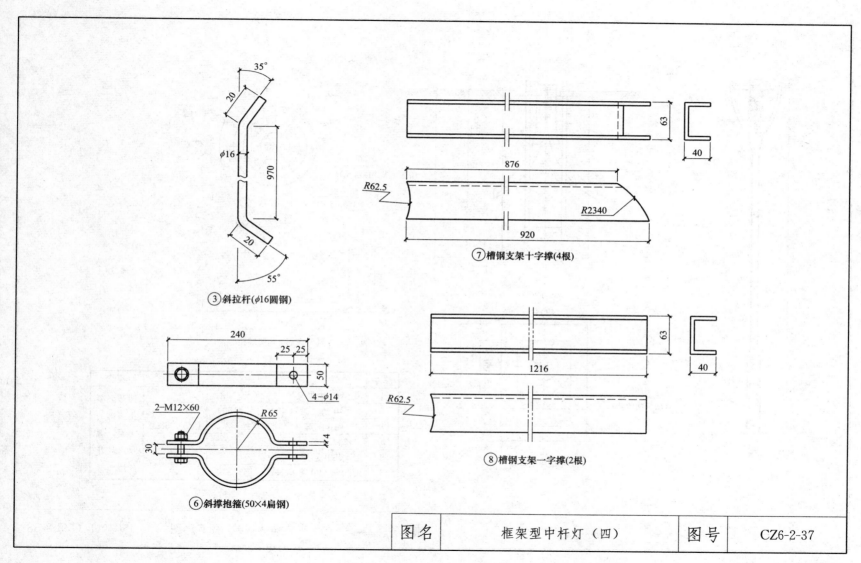

③斜拉杆(φ16圆钢)

⑦槽钢支架十字撑(4根)

⑥斜撑抱箍(50×4扁钢)

⑧槽钢支架一字撑(2根)

| 图名 | 框架型中杆灯（四） | 图号 | CZ6-2-37 |

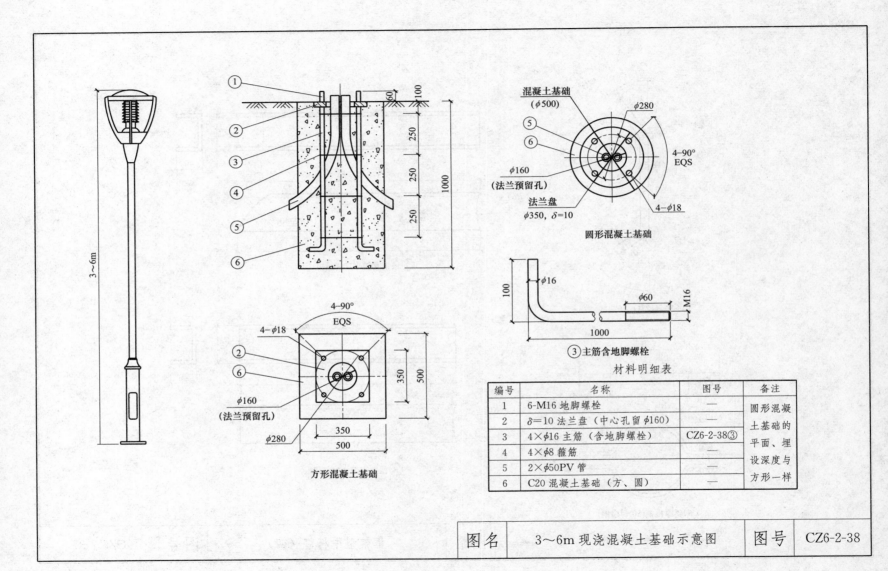

混凝土基础
（φ500）

φ280

φ160
（法兰预留孔）

4-90°
EQS

法兰盘
φ350, δ=10

4-φ18

圆形混凝土基础

③主筋含地脚螺栓

材料明细表

编号	名称	图号	备注
1	6-M16 地脚螺栓	—	圆形混凝土基础的平面、埋设深度与方形一样
2	δ=10 法兰盘（中心孔留φ160）	—	
3	4×φ16 主筋（含地脚螺栓）	CZ6-2-38③	
4	4×φ8 箍筋	—	
5	2×φ50PV 管	—	
6	C20 混凝土基础（方、圆）	—	

4-φ18
4-90°
EQS

φ160
（法兰预留孔）

φ280

350
500

方形混凝土基础

3～6m

图名	3～6m 现浇混凝土基础示意图	图号	CZ6-2-38

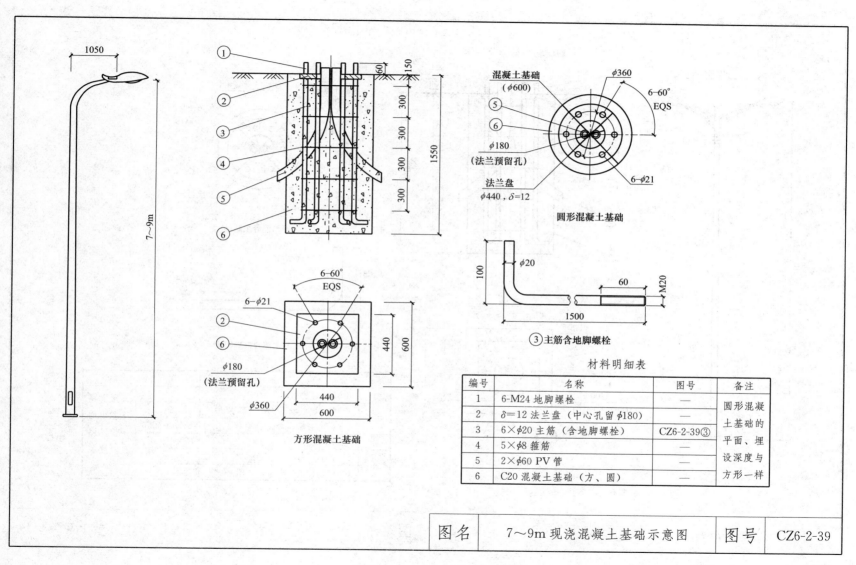

混凝土基础
（φ600）

6-60°
EQS

φ360

φ180
（法兰预留孔）

6-φ21

法兰盘
φ440，δ=12

圆形混凝土基础

⑤
⑥

300
300
300
300
300

1550

60
150

方形混凝土基础

6-60°
EQS

6-φ21

φ180
（法兰预留孔）

440
600

440
600

φ360

1050

7～9m

φ20

100

60

M20

1500

③ 主筋含地脚螺栓

材料明细表

编号	名称	图号	备注
1	6-M24 地脚螺栓	—	圆形混凝土基础的平面、埋设深度与方形一样
2	δ=12 法兰盘（中心孔留 φ180）	—	
3	6×φ20 主筋（含地脚螺栓）	CZ6-2-39③	
4	5×φ8 箍筋	—	
5	2×φ60 PV 管	—	
6	C20 混凝土基础（方、圆）	—	

图名	7～9m 现浇混凝土基础示意图	图号	CZ6-2-39

243

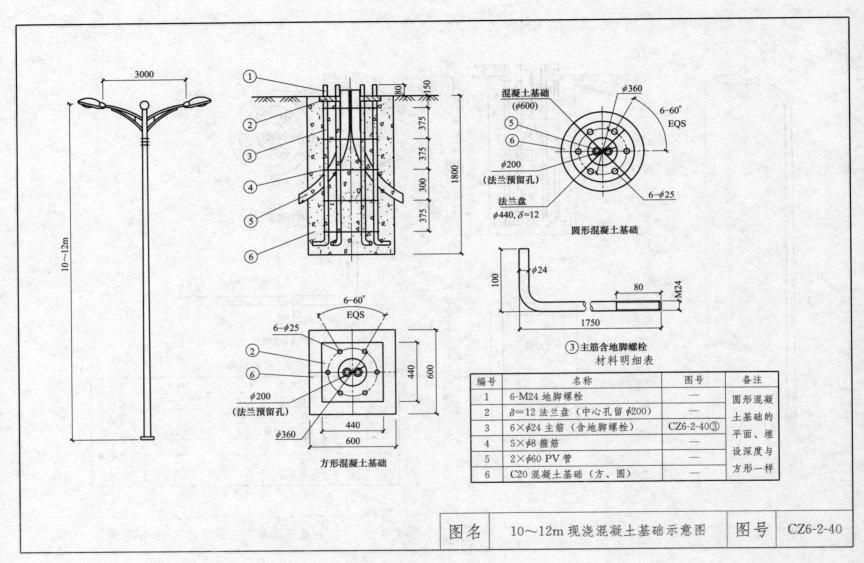

3000

10～12m

① ② ③ ④ ⑤ ⑥

80
150

375
375
375
300
375
1800

混凝土基础
(φ600)

⑤
⑥

φ200
(法兰预留孔)

法兰盘
φ440,δ=12

φ360

6－60°
EQS

6－φ25

圆形混凝土基础

φ24
100

M24
80
1750

③ 主筋含地脚螺栓
材料明细表

6－60°
EQS

6－φ25

②
⑥

φ200
(法兰预留孔)

440
600

φ360
440
600

方形混凝土基础

编号	名称	图号	备注
1	6-M24 地脚螺栓	—	圆形混凝土基础的平面、埋设深度与方形一样
2	δ＝12 法兰盘（中心孔留φ200）	—	
3	6×φ24 主筋（含地脚螺栓）	CZ6-2-40③	
4	5×φ8 箍筋	—	
5	2×φ60 PV 管	—	
6	C20 混凝土基础（方、圆）	—	

图名	10～12m 现浇混凝土基础示意图	图号	CZ6-2-40

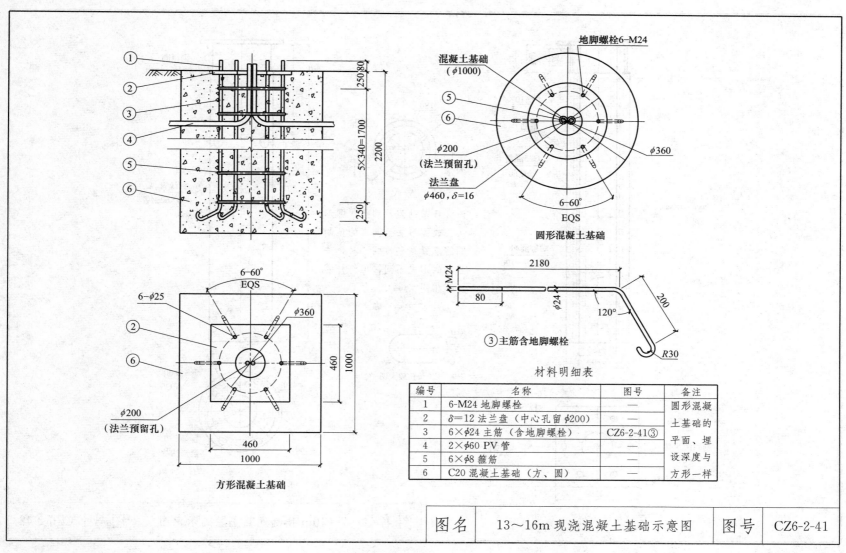

地脚螺栓6-M24

混凝土基础
(φ1000)

①
②
③
④
⑤
⑥

⑤
⑥

φ200
(法兰预留孔)

法兰盘
φ460, δ=16

φ360

6-60°

EQS

圆形混凝土基础

250/80
250
5×340=1700
2200
250

6-60°
EQS

6-φ25

φ360

②
⑥

460
1000

460

1000

φ200
(法兰预留孔)

方形混凝土基础

2180
M24
80
φ24
120°
200
R30

③主筋含地脚螺栓

材料明细表

编号	名称	图号	备注
1	6-M24 地脚螺栓	—	圆形混凝土基础的平面、埋设深度与方形一样
2	δ=12 法兰盘（中心孔留 φ200）	—	
3	6×φ24 主筋（含地脚螺栓）	CZ6-2-41③	
4	2×φ60 PV 管	—	
5	6×φ8 箍筋	—	
6	C20 混凝土基础（方、圆）	—	

图名	13～16m 现浇混凝土基础示意图	图号	CZ6-2-41

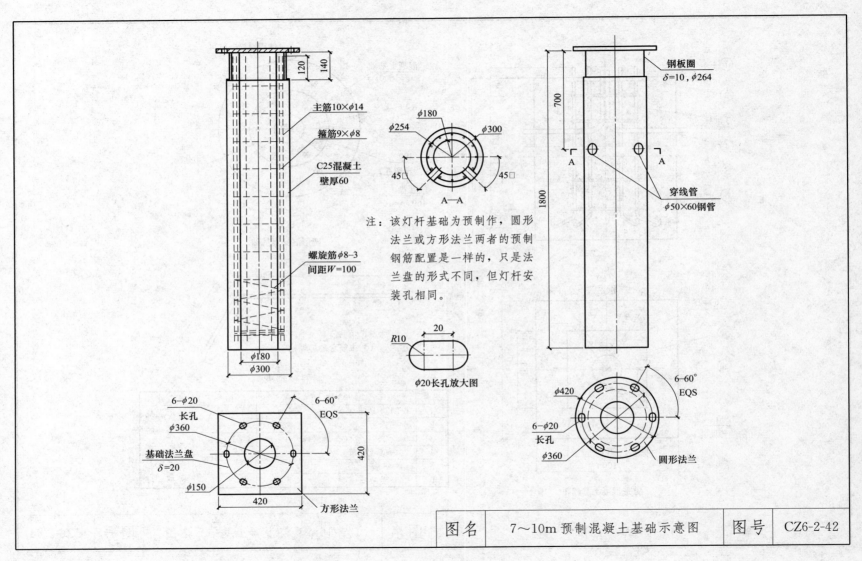

注：该灯杆基础为预制作，圆形法兰或方形法兰两者的预制钢筋配置是一样的，只是法兰盘的形式不同，但灯杆安装孔相同。

主筋10×φ14
箍筋9×φ8
C25混凝土壁厚60
螺旋筋φ8-3间距W=100

φ254
φ180
φ300
45□
45□
A—A

钢板圈δ=10，φ264
穿线管φ50×60钢管
700
1800

R10
20
φ20长孔放大图

6-φ20
长孔
φ360
基础法兰盘δ=20
φ150
420
420
6-60°EQS
方形法兰

6-60°EQS
φ420
6-φ20
长孔
φ360
圆形法兰

| 图名 | 7～10m预制混凝土基础示意图 | 图号 | CZ6-2-42 |

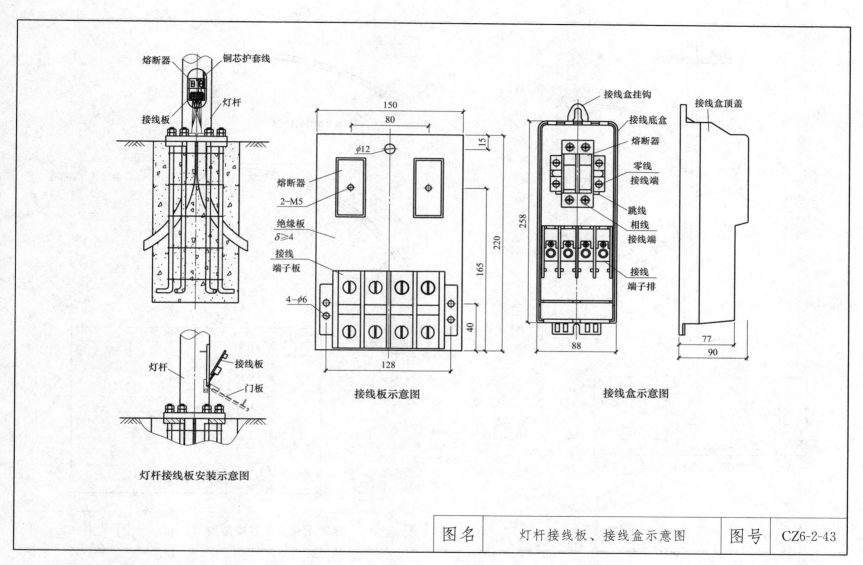

熔断器　铜芯护套线

接线板　灯杆

灯杆接线板安装示意图

灯杆　接线板　门板

150
80
φ12
熔断器
2-M5
绝缘板 δ≥4
接线端子板
4-φ6
15
220
165
40
128

接线板示意图

接线盒挂钩
接线底盒
熔断器
零线接线端
跳线
相线接线端
接线端子排
258
88
接线盒顶盖
77
90

接线盒示意图

图名	灯杆接线板、接线盒示意图	图号	CZ6-2-43

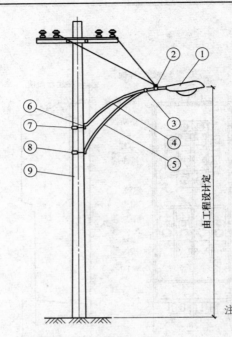

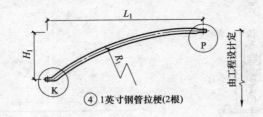

④ 1英寸钢管拉梗(2根)

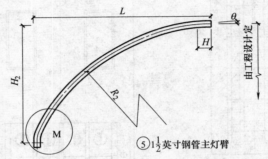

⑤ $1\frac{1}{2}$ 英寸钢管主灯臂

拉梗灯臂对应尺寸表（mm）

L	L_1	H	H_1	H_2	R_1	R_2	θ
2600	2250	350	740	1640	3700	2680	5～15°
3700	3200	500	740	1740	8000	5000	5～15°
4500	3900	600	850	2050	10000	6000	5～15°
5100	4400	700	850	2050	10000	6000	5～15°

注：主灯臂的仰角可在安装时根据工程设计需要而定。

注：1. 该灯系安装在混凝土杆上的组合式灯具，由拉梗、主灯臂、抱箍等构件组合而成。

2. 拉梗（2根）采用1英寸热镀锌管，主灯臂采用 $1\frac{1}{2}$ 英寸热镀锌管。

3. 采用热镀锌管加工时，所有焊接处必须做防腐处理。

4. 若采用黑铁管加工，成型后热镀锌时必须防止弯曲变形。

5. 灯具安装仰角 θ 由工程设计定。

材料明细表

编号	名称	图号	备注
1	路灯灯具	-	由工程设计定
2	引下线拉线夹板	CZ6-3-3	
3	拉梗压板	CZ6-3-3	
4	拉梗1英寸钢管	CZ6-3-1	
5	主灯臂 $1\frac{1}{2}$ 英寸钢管	CZ6-3-1	
6	拉梗横担	CZ6-3-3	
7	拉梗横担抱箍	CZ6-3-3	
8	主灯臂扁钢抱箍	CZ6-3-2	
9	混凝土电杆	CZ3-1-1	

图名	混凝土杆上路灯安装图（一）	图号	CZ6-3-1

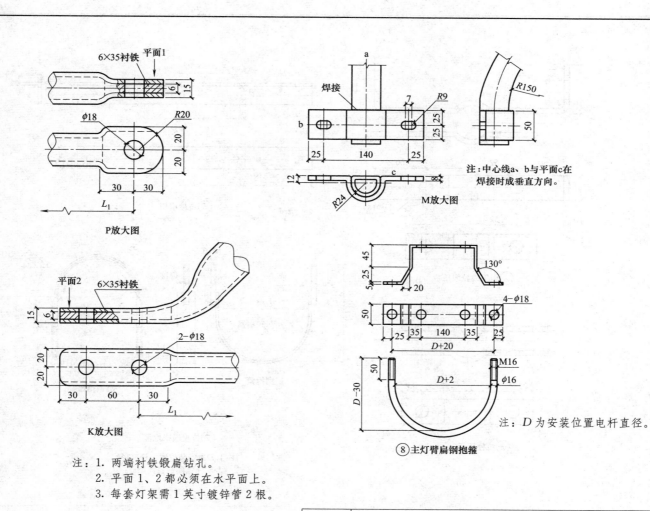

6×35衬铁 平面1

φ18 R20

P放大图

焊接 7 R9 R150

注：中心线a、b与平面c在焊接时成垂直方向。

M放大图

平面2 6×35衬铁

2-φ18

K放大图

注：*D*为安装位置电杆直径。

⑧主灯臂扁钢抱箍

注：1. 两端衬铁锻扁钻孔。
　　2. 平面1、2都必须在水平面上。
　　3. 每套灯架需1英寸镀锌管2根。

图名	混凝土杆上路灯安装图（二）	图号	CZ6-3-2

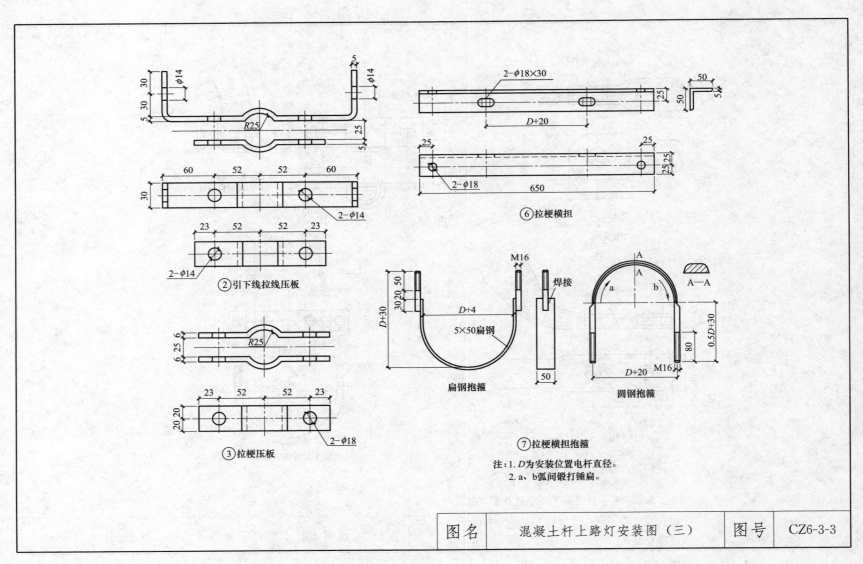

② 引下线拉线压板

③ 拉梗压板

⑥ 拉梗横担

扁钢抱箍

⑦ 拉梗横担抱箍

注：1. D为安装位置电杆直径。
2. a、b弧间锻打锤扁。

图名	混凝土杆上路灯安装图（三）	图号	CZ6-3-3

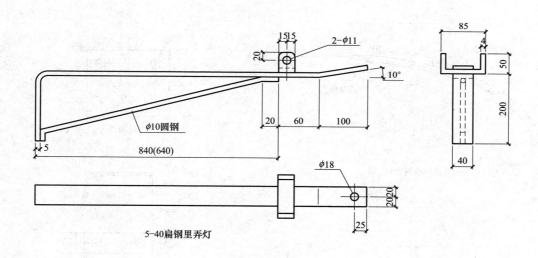

$\phi 10$圆钢

5-40扁钢里弄灯

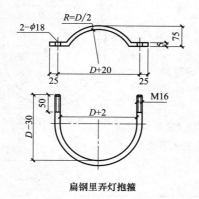

扁钢里弄灯抱箍

注：1. 该里弄灯架长度 1m 和 0.8m 两种，图中括
号内尺寸为 0.8m 灯架。

2. 灯架系电焊焊接件，焊接成型后清除焊渣
整体热镀锌，热镀锌时应防止弯曲变形。

3. 图中 D 为安装位置电杆直径。

| 图名 | 混凝土杆上里弄灯架图（一） | 图号 | CZ6-3-4 |

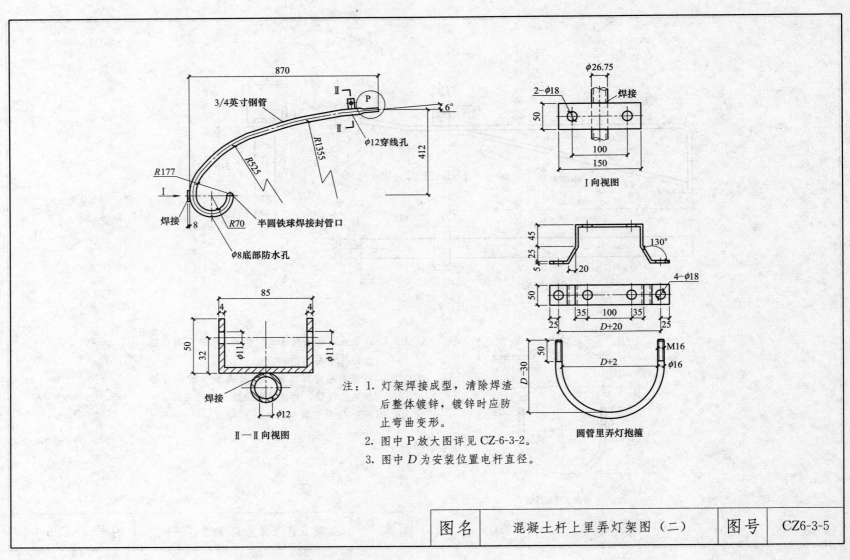

870

3/4英寸钢管

Ⅱ

P

6°

φ12穿线孔

412

R325

R1355

R177

Ⅰ

焊接

8

R70

半圆铁球焊接封管口

φ8底部防水孔

φ26.75

2-φ18

焊接

50

100

150

Ⅰ向视图

85

4   4

50

32

φ11   φ11

焊接

φ12

Ⅱ—Ⅱ向视图

45

25

5   20

130°

4-φ18

50

25   35   100   35   25

D+20

50

M16

D+2

φ16

D-30

圆管里弄灯抱箍

注：1. 灯架焊接成型，清除焊渣
    后整体镀锌，镀锌时应防
    止弯曲变形。
    2. 图中 P 放大图详见 CZ-6-3-2。
    3. 图中 D 为安装位置电杆直径。

| 图名 | 混凝土杆上里弄灯架图（二） | 图号 | CZ6-3-5 |

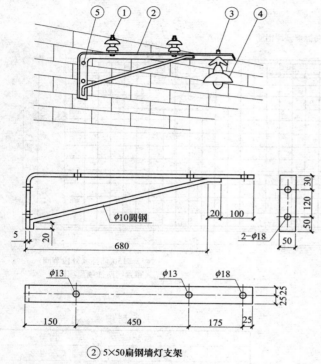

②5×50扁钢墙灯支架

注：该支架去掉圆钢支撑前端100mm，也可用做墙灯架线横担。

注：1. 安装墙灯时，从电杆上架空线引下到墙体第
   一支持物间距不得大于25m，墙面上支持物
   间距不得大于6m，特殊情况应按设计要求
   施工。

2. 墙灯安装高度宜为3～4m，架线横担与灯臂
   为一体的墙灯，悬挑长度不宜大于0.8m。

3. 墙灯架线横担（L5×50×50）预埋深度不小
   于150mm，挑出墙面宜不大于650mm。

4. 该灯支架系电焊焊接件，焊接成型后清除焊
   渣，热镀锌时应防止弯曲变形。

材料明细表

编号	名称	型号及规格	单位	数量
1	蝴蝶瓷瓶和串钉	外购件	套	2
2	扁钢墙灯支架	—	个	1
3	穿线三通弯头	外购件	个	1
4	18″搪瓷平行罩	外购件	个	1
5	膨胀螺栓	M10×80	套	2

图名	墙灯安装图	图号	CZ6-3-6

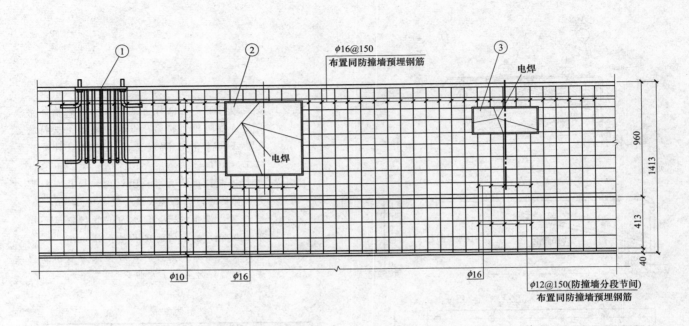

$\phi16@150$
布置同防撞墙预埋钢筋

电焊

①

②

③

电焊

960

1413

413

40

$\phi10$ $\phi16$ $\phi16$

$\phi12@150$(防撞墙分段节间)
布置同防撞墙预埋钢筋

注：1. 路灯预埋构件必须与防撞墙同步施工。并
　　　检查预埋构件与防撞墙、箱梁、桥墩钢筋
　　　是否连接在一起，以确保接地良好。

　　2. 接线箱、路灯基础、匝道灯预埋件与防撞
　　　墙预埋钢筋焊接，焊接长度：单面焊为
　　　$10d$，双面焊为$5d$。

材料明细表

编号	名称	图号
1	路灯基础预埋件	CZ6-4-2
2	接线箱	CZ6-4-3
3	匝道灯盒	CZ6-4-6

图名	高架防撞墙上路灯预埋件示意图	图号	CZ6-4-1

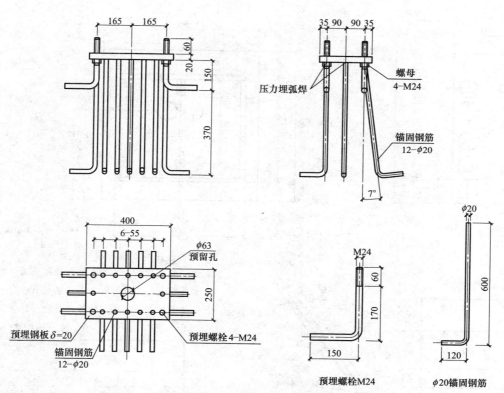

165 165
35 90 90 35
60
20
150
370
压力埋弧焊
螺母
4-M24
锚固钢筋
12-φ20
7°

400
6-55
φ63
预留孔
250
预埋钢板δ=20
预埋螺栓4-M24
锚固钢筋
12-φ20

M24
60
170
150
预埋螺栓M24

φ20
600
120
φ20锚固钢筋

注：1. 该路灯基础的锚固钢筋与防撞墙预埋钢板连接应采用电弧焊。
　　2. 浇制混凝土时，应使路灯基础预埋钢板保持水平，不得倾斜。
　　3. 预埋钢板及螺栓外露部分必须做防锈或涂装处理。

| 图名 | 高架防撞墙上路灯基础预埋件 | 图号 | CZ6-4-2 |

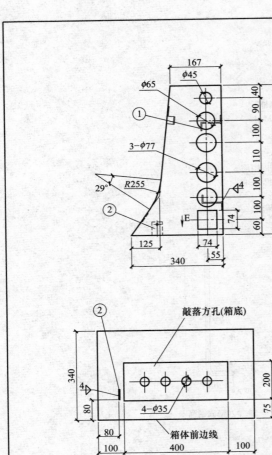

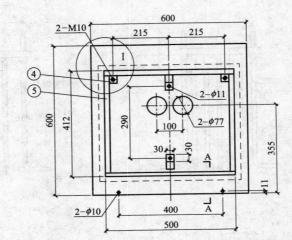

注：1. 整个箱体采用镀锌处理，镀锌厚度 40μm。

2. 侧、底与后板上的孔，均为冲而不离，现场安装时根据需要敲落。

3. 去除毛刺，未注弯板内圆角半径 R=3。

4. 箱体具体开孔形式、位置及数量，详见设计。

材料明细表

编号	名称	型号及规格	单位	数量
1	支架	—	个	2
2	箱体链桩	Q235-A 50×40×5	个	1
3	横框条	Q235-A 540×40×5	个	2
4	箱门固定锁片	Q235-A 50×40×5	个	2
5	竖框条	—	个	2

图名	高架防撞墙上接线箱（箱体）（一）	图号	CZ6-4-3

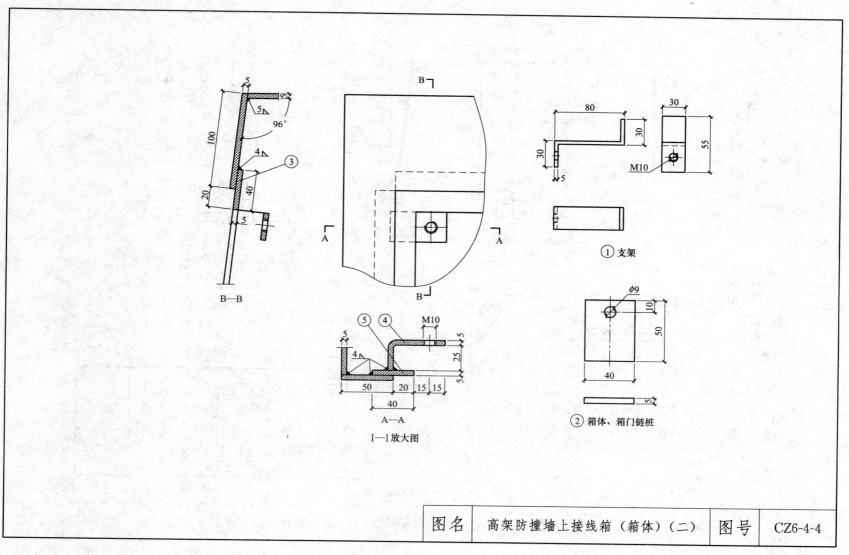

B—B

A—A

I—I放大图

① 支架

M10

② 箱体、箱门链桩

| 图名 | 高架防撞墙上接线箱（箱体）（二） | 图号 | CZ6-4-4 |

257

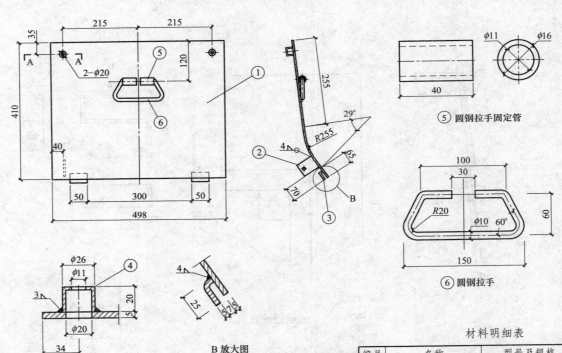

⑤ 圆钢拉手固定管

⑥ 圆钢拉手

B 放大图

A—A

注：1. 整个箱体采用镀锌处理，镀锌厚度 40μm。
    2. 图中箱门外形尺寸应在箱体的面板中切割而确定。
    3. 去除毛刺，未注弯板内圆角半径 R＝3。

材料明细表

编号	名称	型号及规格	单位	数量
1	箱门	Q235-A 498×442×5	个	1
2	箱门链桩	Q235-A 50×40×5	个	1
3	门钩	Q235-A 50×27×5	个	2
4	箱门固定套	Q235-A	个	2
5	圆钢拉手固定管	Q235-A	个	2
6	圆钢拉手	Q235-A	个	1

图名	高架防撞墙上接线箱（箱门）	图号	CZ6-4-5

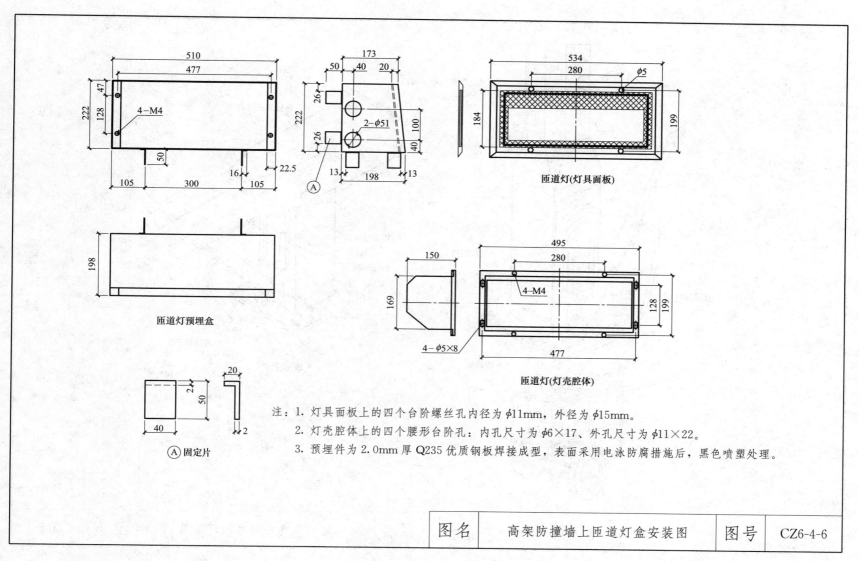

匝道灯(灯具面板)

匝道灯预埋盒

匝道灯(灯壳腔体)

Ⓐ 固定片

注：1. 灯具面板上的四个台阶螺丝孔内径为 $\phi11mm$，外径为 $\phi15mm$。
　　2. 灯壳腔体上的四个腰形台阶孔：内孔尺寸为 $\phi6\times17$、外孔尺寸为 $\phi11\times22$。
　　3. 预埋件为 2.0mm 厚 Q235 优质钢板焊接成型，表面采用电泳防腐措施后，黑色喷塑处理。

| 图名 | 高架防撞墙上匝道灯盒安装图 | 图号 | CZ6-4-6 |

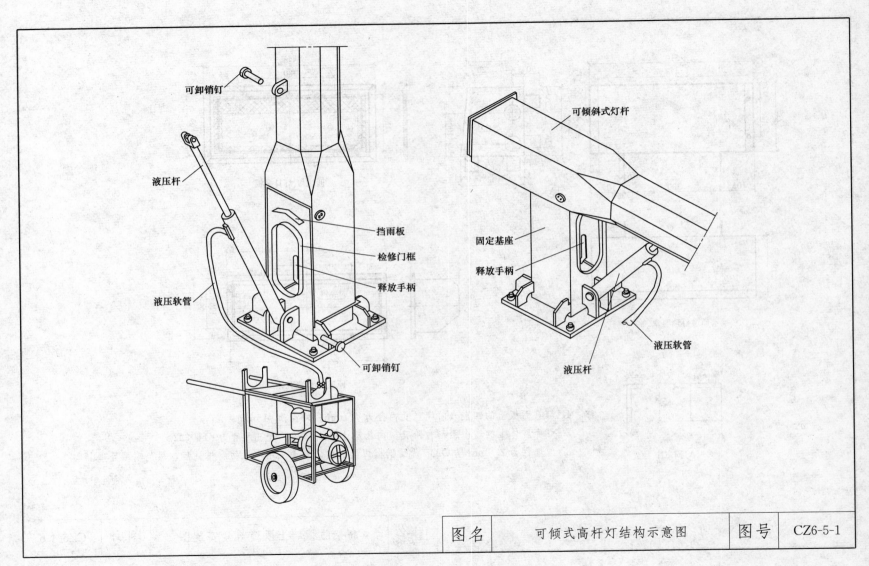

可卸销钉

液压杆

液压软管

挡雨板

检修门框

释放手柄

可卸销钉

可倾斜式灯杆

固定基座

释放手柄

液压软管

液压杆

图名	可倾式高杆灯结构示意图	图号	CZ6-5-1

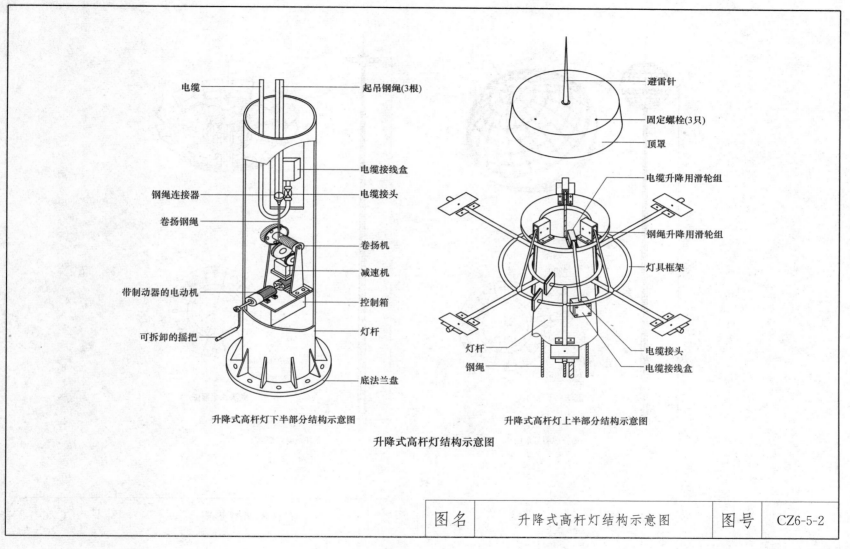

电缆

起吊钢绳(3根)

避雷针

固定螺栓(3只)

电缆接线盒

顶罩

钢绳连接器

电缆接头

电缆升降用滑轮组

卷扬钢绳

钢绳升降用滑轮组

卷扬机

减速机

灯具框架

带制动器的电动机

控制箱

可拆卸的摇把

灯杆

灯杆

电缆接头

底法兰盘

钢绳

电缆接线盒

升降式高杆灯下半部分结构示意图

升降式高杆灯上半部分结构示意图

升降式高杆灯结构示意图

图名	升降式高杆灯结构示意图	图号	CZ6-5-2

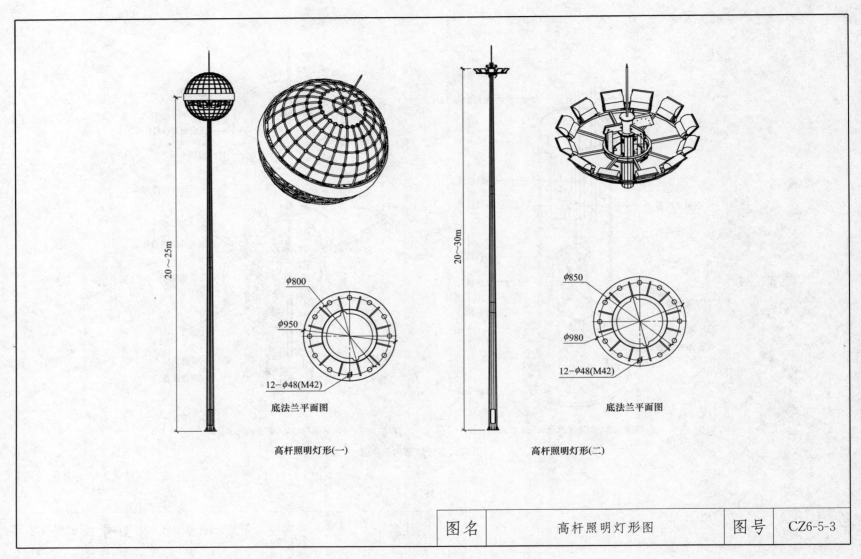

φ800

φ950

12-φ48(M42)

底法兰平面图

高杆照明灯形(一)

20～25m

φ850

φ980

12-φ48(M42)

底法兰平面图

高杆照明灯形(二)

20～30m

图名	高杆照明灯形图	图号	CZ6-5-3

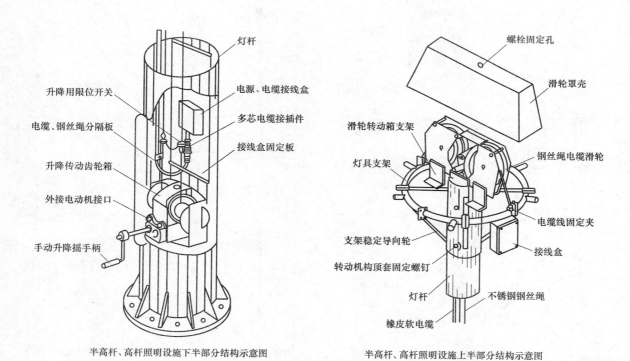

升降用限位开关

电缆、钢丝绳分隔板

升降传动齿轮箱

外接电动机接口

手动升降摇手柄

灯杆

电源、电缆接线盒

多芯电缆接插件

接线盒固定板

半高杆、高杆照明设施下半部分结构示意图

螺栓固定孔

滑轮罩壳

滑轮转动箱支架

钢丝绳电缆滑轮

灯具支架

电缆线固定夹

支架稳定导向轮

接线盒

转动机构顶套固定螺钉

灯杆

不锈钢钢丝绳

橡皮软电缆

半高杆、高杆照明设施上半部分结构示意图

半高杆、高杆照明设施结构示意图

| 图名 | 半高杆、高杆照明设施结构示意图 | 图号 | CZ6-5-4 |

263

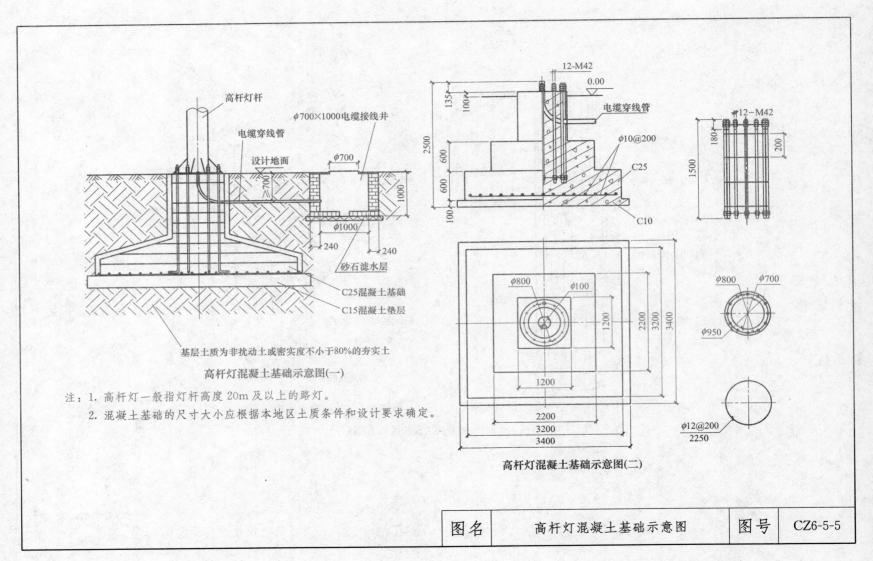

高杆灯杆

电缆穿线管

设计地面

$\phi700\times1000$电缆接线井

$\phi700$

砂石滤水层

C25混凝土基础

C15混凝土垫层

基层土质为非扰动土或密实度不小于80%的夯实土

高杆灯混凝土基础示意图(一)

注：1. 高杆灯一般指灯杆高度20m及以上的路灯。
　　2. 混凝土基础的尺寸大小应根据本地区土质条件和设计要求确定。

12-M42

0.00

电缆穿线管

$\phi10@200$

C25

C10

12-M42

高杆灯混凝土基础示意图(二)

$\phi800$　$\phi100$

$\phi800$　$\phi700$

$\phi950$

$\dfrac{\phi12@200}{2250}$

| 图名 | 高杆灯混凝土基础示意图 | 图号 | CZ6-5-5 |

CZ7 景观照明灯具安装

图名	景观照明灯具安装	图号	CZ7

〔又〕属効遁用」「具染

景观照明灯具安装

编制说明

本章节主要包括景观照明灯具安装。其中包括：硬质地面投光灯、草坪灯、线形灯、石材铺装地埋灯、干挂石材墙面点状灯具安装；绿化带门地面线形灯、草坪灯安装；嵌入式侧壁灯和筒灯安装；内透光窗帘盒线形灯；水下灯具（喷水池）和梯形台阶柔性灯带安装等。除设计有特殊要求外，一般要求如下：

1. 照明光源及其电器附件的选择应符合国家现行相关标准选用国家认证产品。在满足所期望达到的照明效果等要求条件下，应根据光源，灯具及镇流器等的性能和价格，在进行综合技术经济分析比较后确定。

2. 照明灯具选用应符合国家现行相关标准的有关规定。在满足眩光限制和配光要求条件下，应选用效率高的灯具。其中泛光灯灯具效率不应低于65%。

3. 景观照明灯具外壳防护等级不应低于IP54；埋地灯具外壳防护等级不应低于IP67；水下灯具外壳应采取防电击措施。

4. 灯具及安装固定件应具有防止脱落或倾倒的安全防护措施；对人员可触及的照明设备，当表面温度高于70℃时，应采取隔离保护措施。直接安装在可燃烧材料表面的灯具，应采用标有△F标志的灯具。

5. 除特殊场所、特殊要求外，照明装置在选用时应采用高效、长寿命、节能型光源，高效、节能型灯具，照明控制应采用

灵活、节能的控制方式。

6. 灯具内连接导线应采用铜芯绝缘电线或电缆，截面应大于0.5mm²，灯具外引电线应采用铜芯绝缘电线或电缆，截面应大于1.5mm²（特殊灯具除外）。

7. 室外照明装置的金属管、接线盒应采用防腐、防护性能好的产品，达到相应的防护要求。防水接线盒至灯具的金属软管应采用KV型电气导管或采用其他防水、防腐性能好的金属软管保护。软管长度不宜大于1.2m。

8. 灯具的选择应于使用场所相适应。在使用条件恶劣场所应使用Ⅲ类灯具，一般场所使用Ⅰ类或Ⅱ类灯具。人员密集场所，应考虑安全措施，如防玻璃破碎、防电击措施等。

9. 表面温度超过60℃的照明灯具，灯具周围及引线应采取隔热、散热、防火等防护措施。

10. 灯具距地面高度小于2.4m时，灯具外露可导电部分必须接地（PE）可靠，并应有专用接地螺栓，且有标识。

11. 灯具固定应符合下列规定：

（1）灯具重量3kg时，固定在螺栓或预埋构件上。

（2）特殊重量的灯具应预埋金属固定件，预埋件的规格根据灯具重量、由工程设计确定。

图名	编制说明	图号	CZ7

（3）灯具固定牢固可靠，不使用木楔，每个灯具固定用螺钉或螺栓不少于2个，当绝缘台直径在75mm及以下时，可采用1个螺钉或螺栓固定。

（4）固定灯具带电部件的绝缘材料以及提供防触电保护的绝缘材料，应耐燃烧和防明火。

12.潮湿及多尘场所、喷水池（水下灯及防水灯具）的接地应可靠，并有明显标识，其电源的专业漏电保护装置应全部检测合格，自电源引入灯具的导管必须采用绝缘导管，严禁采用金属或有金属保护层的导管。

13.建筑物景观照明灯具安装应符合下列规定：

（1）每套灯具的导电部分对地绝缘电阻应大于2MΩ。

（2）在人行道等人员来往密集场所安装的落地式灯具，无围栏防护，安装高度距地面2.5m以上。

（3）金属构架和灯具外露可导电部分及金属软管的接地（PE）可靠，且有标识。

（4）灯具构架应牢固可靠，地脚螺栓拧紧，备帽齐全；灯具的螺栓紧固、无遗漏。灯具外露的电线或电缆应有柔性金属导管保护。

14.庭院灯安装应符合下列规定：

（1）每套灯具的导电部分对地绝缘电阻值应大于2MΩ。

（2）立柱式路灯、落地式路灯、特种园艺灯等灯具与基础固定可靠，地脚螺栓备帽齐全。灯具的接线盒或熔断器盒，盒盖的防水密封垫完整。

（3）金属立柱及灯具外漏可导电部分接地（PE）可靠，接地线单设干线，干线沿庭院灯布置位置形成环状网，且不少于2

处与接地装置引出线连接，由干线引出支线与金属灯柱及灯具的接地端子连接，且有标识。

（4）灯具的自动通、断电源按制装置动作准确，每套灯具熔断器盒内熔丝齐全，规格与灯具适配。

15.景观照明工程交接验收时，应对下列项目进行检查：

（1）并列安装的相同型号的灯具中心轴线、垂直偏差、距地高度。

（2）大型灯具的固定、防松、防振措施。

（3）灯具试亮及灯具控制性能。

（4）接地、绝缘。

16.工程交接验收时，应提交下列技术资料和文件：

（1）竣工图。

（2）变更设计的证明文件。

（3）产品的说明书合格证等技术文件。

（4）安装技术记录。

（5）实验记录。包括灯具程序控制记录和大型重型灯具的固定及悬吊装置的过载实验记录。

图名	编制说明	图号	CZ7

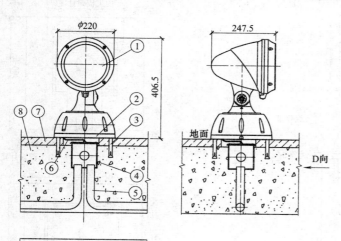

φ220

406.5

247.5

地面

D向

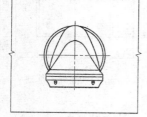

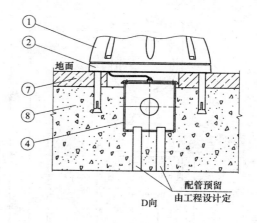

地面

配管预留
由工程设计定

D向

注：1. 预埋防水接线盒盖板应可拆卸、开启，便于维修。
　　2. PVC管或SC管、PE管预埋于硬质铺装层下，埋深应符合国家标准、敷设至预埋防水接线盒。
　　3. 电源线随预埋管、灯具尾线随金属软管敷设至预埋防水接线盒内相接。
　　4. 电缆型号及配管的管径根据现场灯具回路负荷选配。

材料明细表

编号	名称	型号及规格	单位	数量	备注
1	支架投光灯	由工程设计定	套	1	—
2	灯具底座	灯具配套	个	1	不锈钢
3	膨胀螺栓	M8×85	个	4	不锈钢
4	预埋防水接线盒	100×100	个	1	不锈钢
5	配管	由工程设计定	m	—	—
6	金属软管	由工程设计定	m	—	—
7	地面铺装层	—	—	—	—
8	混凝土层	—	—	—	—

图名	硬质地面支架投光灯安装图	图号	CZ7-1-1

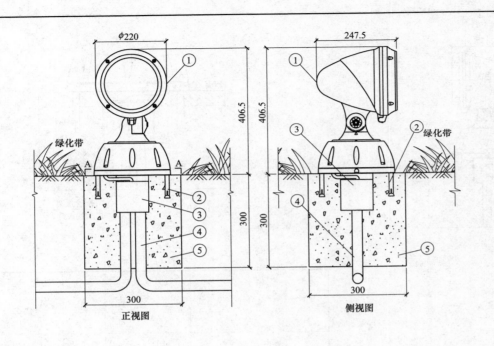

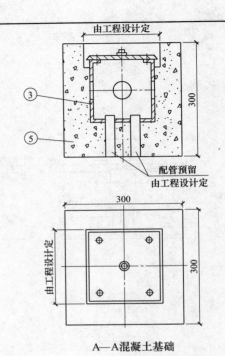

φ220

406.5

247.5

406.5

绿化带

绿化带

①

②

③

④

⑤

A   A

300

300

300

正视图

侧视图

由工程设计定

300

300

③

⑤

配管预留
由工程设计定

300

由工程设计定

300

A—A混凝土基础

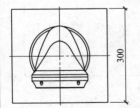

300

注：1. 预埋防水接线盒盖板应可拆卸、开启，便于维修。

2. PVC 管或 PE 管敷设于覆土层内，埋深应符合国家标准，敷设至
混凝土基础位置上引。

3. 采用 C20 混凝土现场浇筑混凝土基础，基础顶面标高根据现场绿
化情况调整。

4. 电源线随预埋管、灯具尾线随金属软管敷设至预埋防水接线盒内相接。

5. 电缆型号及配管的管径根据现场灯具回路负荷选配。

材料明细表

编号	名称	型号及规格	单位	数量	备注
1	投光灯	由工程设计定	套	1	
2	膨胀螺栓	M8×80	个	4	不锈钢
3	预埋防水接线盒	100×100	个	1	不锈钢
4	配管	由工程设计定	m	—	
5	C20 混凝土基础	—	个	1	

图名	草坪地埋支架投光灯安装图	图号	CZ7-1-2

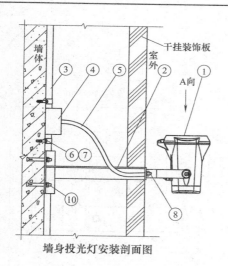

墙身投光灯安装剖面图

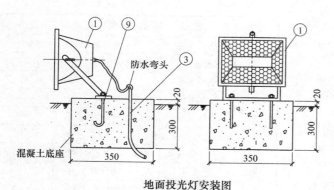

地面投光灯安装图

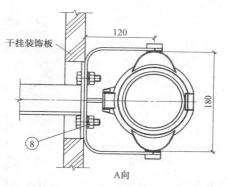

A向

注：1. 干挂内混凝土墙面敷设 PVC 管或 SC 管，用不锈钢骑马卡固定。
2. 每套灯安装一个接线盒，电源主线与灯具尾线连接于接线盒内。
3. 所有与外墙结合位置均做防水处理。
4. 电缆型号及配管的管径根据现场灯具回路负荷选配。

材料明细表

编号	名称	型号及规格	单位	数量	备注
1	投光灯	由工程设计定	套	1	
2	镀锌角钢支架	└ 30×30×3	个	1	CZ7-2-4
3	配管	由工程设计定	m	—	
4	接线盒	85×85×50	个	1	
5	金属软管	由工程设计定	m	—	
6	骑马卡	由工程设计定	个	2	CZ7-2-4
7	塑膨胀螺丝	由工程设计定	个	4	
8	螺栓	M8	个	2	不锈钢
9	螺栓	M10	个	2	不锈钢
10	膨胀螺栓	M8×85	个	2	不锈钢

图名	干挂石材墙身、地面投光灯安装图	图号	CZ7-1-3

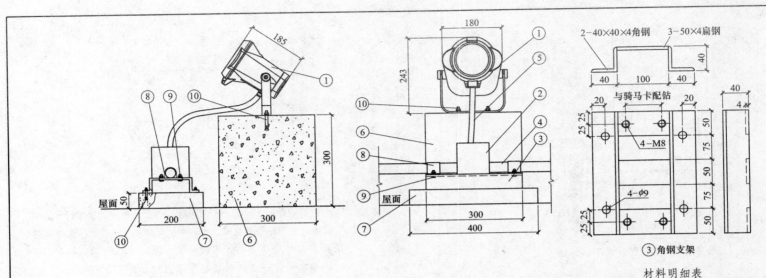

3∅角钢支架

材料明细表

编号	名称	型号及规格	单位	数量	备注
1	投光灯具	由工程设计定	套	1	
2	防水接线盒	100×100	个	1	不锈钢
3	角钢支架	—	个	1	
4	配管	由工程设计定	m	—	
5	金属软管	由工程设计定	m	—	
6	混凝土灯具基础	300×300×300	个	1	
7	混凝土支架基础	400×200×50	个	1	
8	骑马卡	由工程设计定	个	2	CZ7-2-4
9	螺栓	由工程设计定	个	4	不锈钢
10	膨胀螺栓	由工程设计定	个	4	不锈钢

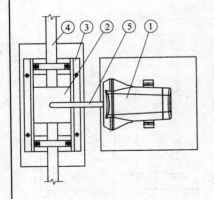

注：1. 防水接线盒盖板应可拆卸、开启，便于维修。
2. SC管用不锈钢骑马卡固定于支架上。
3. 采用C20混凝土现场浇筑300×300×300混凝土灯具基础及400×200×50混凝土支架基础。
4. 电源线随配管、灯具尾线随金属软管敷设至防水接线盒内连接。
5. 电缆型号及配管的管径根据现场灯具回路负荷选配。

图名	平屋面支架投光灯安装图	图号	CZ7-1-4

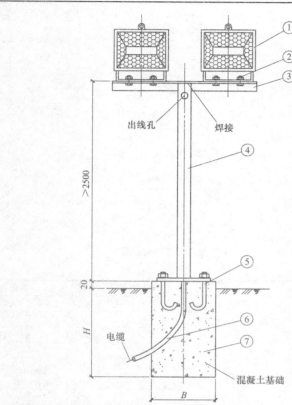

出线孔　　焊接

电缆

混凝土基础

注：混凝土基础可参照本图集第 231 页，
　　或由工程设计确定。

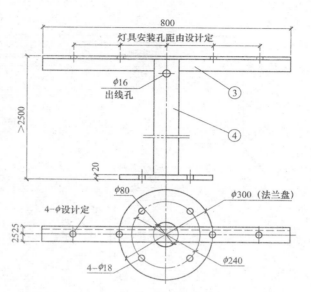

灯具安装孔距由设计定

$\phi16$
出线孔

$\phi80$
$\phi300$（法兰盘）

$4-\phi$设计定

$4-\phi18$　　　$\phi240$

材料明细表

编号	名称	型号及规格	单位	数量	备注
1	投光灯具	由工程设计定	套	1	
2	灯具固定螺栓	M10	个	4	不锈钢
3	镀锌角钢（50×50×5）	由工程设计定	m	—	
4	G80 镀锌灯杆	由工程设计定	m	—	
5	主筋螺栓	由工程设计定	个	4	
6	电线管	由工程设计定	m	—	
7	C20 混凝土基础	由工程设计定	个	1	

图名	泛光灯立柱安装图	图号	CZ7-1-5

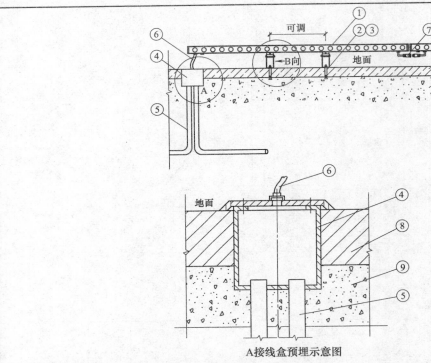

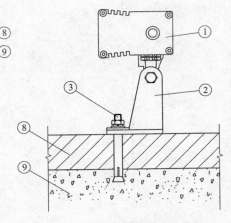

A接线盒预埋示意图

B向线形灯安装示意图

材料明细表

编号	名称	型号及规格	单位	数量	备注
1	LED 线形灯	由工程设计定	套	1	
2	线形灯可调支架	灯具配套	个	2	
3	膨胀螺栓	由工程设计定	个	2	不锈钢
4	预埋防水接线盒	100×100	个	1	不锈钢
5	配管	由工程设计定	m	—	
6	金属软管	由工程设计定	m	—	
7	防水插拔接头	灯具配套	个	1	
8	石材铺装层	—	—	—	
9	C20混凝土层	—	—	—	

注：1. 预埋防水接线盒盖板应可拆卸、开启，便于维修。
　　2. PVC管或SC管、PE管预埋于硬质铺装层下，埋深应符合国家标准，敷设至预埋防水接线盒。
　　3. 灯与灯之间串联连接，使用防水插拔接头。
　　4. 电源线随预埋管、灯具尾线随金属软管敷设至预埋防水接线盒内连接。
　　5. 电缆型号及配管的管径根据现场灯具回路负荷选配。

图名	硬质地面线形灯安装图	图号	CZ7-2-1

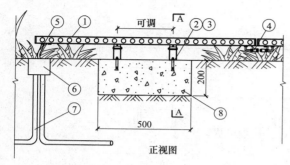

正视图

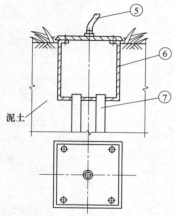

泥土

预埋防水接线盒安装

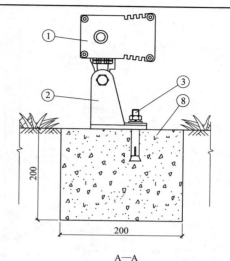

A—A

材料明细表

编号	名称	型号及规格	单位	数量	备注
1	LED线形灯	由工程设计定	套	1	
2	线形灯可调支架	灯具配套	个	2	
3	膨胀螺栓	M8	个	2	不锈钢
4	防水插拔接头	灯具配套	个	2	
5	金属软管	由工程设计定	m	—	
6	预埋防水接线盒	100×100	个	1	不锈钢
7	配管	由工程设计定	m	—	
8	混凝土基础	现浇	个	1	

注 1. 预埋防水接线盒盖板应可拆卸、开启，便于维修。

2. PVC 管或 PE 管敷设于覆土层内，埋深应符合国家标准，敷设至混凝土基础位置上引。

3. 采用 C20 混凝土现场浇筑 500×200×200 混凝土基础，基础顶面标高根据现场绿化情况调整。

4. 灯与灯之间串联连接，使用防水插拔口接头。

5. 电源线随预埋管、灯具尾线随金属软管敷设至预埋防水接线盒内相接。

6. 电缆型号及配管的管径根据现场灯具回路负荷选配。

图名	绿化内地埋线形灯安装图	图号	CZ7-2-2

275

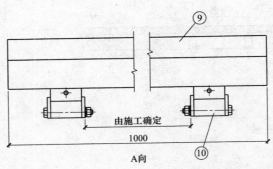

A向

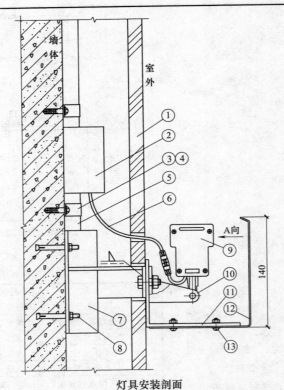

灯具安装剖面

材料明细表

编号	名称	型号及规格	单位	数量	备注
1	干挂装饰板	—	—	—	
2	接线盒	85×85×50	个	1	
3	骑马卡	不锈钢	个	1	CZ7-2-4
4	塑膨胀螺丝	由工程设计定	个	1	
5	配管	由工程设计定	m	—	
6	防水插接头线	由工程设计定	个	1	
7	镀锌角钢支架	∟30×30×3	个	2	CZ7-2-4
8	膨胀螺栓	M8×85	个	2	不锈钢
9	LED线形灯具	由工程设计定	套	1	
10	灯具支架	灯具配套	个	2	
11	装饰条支架	δ3mm	m	—	CZ7-2-4
12	不锈钢装饰条	δ1.5mm	m	—	CZ7-2-4
13	不锈钢螺栓	M6×10	个	—	

注：1. 干挂内混凝土墙面敷设 PVC 管或 SC 管，用不锈钢骑马卡固定。

2. 每套灯安装一个接线盒，电源主线与灯具尾线连接于接线盒内。

3. 所有与外墙结合位置均做防水处理。

4. 灯与灯之间串联连接，使用防水插拔接头。

5. 电缆型号及配管的管径根据现场灯具回路负荷选配。

图名	干挂墙面线形灯安装图（一）	图号	CZ7-2-3

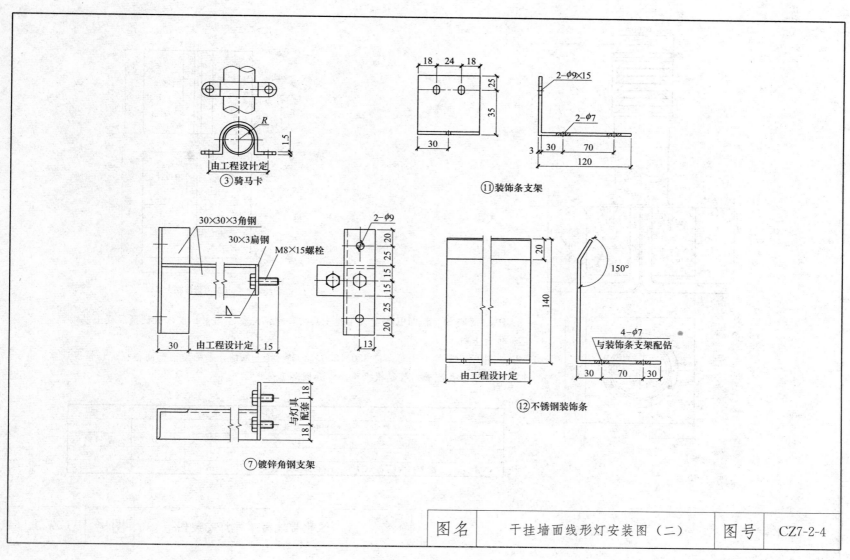

③ 骑马卡

由工程设计定

⑪ 装饰条支架

30×30×3角钢
30×3扁钢
M8×15螺栓
2-φ9

由工程设计定

⑦ 镀锌角钢支架

与灯具配套

⑫ 不锈钢装饰条

150°

4-φ7
与装饰条支架配钻

由工程设计定

| 图名 | 干挂墙面线形灯安装图（二） | 图号 | CZ7-2-4 |

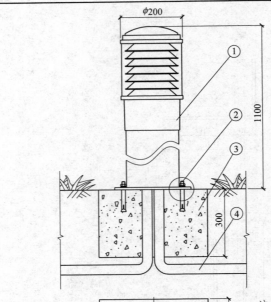

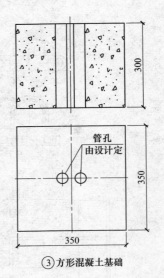

③ 方形混凝土基础

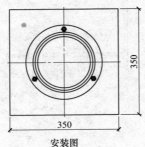

安装图

注 1. PVC管或SC管、PE管敷设于覆土层内，埋深应符合国家标准，敷设至混凝土基础位置上引。
2. 采用C20混凝土现场浇筑350×350×300混凝土基础，基础顶面标高根据现场情况调整。
3. 电缆型号及配管的管径根据现场灯具回路负荷选配。

材料明细表

编号	名称	型号及规格	单位	数量	备注
1	草坪灯	由工程设计定	套	1	
2	膨胀螺栓	M10×80	个	3	不锈钢
3	方形混凝土基础	—	个	1	
4	配管(PVC 或 SC)	由工程设计定	m	—	

图名	绿化带地面草坪灯安装图	图号	CZ7-3-1

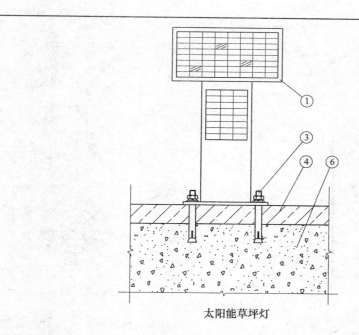

太阳能草坪灯

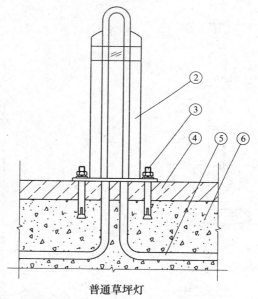

普通草坪灯

材料明细表

编号	名称	型号及规格	单位	数量	备注
1	太阳能草坪灯	由工程设计定	套	1	
2	普通草坪灯	由工程设计定	套	1	
3	膨胀螺栓	M8×80	个	—	不锈钢
4	石材铺装层	—		—	
5	PVC穿线管	由工程设计定	m	—	
6	C20混凝土层			—	

图名	石材铺装地面草坪灯安装图	图号	CZ7-3-2

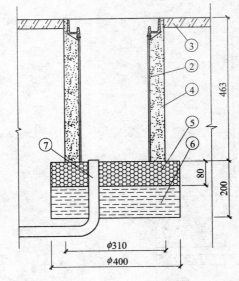

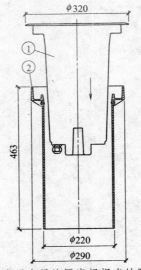

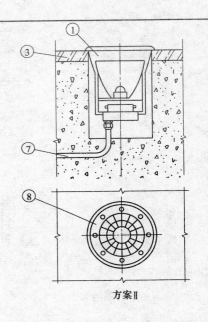

方案Ⅱ

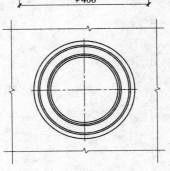

方案Ⅰ

注：1. 碎石排水层和砂土吸水层的厚度根据当地降水
情况决定，一般不小于200mm。

2. PVC管或SC管、PE管预埋于硬质铺装层下，
埋深应符合国家标准，敷设至地埋灯筒身内。

3. 机械开孔后，将地埋灯筒身预埋件固定于孔
内，预埋件外壁与混凝土层夹层内填充混凝土
砂浆、固定预埋件及调整标高。

4. 为便于安装与维修，地埋灯具与地埋灯筒身为
可拆卸式。

5. 电缆型号及配管的管径根据现场灯具回路负荷
选配。

材料明细表

编号	名称	型号及规格	单位	数量
1	地埋灯具	由工程设计定	套	1
2	地埋灯筒身	灯具配套	套	1
3	硬质铺装地面	—	—	—
4	现浇混凝土砂浆	—	—	—
5	碎石	—	—	—
6	沙土	—	—	—
7	配管	由工程设计定	m	—
8	网状防护网	灯具配套	套	1

图名	石材铺装地埋灯安装图	图号	CZ7-4

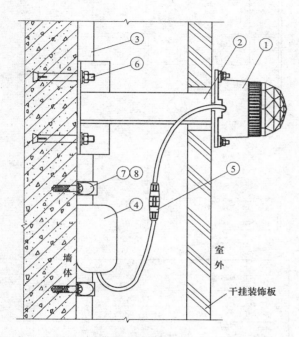

点光源安装剖面图

注：1. 干挂内混凝土墙面敷设 PVC 管或 SC 管，用不锈钢骑马卡固定。

2. 每套灯安装一个接线盒，电源主线与灯具尾线连接于接线盒内。

3. 所有与外墙结合位置均做防水处理。

4. 电缆型号及配管的管径根据现场灯具回路负荷选配。

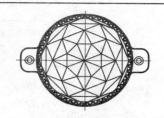

① 灯具平面图

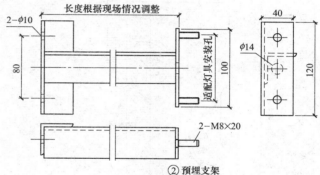

② 预埋支架

材料明细表

编号	名称	型号及规格	单位	数量	备注
1	点状灯具	由工程设计定	套	1	
2	预埋支架	∟40×40×4	个	1	
3	配管	由工程设计定	m	—	
4	接线盒	85×85×50	个	1	
5	防水插接头	由工程设计定	个	1	
6	膨胀螺栓	M8×80	个	2	不锈钢
7	骑马卡	由工程设计定	个	2	CZ7-2-4
8	塑膨胀螺丝	由工程设计定	个	4	

图名	干挂墙面点状灯具安装图	图号	CZ7-5-1

281

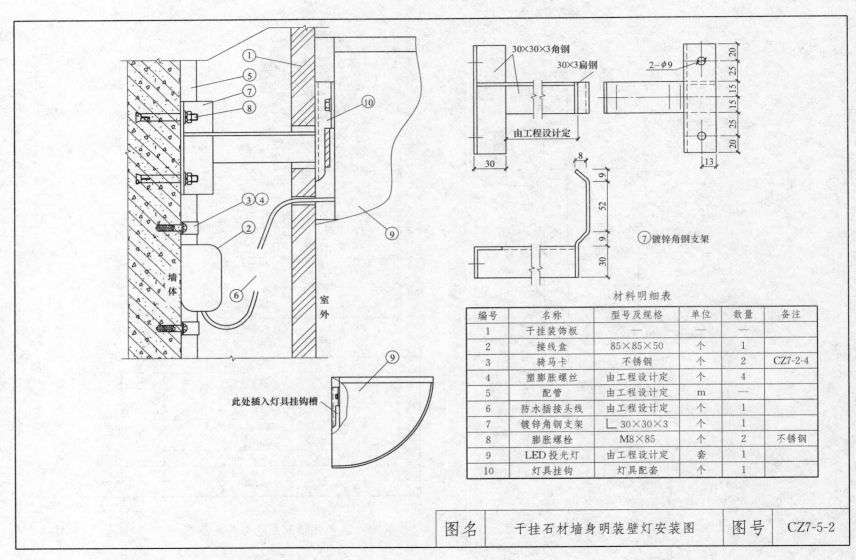

材料明细表

编号	名称	型号及规格	单位	数量	备注
1	干挂装饰板	一	一	一	
2	接线盒	85×85×50	个	1	
3	骑马卡	不锈钢	个	2	CZ7-2-4
4	塑膨胀螺丝	由工程设计定	个	4	
5	配管	由工程设计定	m	一	
6	防水插接头线	由工程设计定	个	1	
7	镀锌角钢支架	∟30×30×3	个	1	
8	膨胀螺栓	M8×85	个	2	不锈钢
9	LED投光灯	由工程设计定	套	1	
10	灯具挂钩	灯具配套	个	1	

图名	干挂石材墙身明装壁灯安装图	图号	CZ7-5-2

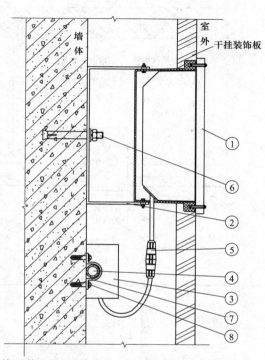

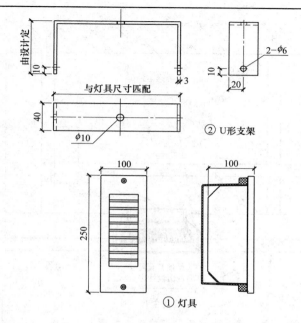

① 灯具

② U形支架

注：1. 干挂内混凝土墙面敷设 PVC 管或 SC 管，用不锈钢骑马卡固定。
　　2. 每套灯安装一个接线盒，电源主线与灯具尾线连接于接线盒内。
　　3. 干挂石材为灯具预埋件预留长方形孔洞 245×95。
　　4. 所有与外墙结合位置均做防水处理。
　　5. 灯与灯之间串联连接，使用防水插拔口接头。
　　6. 电缆型号及配管的管径根据现场灯具回路负荷选配。

材料明细表

编号	名称	型号及规格	单位	数量	备注
1	灯具	由工程设计定	套	1	
2	U形支架	一40×3 扁钢	个	1	
3	接线盒	85×85×50	个	1	
4	配管	由工程设计定	m	—	
5	防水插接头	由工程设计定	个	1	
6	膨胀螺栓	由工程设计定	个	1	不锈钢
7	骑马卡	—	个	1	CZ7-2-4
8	塑膨胀螺丝	由工程设计定	个	2	

图名	嵌入式侧壁灯（干挂墙面）	图号	CZ7-5-3

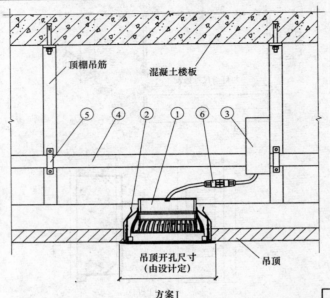

顶棚吊筋　　混凝土楼板

⑤ ④ ② ① ⑥ ③

吊顶开孔尺寸
（由设计定）

吊顶

方案Ⅰ

顶棚吊筋　　混凝土楼板

① ⑥ ③

由工程
设计定

吊顶

方案Ⅱ

注：1. 吊顶内敷设 PVC 管，在吊顶施工时即将管线敷设好，并用
　　　不锈钢骑马卡固定。
　　2. 每套灯安装一个接线盒，电源主线与灯具尾线连接于接线
　　　盒内。
　　3. 方案Ⅰ吸顶筒灯，灯具固定弹片紧扣吊顶板。
　　4. 电缆型号及配管的管径根据现场灯具回路负荷选配由工程
　　　设计定。

材料明细表

编号	名称	型号及规格	单位	数量	备注
1	吸顶筒灯	由工程设计定	套	1	
2	固定弹片	—	个	2	
3	接线盒	85×85×50	个	1	JD 或 PVC
4	配管	由工程设计定	m	—	JD 或 PVC
5	骑马卡	由工程设计定	个	—	CZ7-2-4
6	防水插接头	由工程设计定	个	—	

图名	顶棚嵌入式筒灯安装大样图	图号	CZ7-6-1

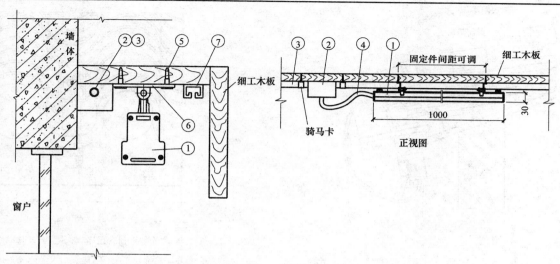

正视图

注：1. 敷设PVC管、SC管或JDG至接线盒，用不锈钢骑马卡固定于细工木板上。

2. 电源线随配管、灯具尾线随金属软管敷设至接线盒内相接。

3. 电缆型号及配管的管径根据现场灯具回路负荷选配。

材料明细表

编号	名称	型号及规格	单位	数量
1	线型投光灯	由工程设计定	套	1
2	接线盒	86×86×50	个	1
3	配管	由工程设计定	m	—
4	金属软管	由工程设计定	m	—
5	自攻螺丝	由工程设计定	个	4
6	灯具固定支架	灯具配套	个	1
7	窗帘导轨	由工程设计定	个	1

图名	内透光窗帘盒线型灯安装图	图号	CZ7-6-2

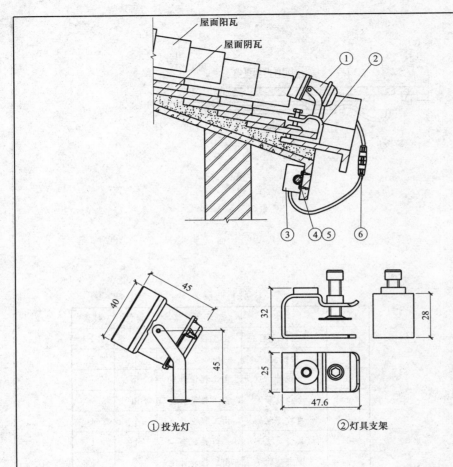

① 投光灯

② 灯具支架

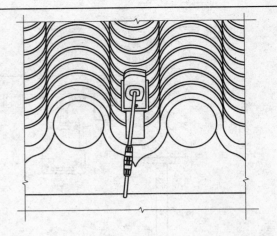

注：1. 檐口板内侧敷设 PVC 管或 SC 管至接线盒，用不锈钢骑马
卡固定。
2. 投光灯用灯具支架固定于屋面瓦当之上。
3. 电源线随配管、灯具尾线随金属软管敷设至接线盒内相接。
4. 电缆型号及配管的管径根据现场灯具回路负荷选配。

材料明细表

编号	名称	型号及规格	单位	数量	备注
1	投光灯	由工程设计定	套	—	
2	灯具支架	灯具配套	个	—	
3	接线盒	86×86×50	个	1	
4	配管	由工程设计定	m	—	
5	骑马卡	由工程设计定	个	1	CZ7-2-4
6	防水插接头	由工程设计定	个	1	

图名	瓦屋面投光灯（瓦楞灯）安装图	图号	CZ7-7-1

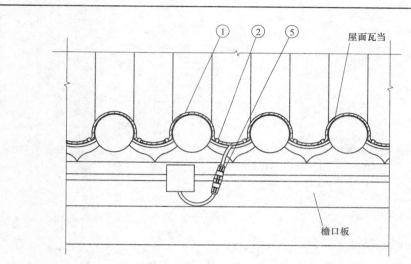

屋面瓦当

檐口板

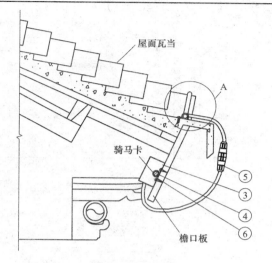

屋面瓦当

A

骑马卡

檐口板

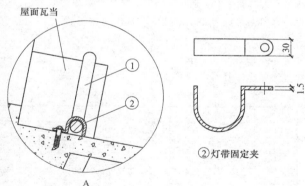

②灯带固定夹

A

注：1. 檐口板内侧敷设 PVC 管或 SC 管至接线盒，用不锈钢骑马
　　　卡固定。
　　2. 条形灯带用灯具固定夹固定于屋面瓦当之上。
　　3. 电源线随配管，灯具尾线随金属软管敷设至接线盒内相接。
　　4. 电缆型号及配管的管径根据现场灯具回路负荷选配。

材料明细表

编号	名称	型号及规格	单位	数量	备注
1	条形灯带	由工程设计定	套	1	
2	灯带固定夹	镀锌扁钢或不锈钢	个	1	
3	接线盒	86×86×50	个	1	
4	配管	由工程设计定	m	—	
5	防水插接头	由工程设计定	个	1	
6	骑马卡	由工程设计定	个	1	CZ7-2-4

图名	坡屋面条形灯安装图	图号	CZ7-7-2

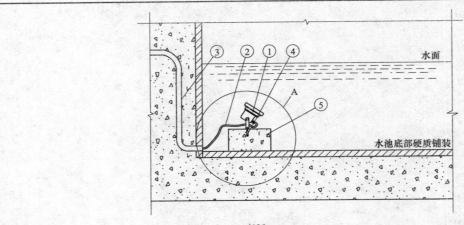

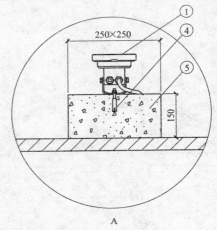

A

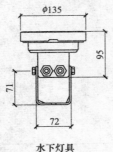

水下灯具

注：1. 水下灯尾线需使用防水型电缆。
    2. PVC管或SC管、PE管预埋于硬质铺装层后面混凝土内。
    3. 电源线、灯具尾线连接于水池旁的接线井内。
    4. 若需在水中制作接线头，需使用防水型接线盒。
    5. 预埋管口，铺装开孔处用硅胶密封。
    6. 电缆型号根据现场灯具回路负荷选配。

材料明细表

编号	名称	型号及规格	单位	数量	备注
1	水下灯具	由工程设计定	套	1	
2	电缆	防水型	m	—	
3	配管	—	m	—	
4	膨胀螺丝	由工程设计定	个	1	不锈钢
5	C20混凝土基础	250×250×150	个	1	

图名	硬质地面水下照明灯安装图	图号	CZ7-8-1

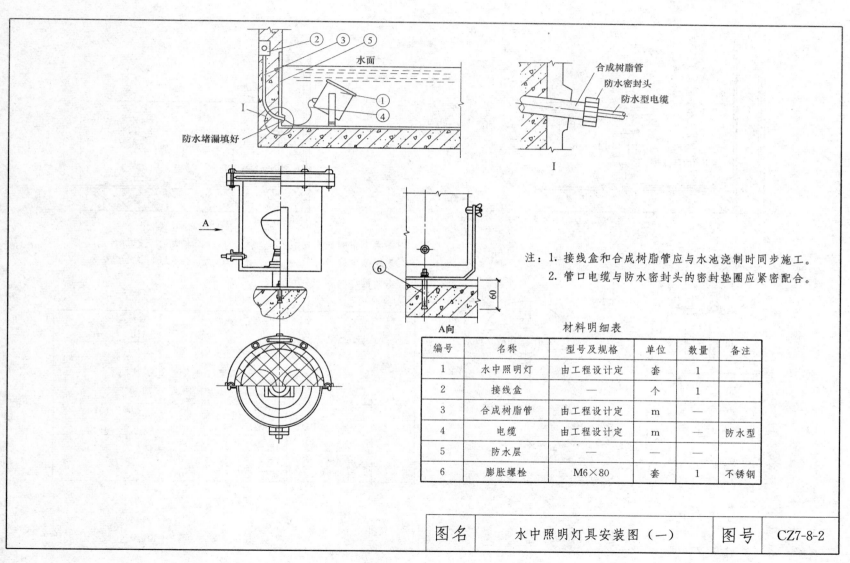

水面

合成树脂管
防水密封头
防水型电缆

防水堵漏填好

I

A

A向

注：1. 接线盒和合成树脂管应与水池浇制时同步施工。
　　2. 管口电缆与防水密封头的密封垫圈应紧密配合。

材料明细表

编号	名称	型号及规格	单位	数量	备注
1	水中照明灯	由工程设计定	套	1	
2	接线盒	—	个	1	
3	合成树脂管	由工程设计定	m	—	
4	电缆	由工程设计定	m	—	防水型
5	防水层	—	—	—	
6	膨胀螺栓	M6×80	套	1	不锈钢

图名	水中照明灯具安装图（一）	图号	CZ7-8-2

289

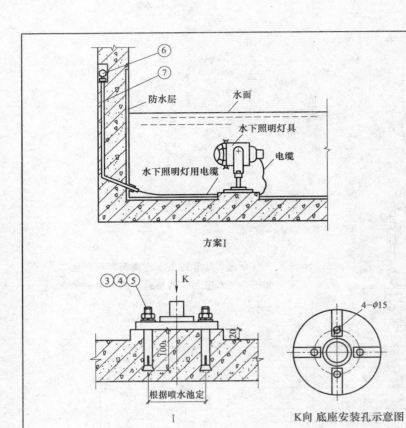

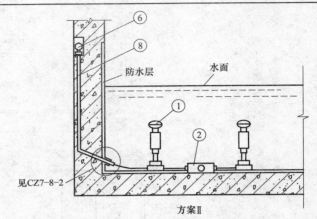

防水层

水面

水下照明灯具

电缆

水下照明灯用电缆

方案Ⅰ

③④⑤

K

4-φ15

根据喷水池定

Ⅰ

K向 底座安装孔示意图

防水层

水面

见CZ7-8-2

方案Ⅱ

注：1. 方案Ⅰ中的底座安装孔及相配的膨胀螺栓，按所选灯具的实际
尺寸确定。

2. 水面离灯面 50～70mm。

材料明细表

编号	名称	型号及规格	单位	数量 Ⅰ Ⅱ		备注
1	喷水池灯	由工程设计定	套	1	2	
2	水下接线盒	二、三、四通	个	—	1	钢质接线盒，橡胶圈密封
3	螺母	M12	个	4	—	GB 41—86
4	垫圈	12	个	4	—	GB 41—85
5	膨胀螺栓	M12×160	个	4	—	
6	接线盒	由工程设计定	个	1	1	
7	合成树脂管	由工程设计定	m	—	—	
8	套管	由工程设计定	m	—	—	

图名	水中照明灯具安装图（二）	图号	CZ7-8-3

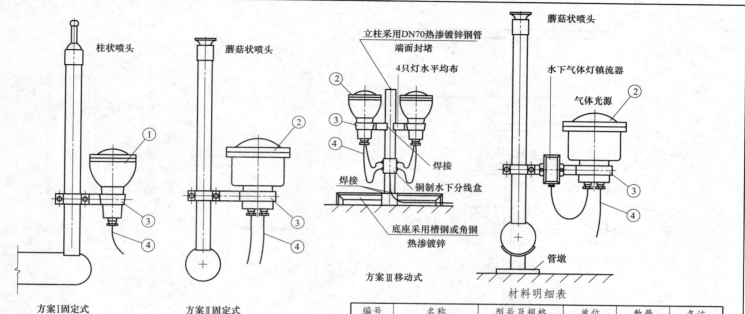

柱状喷头

蘑菇状喷头

立柱采用DN70热渗镀锌钢管
端面封堵

4只灯水平均布

蘑菇状喷头

水下气体灯镇流器

气体光源

焊接

铜制水下分线盒

焊接

底座采用槽钢或角钢
热渗镀锌

方案Ⅲ移动式

管墩

方案Ⅰ固定式

方案Ⅱ固定式

材料明细表

注：1. 电源的专用漏电保护装置应全部检测合格。

2. 自电源引入灯具的导管必须采用绝缘导管，严禁采用金属或有金属
保护层的导管。

编号	名称	型号及规格	单位	数量	备注
1	水下灯具	单进线口	套	1	IP68
2	水下灯具	双进线口	套	1	IP68
3	扁钢固定支架	由工程设计定	副	—	灯具配套
4	电源线	水下电缆	m	—	施工时配

图名	水下灯具（喷水池）安装图	图号	CZ7-8-4

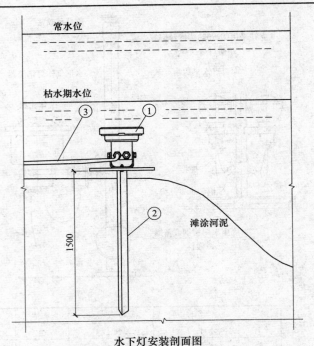

水下灯安装剖面图

常水位

枯水期水位

滩涂河泥

1500

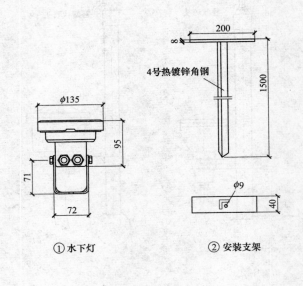

200

4号热镀锌角钢

1500

φ135

95

71

72

φ9

40

① 水下灯

② 安装支架

注：1. 水下灯尾线需使用防水型电缆。
　　2. 电源线、灯具尾线连接于驳岸旁的接线井内。
　　3. 若需在水中制作接线头，需使用防水型接线盒。
　　4. 电缆型号根据现场灯具回路负荷选配。
　　5. 安装支架必须整体热镀锌。

材料明细表

编号	名称	型号及规格	单位	数量	备注
1	水下灯	由工程设计定	套	1	IP68
2	安装支架	—	个	1	
3	电缆	防水型	m	—	

图名	软质池底水下照明灯安装图	图号	CZ7-8-5

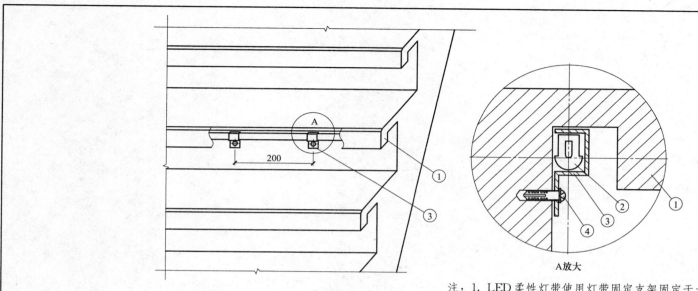

注：1. LED 柔性灯带使用灯带固定支架固定于大理石台阶檐口下。
2. 电缆型号及配管的管径根据现场灯具回路负荷选配。

A放大

③灯带固定支架

材料明细表

编号	名称	型号及规格	单位	数量	备注
1	大理石台阶	工程设计定	—	—	或其他梯形台阶
2	LED 柔性灯带	工程设计定	m	—	
3	灯带固定支架	不锈钢	个	1	
4	膨胀螺栓	工程设计定	个	1	

图名	梯形台阶柔性灯带安装图	图号	CZ7-9

CZ8 城市照明节能

图名	城市照明节能	图号	CZ8

城市照明节能

编制说明

城市照明的主要任务是实现绿色照明，我国是一个生产与使用照明产品的大国，城市照明科技发展十分迅速，照明新产品、新技术和新方法层出不穷，以保证照明质量为前提，实现城市照明控制智能化，推广应用成熟的节能设备和节能技术。

本章节主要是城市照明节能设备安装。其中包括：城市照明器材、设计节能；LPD值要求及计算；城市照明智能控制系统功能模块；智能控制传输方式；降压控制节能系统等。除设计有特殊要求外，一般要求如下：

1. 照明设计时应合理选定照明标准值，并提出多种符合照明标准要求的设计方案，进行技术经济综合分析比较，从中选择技术先进、经济合理又节约能源的最佳方案。

2. 照明器材的选择应符合下列要求：

（1）光源及镇流器的性能指标应符合国家现行有关能效标准规定的节能评价值要求；

（2）选择灯具时，在满足灯具相关标准以及光强分布和眩光限制要求的前提下，采用传统光源的常规道路照明灯具效率不得低于70％；泛光灯效率不得低于65％。

3. 气体放电灯应在灯具内设置补偿电容器，或在配电箱（屏）内采取集中补偿，补偿后系统的功率因数不应小于0.85。

4. 除居住区和少数有特殊要求的道路外，在深夜宜选择下列措施降低路面亮度（或照度）：

（1）采用能在深夜自动降低光源功率的装置，根据夜间不同时间段的道路交通流量、车速、环境亮度的变化等因素，确定相

应时段要达到的照明等级。且快速路、主干路、次干路的路面平均照度不得低于10lx，支路的路面平均照度不得低于8lx；

（2）采用双光源气体放电灯的灯具，可在深夜时关闭一只光源；

（3）关闭不超过半数的灯具，但不得同时关闭沿道路纵向相邻的两盏灯具。

5. 应选择合理的控制方式，并采用可靠度高和一致性好的控制设备。

6. 应制定维护计划，宜定期清扫灯具、光源更换及其他设施的维护。

7. 城市照明节能设备工程交接检查验收应符合下列规定：

（1）节能设备的固定及接地应可靠，漆层完好，清洁整齐；

（2）节能设备内所装电器元件应齐全完好，绝缘合格，安装位置正确、牢固；接线应准确，连接可靠，标志清晰、安全；

（3）城市照明节能器材应推广能效等级达到节能评价值的产品。

8. 城市照明节能设备工程交接验收应提交下列资料和文件：

（1）工程竣工图等资料；

（2）设计变更文件；

（3）产品说明书、试验记录、合格证及安装图纸等技术文件；

（4）备品备件清单；

（5）调试试验记录。

图名	编制说明	图号	CZ8

城市照明器材

1 光源

光源节能主要取决于光源的光效和光衰指标，综合考虑显色性、使用寿命、启动特性等因素。

1.1 高压钠灯：在快速路、主干路、次干路和支路宜采用高压钠灯。选用的高压钠灯其能效指标应达到或超过《高压钠灯能效限定值及能效等级》GB 19573 规定的节能评价值，并优先选用达到标准规定的能效等级 1 级的产品（高压钠灯能效等级详见表 1.1）。

表 1.1 高压钠灯能效等级

额定功率（W）	最低平均初始光效值（lm/W）		
	能效等级		
50	78	68	61
70	85	77	70
100	93	83	75
150	103	93	85
250	110	100	90
400	120	110	100
1000	130	120	108

注：1 1级是优质品；2级是一等品；3级是合格品。

　　2 光通量维持率：燃点 2000h 时，50W、70W、100W、1000W 不应低于 85%，150W、250W、400W 不应低于 90%。

1.2 金属卤化物灯：在市中心、商业中心等对颜色识别要求较高的机动车交通道路、商业区步行街、居住区机动车交通道路和人行道路宜采用金属卤化物灯。选用金属卤化物灯其能效指标应达到《金属卤化物灯能效限定值及能效等级》GB 20054 规定的节能评价值，并优先选用能效等级达到一级的产品。同时优先选用与标准高压钠灯镇流器和触发器兼容的产品，推荐选用显色指数不小于 80 的金属卤化物灯（金属卤化物灯能效等级详见表 1.2）。

表 1.2 金属卤化物灯能效等级

额定功率（W）	最低初始光效值（lm/W）		
	1 级	2 级	3 级
175	86	78	60
250	88	80	66
400	99	90	72
1000	120	110	88
1500	110	103	83

注：金属卤化物灯在燃点到 2000h 时，175W、250W、400W、1000W 光通量维持率不应低于 75%，1500W 燃点 500h 光通量维持率不应低于 75%。

1.3 LED 灯：LED 灯有无频闪、无启动延时、绿色环保无污染、节能等优点。采用 LED 的基本原则有：

1.3.1 LED 灯具应符合安全可靠、技术先进、经济合理、节能环保、维修方便的要求。

1.3.2 LED 灯具性能及使用寿命应符合《LED 城市道路照明应用技术要求》的规定。

1.3.3 使用 LED 灯具的道路照明的评价指标应符合《城市道路照明设计标准》CJJ 45 的规定。

1.3.4 LED 灯具的电子控制装置及光源模组等灯具部件应便于现场更换和维修，且电子控制装置应满足互换使用要求，光源模组宜满足互换使用要求。

图名	城市照明器材（一）	图号	CZ8-1

1.3.5 LED灯具除应符合本节1.3.1～1.3.4条原则外，尚应符合国家现行有关标准的规定。LED灯具效能不应低于表1.3.5的规定。

表1.3.5 LED灯具的效能限值

色温 T_c(K)	2700/3000	3500/4000
灯具效能限值(lm/W)	90	95

2 镇流器

镇流器是电气附件中节能的重要器件。在150W及以下的小功率光源可考虑使用电子镇流器，电子镇流器要求抗干扰性能强。高压钠灯和金属卤化物灯的镇流器应采用能效指标能效因数BEF达到《高压钠灯用镇流器能效限定值及节能评价值》GB 19574和《金属卤化物灯用镇流器能效限定值及能效等级》GB 20053规定的能效限定值标准的产品。与高强度气体放电灯配套的触发器、镇流器等控制器件的寿命必须与光源寿命、启动特性等一并考虑。使用电感镇流器的气体放电灯线路应采取电容补偿，使功率因数不低于0.85。直管形荧光灯应配用电子镇流器或节能型电感镇流器。电子镇流器平均寿命不应小于20000h，其安全性、电磁兼容性和谐波失真应达到国家相应标准。

2.1 镇流器的类别：气体放电灯的镇流器主要分两大类，即电感镇流器和电子镇流器。电感式镇流器包括普通型和节能型。荧光灯用交流电子镇流器包括可控式电子镇流器和应急照明用交流/直流电子镇流器。

2.2 镇流器的标准：近几年我国修订和制定的镇流器标准，包括安全要求、性能要求、特殊要求和能效标准。有关性能要求和能效限定值及节能评价的标准名称和编号列于表2.2。

表2.2 镇流器性能指标和能效标准

序号	标准名称	标准编号
1	管形荧光灯用镇流器性能要求	GB/T 14044
2	灯用附件放电灯（管形荧光灯除外）用镇流器性能要求	GB/T 15042/IEC 60923
3	管形荧光灯用交流电子镇流器性能要求	GB/T 15144/IEC 60929
4	管形荧光灯镇流器能效限定值及节能评价值	GB 17896
5	高压钠灯用镇流器能效限定值及节能评价值	GB 19574
6	金属卤化物灯用镇流器能效限定值及能效等级	GB 20053

2.3 镇流器的能效值：镇流器是一个高耗能器件，规定能效值是镇流器节能的重要因素。能效值（包括能效限定值和节能评价值）用镇流器能效因数表示。能效限定值是必须达到的最低限值，属强制性标准。

能效因数应按下式计算：

$$BEF = \frac{\mu}{P} \times 100 \qquad (2.3)$$

式中 BEF——镇流器能效因数；

μ——镇流器流明系数值；

P——线路功率，W。

金属卤化物灯用镇流器的能效等级分为三级，其中1级最高，为未来实质的节能评价值，2级为现行节能评价值，3级为能效限定值。各级能效因数不应低于表2.3.1-1的规定。高压钠灯用镇流器的能效限定值和节能评价值不应低于表2.3.1-2的规定。

图名	城市照明器材（二）	图号	CZ8-1

表 2.3.1-1　金属卤化物灯用镇流器的效能等级

额定功率（W）	175	250	400	1000	1500
BEF 1级	0.514	0.362	0.233	0.0958	0.0638
2级	0.488	0.344	0.220	0.0910	0.0606
3级	0.463	0.326	0.209	0.0862	0.0574

表 2.3.1-2　高压钠灯镇流器能效因数

额定功率（W）		70	100	150	250	400	1000
BEF	能效限定值	1.16	0.83	0.57	0.340	0.214	0.089
	目标能效限定值	1.21	0.87	0.59	0.354	0.223	0.092
	节能评价值	1.26	0.91	0.61	0.367	0.231	0.095
计算式	镇流器的能效因数应按下式计算：$$BEF = \mu / P \times 100$$ 式中　BEF——镇流器效能因数$[1/W(W^{-1})]$；　　　　μ——镇流器流明系数；　　　　P——线路功率（W）。$$\mu = \phi_1 / \phi$$ 式中　ϕ_1——基准灯与被测镇流器配套工作时的光通量（lm）；　　　　ϕ——基准灯与基准镇流器配套工作时的光通量（lm）。						

3　灯具的选择

灯具选择得好坏，直接影响到道路照明工程质量和运行维护管理的经济效益，应充分了解灯具的主要结构、特性和技术指标。

3.1　城市机动车道照明应采用符合下列规定的功能性灯具：

3.1.1　快速路、主干路必须采用截光型或半截光型灯具；

3.1.2　次干路应采用半截光型灯具；

3.1.3　支路宜采用半截光型灯具。

3.2　商业区步行街、人行道路、人行地道、人行天桥以及有必要单独设灯的非机动车道宜采用功能性和装饰性相结合的灯具。当采用装饰性照明灯具时，其上射光通量比不应大于25%，且机械强度应符合《灯具　第1部分：一般安全要求与实验》GB 7000.1 的规定。

3.3　采用高杆照明时，应根据场所的特点，选择具有合适功率和光分布的泛光灯或截光型灯具。

3.4　为了提高灯具的反射效率，应采用密封型灯具，光源腔的防护等级不应低于 IP54。环境污染严重、维护困难的道路和场所，光源腔的防护等级不应低于 IP65。灯具电气腔的防护等级不应低于 IP43。

3.5　空气中酸碱等腐蚀性气体含量高的道路或场所，宜采用耐腐蚀性能好的灯具。

3.6　通行机动车的大型桥梁等易发生强烈振动的场所，采用的灯具应符合《灯具　第1部分一般安全要求与实验》GB 7000.1 规定的防振要求。

3.7　选择灯具时，在满足灯具相关标准及光强分布和眩光限制要求的前提下，常规道路照明灯具效率不得低于70%；泛光灯效率不得低于65%。

3.8　灯具应设计合理，配光好，并整体考虑节能性和经济性，防止灯具因散热性能不好而缩短光源和电器的寿命。配用无极灯、LED光源的灯具应进行专门设计，灯具效率、配光曲线、防护等级和散热性能等均应符合道路照明灯具的相关标准和要求。高强度气体放电灯具效率参见表3.8.1。

表 3.8.1　高强度气体放电灯灯具效率

灯具出口形式	敞开	带格栅或透光罩
灯具效率	75%	55%

图名	城市照明器材（三）	图号	CZ8-1

城市照明节能

1 无功补偿节能

气体放电灯电流和电压间有相位差，加之串接的镇流器为电感性的，所以照明线路的功率因数较低（一般为 0.35～0.55）。为提高线路的功率因数，减少线路损耗，可以利用电容补偿来提高线路功率因数。电容补偿分集中补偿和单灯补偿。

集中补偿是在配电设施内设置补偿电容，由设计根据系统确定补偿电容大小后，一般采取共补 60%、分补 40% 的比例来配置补偿电容。采用集中补偿方式安装方便、维护简单。

单灯补偿是在灯具中设置补偿电容，单灯补偿更有效，措施是在镇流器的输入端接入一适当容量的电容器，可将单灯功率因数提高到 0.85～0.9。

表 1.0.1 为气体放电灯补偿电容器选用表。

2 降压控制节能器

2.1 降压控制节能器工作原理：降压控制节能是采用国际最新电力电子技术，通过 AC-AC 矩阵变换实现合理功率控制与分配以达到节能目的。它采用"光控＋时控"的混合控制策略，由嵌入于控制电路中的智能化控制软件调节 PWM 控制信号的占空比，进而调节设备输出的电能量幅值，从而实现按需照明。降压控制节能器工作原理见图 2.1.1-1，内部电路主要结构见图 2.1.1-2。

表 1.0.1 气体放电灯补偿电容器选用表

光源种类及规格		补偿电容量（μF）	工作电流(A)		补偿后功率因数
			无电容补偿	有电容补偿	
普通高压钠灯	50W	10	0.76	0.3	≥0.90
	70W	12	0.98	0.42	
	100W	15	1.24	0.59	
	150W	22	1.8	0.88	
	250W	35	3.1	1.40	
	400W	55	4.6	2.00	
	1000W	122	10.3	4.80	
金属卤化物灯	150W	13		0.76	≥0.90
	175W	13		0.90	
	250W	18		1.26	
	400W	26		2.0	
	1000W	30		5.0	
	1500W	38		7.5	
荧光灯	18W	2.8	0.164	0.091	≥0.90
	30W	3.75	0.273	0.152	
	36W	4.75	0.327	0.182	

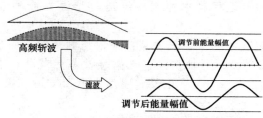

图 2.1.1-1 高频 PWM 调制斩波技术调节原理

图名	城市照明节能（一）	图号	CZ8-2

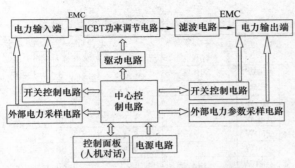

图 2.1.1-2 降压控制节能器内部电路主结构

2.2 降压控制节能器优点：降压控制节能器可根据照明及节能需求，为照明系统实现在零功率～满功率范围内动态无级调节。同时它具备灵活的现场可编程设计，可适时调节设备工作状态，并且具有智能化的控制系统，设备能够根据现场情况，在一定程度上自行做出判断处理，真正做到智能调节，实现按需照明，最大程度上节约能源。它还具有更安全、更节电、更智能、更绿色、便于远程集中控制、能延长光源寿命和安装简单等特点。

2.3 降压控制节能器安装：降压控制节能器必须安装在无水滴、无蒸汽、无油性灰尘、无腐蚀及易燃气体、液体的环境中，环境温度为 −40℃～65℃，温度大于 35℃时，需保持良好通

风。动态节能照明电源采用落地安装时需要将设备安装在定制的外柜中以确保安全，定制的外柜同样需要留有散热窗口，以保证正常散热。同时需要根据现场情况制作设备安装基础。安装示意图见图 2.3.1。

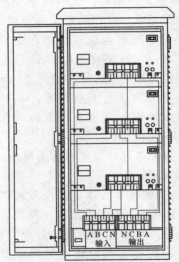

图 2.3.1 降压控制节能器安装示意

图名	城市照明节能（二）	图号	CZ8-2

3 变功率节能

变功率电感镇流器是为照明节能要求而设计的，它能在预先设定的时间内根据使用条件的需要适当降低照度，具有明显的节能特点。一般分为集中控制变功率和独立单灯变功率控制两种方式。

3.1 变功率镇流器节能原理：变功率电感镇流器又称双功率电感镇流器，该镇流器全功率工作时，得到额定照度值，当在线路中接入一个控制装置，使该镇流器介入另一附加阻抗后，将灯的电流和功率降低到额定值的 60% 左右，使工作期间的照明系统节能 30% 以上。在变功率前后实行电容二级补偿，利用气体放电灯在工作电流适当减少时仍能正常运行的原理，通过增加镇流器电抗，从而降低光源电流，减少路灯系统电能消耗，达到路灯系统整体节能的目的。此方法的最大优点是照度均匀性保持不变。

3.2 系统图：

3.2.1 有线集中控制变功率系统，有单独控制引线至配电端，集中统一控制变功率的变换时点。系统图见图 3.2.1。

3.2.2 独立单灯变功率系统，集成在控制器内，根据预设定的调控时间自动变换功率。系统图见图 3.2.2。

3.3 变功率电感镇流器组成：

3.3.1 节能电感镇流器：设计时考虑合理的磁路机构和铁磁材料，使镇流器的自身功耗降低 50% 左右。

3.3.2 双功率自动转换电路：电路设有三个时间预置端口，使镇流器按照预置的条件自动转变电感量，使灯的功率也随之转变。

3.3.3 电子启动器：使其输出符合光源的触发脉冲（幅度和宽度）而快速起动发光。

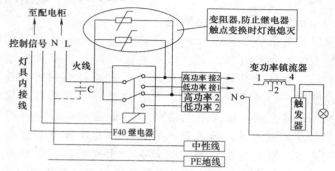

图 3.2.1 有线集中变功率控制系统

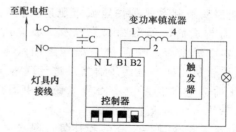

图 3.2.2 独立单灯变功率控制系统

3.4 变动率电感镇流器运行稳定，可靠性高，节能效果显著。由于减少光源和镇流器满负荷运行时间，电感镇流器和电子启动器的有效寿命得以延长，可达 10 年以上。

图名	城市照明节能（三）	图号	CZ8-2

城市照明智能控制系统

1 照明智能控制系统原理

照明控制系统是一个无线或者总线形式或局域网形式的智能控制系统。所有的单元器件（除电源外）均内置微处理器和存储单元，由信号总线或者无线通信方式连接成网络。每个单元均设置唯一的单元地址并用，通过软件设定其功能，输出单元控制各回路负载，输入单元通过群组地址和输出组件建立对应联系。当有输入时，输入单元将其变为总线信号在控制系统总线上传播，所有的输出单元接收并做出判断，控制相应回路输出。特征就是系统通过总线或者无线通信方式连接成网。

2 照明智能控制系统构成

2.1 智能照明控制系统是按照城市照明的控制逻辑关系和照明线路拓扑而构成的，如图 2.1.1 所示。智能照明控制系统的架构主要由中心级系统、中间级系统和终端级系统形成三级逻辑层，三级逻辑层之间通过两级通信层进行联络。

2.2 系统的最小架构可由中心级系统和中间级系统组成，也可由中心级系统和终端级系统组成。

2.3 中心级系统由硬件、软件和计算机网络组成。

2.4 中间级系统由所有中间控制器集合的系统，中间控制器安装在城市照明配电柜内。中间级根据中心级系统下发的运行参数和命令，负责城市照明配电柜内的路灯线路的数据采集、控制和管理，并作为中心级与终端级之间的数据中继转发通讯信道。

2.5 终端级系统是指城市照明自动控制系统中的所有集中器及其所辖的终端模块等设备集合的系统，集中器安装在城市照明配电柜内，终端模块安装在灯杆位置处或灯具内。终端级根据中心级系统下发的或中间级系统转发的运行参数和命令，负责对灯具运行的监测、控制、调光等管理。

2.6 通信层 1 是指中心级与中间级之间的远程通讯信道，包括公用无线数据传输信道和无线专用数据传输信道。

2.7 通信层 2 是指中间级与终端级之间的本地通讯信道，也指终端级直接和中心级通讯时的远程通信信道。本地通讯信道可采用 RS485 接口的有线信道，远程通讯信道宜采用公用无线数据传输信道或无线专用数据传输信道。

3 照明智能控制系统功能要求

照明智能控制系统通过遥测、遥信、遥感、遥控、遥调和遥视技术，来实现城市照明的远程集中监控和综合管理。主要功能有：

3.1 测量：系统能对照明设施的运行参数如电流、电压、功率、功率因数、防盗终端数据等进行远程测量和采集。测量分自动巡查和手动巡查，自动巡测根据需要设定巡测间隔，对象可灵活设置；手动巡测可随时获取即时数据。

3.2 通信：将测量获得的数据、语音信息、视频图像通过有线或无线传输方式反馈到指定终端。

图名	城市照明智能控制系统（一）	图号	CZ8-3

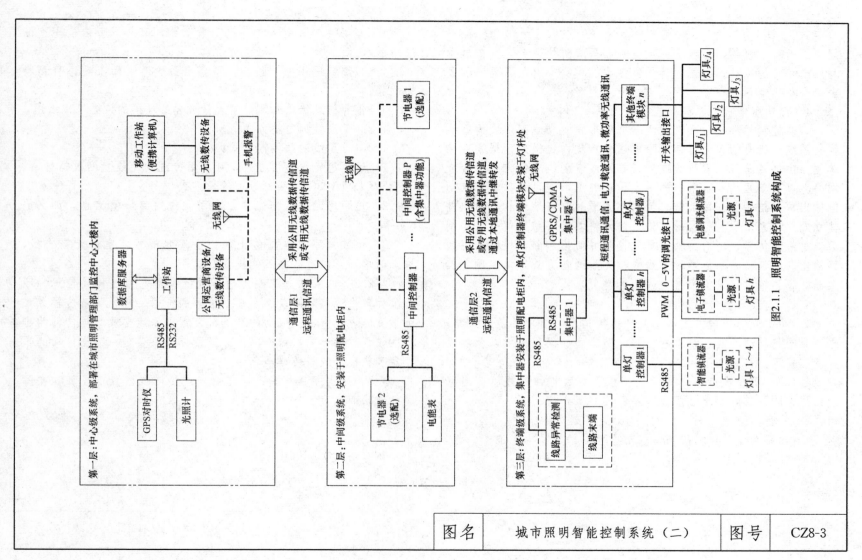

图2.1.1 照明智能控制系统构成

图名	城市照明智能控制系统（二）	图号	CZ8-3

305

3.3 控制：一般包括：各种情况（如正常、故障、特殊时刻等）下自动或手动遥控全、半夜灯和景观灯的开关，可扩展物联网模式下的单灯控制，各种控制方式、模式、对象、要求的自由组合和设定等。

4 照明智能控制系统数据传输方式

照明控制系统是一个无线或者总线形式或局域网形式的智能控制系统。所有的单元器件（除电源外）均内置微处理器和存储单元，由信号总线（双绞线或光纤等）或者无线通信方式连接成网络。每个单元均设置唯一的单元地址并用，通过软件设定其功能输出单元控制各回路负载。输入单元通过群组地址和输出组件建立对应联系。当有输入时，输入单元将其变为总线信号在控制系统总线上传播，所有的输出单元接收并做出判断，控制相应回路输出。特征就是系统通过总线或者无线通信方式连接成网。其主要数据传输方式分有线与无线两大类。

4.1 有线数据传输方式：

4.1.1 光纤传输方式：由光纤传输信息，需单独敷设线路。光缆具有传输速率高、抗干扰性强、防雷击、误码率低以及敷设方便的优点。

4.1.2 双绞线传输方式：以一根五类数据通讯线（四对双绞线）传输信息，需单独敷设线路，具有下列特点：

1 软硬件协议完全开放、完善，通用性好。

2 线路两端变压器隔离，抗干扰性强，防雷性能好。

3 速度快，网络速度可达到数千兆，双向，可传输高速的反馈信息。

4 系统容量几乎无限制，不会因系统增大而出现不可预料的故障。

5 作为信息传输介质，有大量成熟的通用的设备可以选用。

4.2 无线数据传输方式：

4.2.1 无线射频传输方式：

1 远距离无线通信方式，可采用传统的无线专网数据传输、GPRS/CDMA/3G等公网数据传输方式。

2 短距离无线通信方式，利用无线射频传输信息，如Zig-bee等。

3 该方式不仅在功能上能完全满足要求，室内无需布线，施工简单，可以节省施工的投资。

4.2.2 低压电力载波传输方式：利用电力线传输信息，不用单独敷设线路就可以实现数据信号的传输。电力载波传输方式由于受电力线中电流波动的影响，数据传输速率及数据传输的可靠性收到较大影响，效率降低。当监控设备多时，数据传输的不可靠可能会导致系统瘫痪。

4.3 照明控制系统数据传输方式要根据该城市经济和实际运行现状而确定。

| 图名 | 城市照明智能控制系统（三） | 图号 | CZ8-3 |

5 路灯监控终端的组成和工作原理

路灯监控终端是城市照明监控管理系统中重要设备之一，安装于路灯控制柜或变电箱内，用于对路灯或其他灯光设备运行情况的监控与管理。路灯监控终端由无线数据模块、电源板、主机板及采样板等组成（图5.0.1），同时可外接液晶显示器。终端安装在路灯控制柜内，它与路灯箱内电能表、电流互感器和开关元件相连接（图5.0.2），按主站的命令，完成遥测、遥控、遥信等功能。

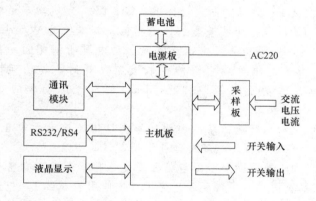

图 5.0.1 路灯监控终端的主要组成

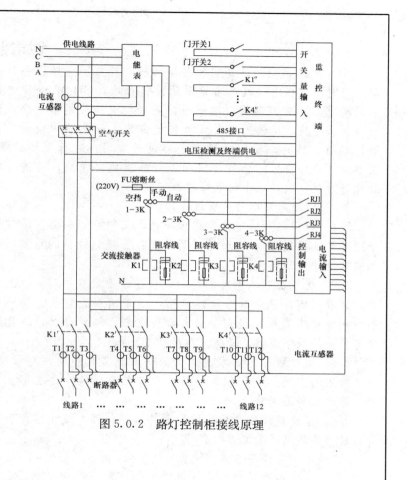

图 5.0.2 路灯控制柜接线原理

| 图名 | 城市照明智能控制系统（四） | 图号 | CZ8-3 |

城市照明设计节能

　　1　道路照明设计是实现节能的核心环节。选择在进行照明设计时，应根据《城市道路照明设计标准》CJJ 45 合理选择照明标准值及节能型的照明器材，采取相应的节能措施，并通过计算、分析、比较、使之成为最优方案，优化照明设计。在进行照明设计时，要同时提出多套设计方案，进行设计计算，在确定各项评价指标都符合照明标准的要求后，再进行综合经济分析比较，从中选取最佳的方案。

　　2　城市道路照明节能管理原则

　　2.1　根据城市的定位和总体规划，编制好切合实际的"城市照明专项规划"，并把道路照明节能作为规划设计的重要内容加以贯彻并付诸实施。

　　2.2　优先发展城市功能照明，科学设置景观照明。以人为本，讲求实效，完善城市功能照明，基本消灭无灯区。景观照明应根据城市规模和经济实力，合理规划，科学设计，注意亮度与色彩的科学配置，谨防光污染和光干扰。

　　2.3　对采取节能技术措施的照明设施应加强巡视与管理，节能技术的应用应综合考虑经济效益与社会效益，力求综合效益的最大化和最优化。

　　2.4　坚持建设改造与维护管理并重，加强对城市道路照明设施日常维修养护的考核和管理。

　　3　城市道路照明节能技术原则

　　3.1　道路照明系统的技术要求安全可靠、科学合理、先进适用、维护方便，应用节能技术保证系统的功能达到各项技术指标。

　　3.2　应全面考虑道路照明系统的性能和节能效果，综合考虑光源、灯具及附属装置、照明供电、照明控制等各个技术环节的节能效果和作用。

　　3.3　道路照明节能设备的推广和使用应达到国家、行业的相关技术标准。

　　4　城市道路照明节能评价指标

　　4.1　《城市道路照明设计标准》CJJ 45 规定机动车道照明功率密度 LPD 作为照明节能的评价指标、其单位为 W/m^2。需要注意的是，安装功率应将镇流器或驱动电源所消耗的功耗包括在内。当不能准确确定灯的控制装置功耗时，其功耗按照 HID 灯以光源功率的 15% 计算，LED 灯以光源功率的 10% 计算。

　　4.2　机动车交通道路的照明功率密度值不应大于表 4.2.1 的规定。各级道路照明的实际能耗不得超过此限值。

　　4.3　由于照明功率密度与路面宽度（即车道数）有密切关系，而路面宽度又有多种变化，为了方便使用表 4.2.1，先选定出现得比较多的车道数作为某等级道路宽度的代表，再把路宽归为两类，大于或等于此车道数为一类，小于此车道数为另一类。比如，快速路中出现比较多的是 6 车道，则大于或等于 6 车道为一类，小于 6 车道为另一类，设计时应根据具体道路参数来对应 LPD 值。

图名	城市照明设计节能（一）	图号	CZ8-4

表 4.2.1　机动车交通道路的照明功率密度值

道路级别	车道数（条）	照明功率密度值 LPD(W/m²)	对应的照度值 (lx)
快速路 主干路	≥6	1.00	30
	<6	1.20	
	≥6	0.70	20
	<6	0.85	
次干路	≥4	0.80	20
	<4	0.90	
	≥4	0.60	15
	<4	0.70	
支路	≥2	0.50	10
	<2	0.60	
	≥2	0.40	8
	<2	0.45	

注：1. 本表适用于所有光源。

2. 本表仅适用于设置连续照明的常规路段。

3. 设计计算照度高于标准值时，LPD 值不得相应增加。

4. 当不能准确确定灯的控制装置功率时，其功耗按照 HID 灯以光源功率的 15% 计算，LED 灯以光源功率的 10% 计算。

4.4　照明功率密度值 LPD 计算：《地市道路照明设计标准》CJJ 45 中对机动车交通道路的照明功率密度值 LPD 做了具体的要求和规定，道路照明的功率密度值条文为强制性条文，必须严格执行。具体参数要求详见表 4.2.1。

LPD 限值是限定一条道路或一个照明场所的照明功率密度最大允许值，设计中实际计算的 LPD 值不应超过标准规定值，计算式如下：

$$LPD = \frac{P}{W \cdot S} \qquad (4.4.1\text{-}1)$$

式中　P——光源与镇流器（驱动电源）功率之和；

W——道路宽度；

S——灯间距。

照明设计时，应按实际使用条件确定照度标准，选择光源、灯具、镇流器类型、规格、计算平均照度，使之符合规定的照度标准值，并使计算照度偏差不超过±10%，再按式（4.4.1-1）计算 LPD 值，与规定的 LPD 值（现行值）对比，不超过规定值即符合要求。如果超过规定值，应调整方案，直至符合规定为止。

设计中降低 LPD 值的措施：

引用利用系数法计算平均照度的计算公式如下：

$$E_{av} = \frac{\eta \cdot \phi \cdot M \cdot N}{W \cdot S} \qquad (4.4.1\text{-}2)$$

式中　η——利用系数；

ϕ——光源光通量（1m）；

M——维护系数，当防护等级不小于 IP54 时取 0.7，小于 IP54 时取 0.65；

N——每个照明器内的灯泡数（只），单光源灯具 N 取 1，双光源灯具 N 取 2；

W——路面宽度（m）；

S——灯杆间距（m）。

另外，光源的光效 η_S（含镇流器）为：

$$\eta_S = \frac{\phi}{P} \qquad (4.4.1\text{-}3)$$

图名	城市照明设计节能（二）	图号	CZ8-4

将式（4.4.1-1）和式（4.4.1-3）代入式（4.4.1-2），得：

$$LPD=\frac{E_{av}}{\eta_S \cdot \eta \cdot M \cdot N}$$ (4.4.1-4)

从式（4.4.1-4）中可知，要降低 LPD 值应采取下列措施：

（1）提高光源的光效 η_S，包括减低镇流器功耗。

（2）提高利用系数 η，就是要选用效率高的灯具，以及与道路相适应的灯具配光，并注意路面、周围建筑物的反射比。

（3）合理确定照度标准值，设计照度应控制在标准值范围内，不要超过标准值。

总之，只要精心设计，优化设计方案，定能实现规定的 LPD 指标，从而达到节能的要求。

4.5　不同布置方式的照明功率密度计算区域：

4.5.1　单侧布置：是由单个灯具输入功率（包括光源和镇流器等控制装置，单位：W；下同）与道路的宽度（单位：m；下同）和相邻两个路灯间距（单位：m；下同）的乘积的比值，如图 4.5.1 所示。

4.5.2　双侧交错布置：是由单个灯具输入功率与道路的宽度和相邻两个路灯 1/2 间距的乘积的比值，如图 4.5.2 所示。

4.5.3　双侧对称布置：是由单个灯具输入功率与道路的 1/2 宽度和相邻两个路灯间距的乘积的比值，如图 4.5.3 所示。

4.5.4　中心对称布置：是由单个灯具输入功率与道路路面（不包括中间分离带）的单向车道宽度和相邻两个路灯间距的乘积的比值，如图 4.5.4 所示。

4.5.5　横向悬索布置：是由单个灯具输入功率与道路的宽度和相邻两个路灯间距的乘积的比值，如图 4.5.5 所示。

4.5.6　双侧中心-对称布置：是由单个灯具输入功率与道路的单向车道 1/2 宽度和相邻两个路灯间距的乘积的比值，如图 4.5.6 所示。

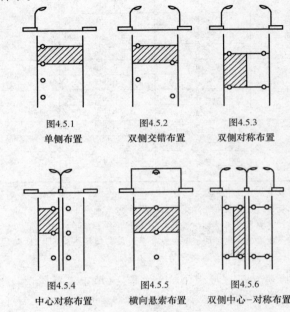

图4.5.1　单侧布置　　图4.5.2　双侧交错布置　　图4.5.3　双侧对称布置

图4.5.4　中心对称布置　　图4.5.5　横向悬索布置　　图4.5.6　双侧中心-对称布置

图名	城市照明设计节能（三）	图号	CZ8-4

城市照明运行中的控制节能措施

1 在深夜普遍降低路面亮度（照度）是节能效果最为明显的一项措施。采取过和正在采取这种措施的国家也不少，国内很多城市采用这一措施，也获得了不错的效果。由于深夜车流量小，应该普遍推行这种措施。但是，在居住区道路不宜推行这种措施。其理由是：居住区夜间行人的安全和住户的安全极为重要；该区的照度本来就不高，即使再行降低，节能效果也并不明显。

2 实施在深夜降低路面亮度（照度）的措施：

2.1 采用深夜能自动降低路灯光源功率的装置，如HID灯配用双功率镇流器或有载调压变压器、LED灯配用可变功率驱动电源或集中供电控制系统等，都能达到降低路面亮度（照度）的效果。

2.2 使用双光源灯具的道路，深夜的交通流量小，关闭一支光源，无疑是一种简便易行的方法，既可以达到节能目的，又不影响路面亮度（或照度）均匀度。

2.3 采用深夜关掉不超过半数灯具的办法，其优点是简单实用，缺点是会降低道路路面亮度（或照度）均匀度。在一些次要区域或交通量不大的道路可使用这种方法。采取这种办法时，要注意的是不允许关掉道路纵向相邻的两盏灯具，以避免均匀度降低得过多。

3 选择合理的控制方式，采用具有可靠度高和一致性好的控制设备，也是一项重要的节能措施。控制方式选择的合理，控制设备质量可靠，做到需要开灯时能即刻开启，需要关灯时马上就能关闭，这样才能准确控制全年的光源燃点时间，达到节能目的。

4 灯具应按半年或一年为周期进行一次彻底擦拭，确保0.65以上的维护系数。若长期不进行擦拭或擦拭做的不彻底、灯具的防护等级又较低，其维护系数有可能减低到0.3～0.4。通过擦拭灯具来提高光源光通量利用率，这样就有可能在满足照明数量和质量要求的前提下，通过选用功率较小的光源，从而达到节能的目的。

图名	城市照明运行中的控制节能措施	图号	CZ8-5

CZ9 附录

图名	附录	图号	CZ9

附录 A 电气制图

1 图纸

（1）幅面。图纸幅面尺寸及其代号见附表 A-1。

图纸幅面尺寸及其代号　　　　附表 A-1

代号	尺寸(mm)	代号	尺寸(mm)
A0	841×1189	A3	297×420
A1	594×841	A4	210×297
A2	420×594		

如果需要加长的图纸，应采用附表 A-2 中所规定的幅面。

加长图纸幅面尺寸及其代号　　　　附表 A-2

代号	尺寸(mm)	代号	尺寸(mm)
A3×3	420×891	A4×4	297×841
A4×4	420×1189	A4×5	297×1051
A4×3	297×630		

如果附表 A-1 和附表 A-2 中所列幅面仍不能满足要求，可按照《技术制图图纸幅面和格式》GB/T 14689—2008 的规定加大幅图。

（2）格式。标题栏方位及图框，均按 GB/T 14689—2008 的有关规定。

（3）选择。在保证幅面布局紧凑、清晰和使用方便的前提下，图纸幅面的选择，应遵循附表 A-1 的规定，并应考虑以下几方面：

1）所设计对象的规模和复杂程度；

2）由简图种类所确定的资料的详细程度；

3）尽量使用较小的幅面；

4）便于图纸的装订和管理；

5）满足复印和缩微的要求；

6）满足计算机辅助设计的要求。

当图纸制在几张图纸上时，所用图纸的幅面一般应相同。

（4）图号。所有的图应在标题栏内编注张次号。

（5）图幅分区。为了便于确定图上的内容、补充、更改和组成部分等的位置，可以在各种幅面的图纸上分区，见附图 A-1。

分区数应是偶数。每一分区的长度一般不小于 25mm，不大于 75mm。

每个分区内竖边方向用大写拉丁字母，横边方向用阿拉伯数字分别编号，编号的顺序应从标题栏相对的左上角开始。

分区代号用该区域的拉丁字母和阿拉伯数字表示，如 B3、C5。

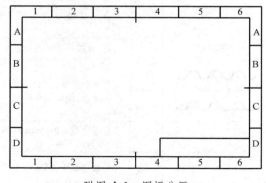

附图 A-1　图幅分区

图名	附录 A　电气制图（一）	图号	CZ9-1

2 图线

(1) 常用的制图图线、线型及线宽宜符合附表 A-3 的规定。

制图图线、线型及线宽　　　附表 A-3

图线名称		线型	线宽	一般用途
实线	粗	————————	b	本专业设备之间电气通路连接线、本专业设备可见轮廓线、图形负荷轮廓线
	中粗	————————	0.7b	
	中	————————	0.5b	本专业设备可见轮廓线、图形符号轮廓线、方框线、建筑物可见轮廓
	细	————————	0.25b	非本专业设备可见轮廓线、建筑物可见轮廓；尺寸、标高、角度等标注线及引出线
虚线	粗	– – – – – –	b	本专业设备之间电气通路不可见连接线；
	中粗	– – – – – –	0.7b	线路改造中原有线路
	中粗	– – – – – –	0.7b	本专业设备不可见轮廓线、地下电缆
	中	- - - - - -	0.5b	沟、排管区、隧道、屏蔽线、连锁线
	细	- - - - - -	0.25b	非本专业设备不可见轮廓线及地下管
				沟、建筑物不可见轮廓线等
波浪线	粗	∿∿∿∿	b	本专业软管、软护套保护的电气通路连接线、蛇形敷设线缆
	中粗	∿∿∿∿	0.7b	
单点长画线		—·—·—·—	0.25b	定位轴线、中心线、对称性；结构、功能、单元相同围框线
双点长画线		—··—··—	0.25b	辅助围框线、假想或工艺设备轮廓线
折断线		——/\——	0.25b	断开界线

(2) 宽度。图线宽度一般从以下系列中选取：0.25，0.35，0.5，0.7，1.0，1.4（mm）。

通常只选用两种宽度的图线。粗线的宽度为细线的两倍。但在某些图中，可能需要两种以上宽度的图线，在这种情况下，线的宽度应以 2 的倍数依次递增。

(3) 间隙。除非另有规定，两条平行线之间的最小间距不得小于 0.7mm。

3 字体

字体按《技术制图　字体》GB/T 14691—1993 的规定。

为了适应缩微的要求，推荐的字体最小高度如附表 A-4 所示。

推荐字体最小高度　　　附表 A-4

基本图纸幅面	A0	A1	A2	A3	A4
字体最小高度(mm)	5	3.5	2.5	2.5	2.5

4 箭头和指引线

箭头符号及其使用说明见 GB/T 4278 的 S00081，S00093，S00099，S00010。

表示流体流动方向的箭头由 GB/T 786.1 规定。

指引线采用细实线，并应指向被注释处。指引线的终止方式：

图名	附录A　电气制图（二）	图号	CZ9-1

——末端在连接线上，可用与连接线和指引线都相接的短斜线或用箭头来终止，见附图 A-2 的（a）和（b）；

——末端的物体轮廓线内，用一个圆点来终止，见附图 A-2 的（c）；

——末端的物体轮廓线上，用一个箭头来终止，见附图 A-2 的（d）；

——末端在尺寸线上，则不必加终止符号，见附图 A-2 的（e）。

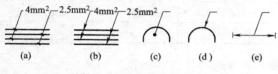

附图 A-2　指引线的终止

5　比例

（1）电气总平面图、电气平面图的制图比例，宜与工程项目设计的主导专业一致，采用的比例宜符合附表 A-5 的规定，并应优先采用比例。

电气总平面图、电气平面图的制图比例　附表 A-5

序号	图名	常用比例	可用比例
1	电气总平面图、规划图	1：500、1：1000、1：2000	1：300、1：5000
2	电气总平面图	1：50、1：100、1：150	1：200
3	电气竖井、设备间、电信间、交配电室等平、剖面图	1：20、1：50、1：100	1：25、1：150
4	电气详图、电气大样图	10：1、5：1、2：1、1：1、1：2、1：5、1：10、1：20	4：1、1：25、1：50

（2）电气总平面图、电气平面图应按比例制图，并应在图样中标注制图比例。

（3）一个图样宜选用一种比例绘制。选用两种比例绘制时，应做说明。

图名	附录 A　电气制图（三）	图号	CZ9-1

317

附录 B 常用电气图形符号

1. 电流和电压的种类（附表 B-1）

电流和电压的种类　　　　附表 B-1

序号	名　称	图形符号	备注
S01401	直流	---	
S01403	交流	∿	
S00069	交流（示出频率）	∿ 50Hz	
S00073	交流（示出频率范围、低频）	∿	
S00074	交流（示出频率范围、中频）	≈	
S00075	交流（示出频率范围、高频）	≋	
S00076	具有交流分量的整流电流	∿	需要区别整流和整流电流时使用
S00077	正极性	＋	
S00078	负极性	－	
S00079	中性	N	
S00080	中间线	M	

2. 接地（附表 B-2）

接地　　　　附表 B-2

序号	名称	图形符号	备注
S00200	接地，一般符号	⏚	
S00202	保护接地		

3. 导体和连接件（附表 B-3）

（1）导线（附表 B-3）

导线　　　　附表 B-3

序号	名称	图形符号	备注
S00001	连线，一般符号		
S00002	导线粗（示出导线数）	—///—	示出三根连线
S00003	导线组（示出导线数）	—／3	示出三根连线
S00004	直流电路	$\dfrac{=110V}{2\times120mm^2\ A1}$	110V，两根 120m² 的铝导线
S00005	三相电路	$\dfrac{3N\sim50Hz\ 400V}{3\times120mm^2+1\times50mm^2}$	50Hz，400V，三根 120m² 的导线，一根 30m² 的中性线 3N 替代 3＋N
S00006	软连接		
S00007	屏蔽导体		

（2）端子和导线的连接（附表 B-4）

端子和导线的选择　　　　附表 B-4

序号	名称	图形符号	备注
S00016	导线的连接点	·	
S00017	端子	○	
S00018	端子板		
S00019	T 型连接		
S00020	T 型连接		示出连接符号
S00021	导线的双 T 连接		
S00022	导线的双 T 连接		

图名	附录 B 常用电气图形符号（一）	图号	CZ9-2

序号	名称	图形符号	备注
S00023	支路		一组相同并重复并联的电路的公共连接
S00024	换位		
S00025	相序变更	L1 L3	
S00026	中性点		在液点多重导体连接在一起形成多相系统的中性点
S00027	发电机中性点（单线表示法）	GS	绕组每相两端引出，示出外部中性点的三相同步发电机
S00028	发电机中性点（多线表示法）	GS	符号S00027的多线表示

（3）电缆附件（附表B-5）

电缆附件 附表B-5

序号	名称	图形符号	备注
S00050	电缆密封终端（多芯电缆）		本符号表示带有一根三芯电缆
S00051	电缆密封终端（单芯电缆）		本符号表示带有三根单芯电缆
S00052	直通接线盒（多线表示）		本符号用多线表示带有三根导线

4. 互感器和脉冲变压器（附表B-6）

互感和脉冲变压器示例 附表B-6

序号	名称	图形符号	备注
S00886	初级绕组为5匝导体贯穿的电流互感器	$N=5$	这种形式的电流互感器不带内装式初级绕组
S00887	初级绕组为5匝导体贯穿的电流互感器	$N=5$	这种形式的电流互感器不带内装式初级绕组
S00888	具有三条穿线一次导体的脉冲变压器或电流互感器	3	
S00889	具有三条穿线一次导体的脉冲变压器或电流互感器		

图名	附录B 常用电气图形符号（二）	图号	CZ9-2

序号	名称	图形符号	备注
S00890	在同一个铁心有两个次级绕组的脉冲变压器或电流互感器	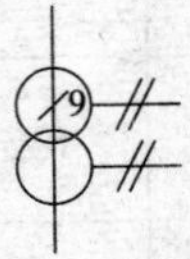	示出有 9 条穿心一次导体
S00891	在同一个铁心有两个次级绕组的脉冲变压器或电流互感器	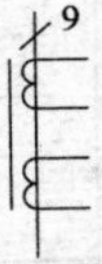	示出有 9 条穿心一次导体

5. 开关、控制和保护装置

（1）触点（触头）为清楚起见，小圆在某些符号上必须画出，例如符号 S00231。

（2）限定符号（附表 B-7）

限定符号　　　　　　　　附表 B-7

序号	名称	图形符号	备注
S00218	接触器功能		
S00219	断路器功能	×	
S00220	隔离开关（隔离器）功能	—	
S00221	隔离开关功能		
S00222	自动释放功能	■	

（3）两个或三个位置的触点（附表 B-8）

两个或三个位置的触点　　　　　附表 B-8

序号	名称	图形符号	备注
S00227	动合（常开）触点，一般符号；开关，一般符号		
S00229	动断（常闭）触点		
S00230	先断后合的转换触点	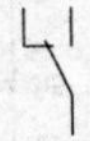	
S00231	中间断开的转换触点		

（4）开关装置和控制装置（附表 B-9）

开关装置和控制装置　　　　　附表 B-9

序号	名称	图形符号	备注
S00270	多位开关		示出 6 个位置
S00271	多位开关，最多四位	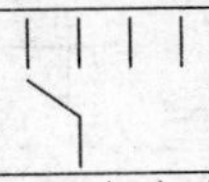	
S00272	带位置图示的多位开关	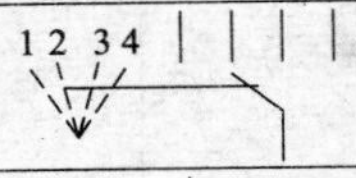	
S00284	接触器；接触器的主动合触点		在非操作位置上触点断开
S00285	带自动释放功能的接触器		由内装的测量继电器或脱扣器触发

图名	附录B　常用电气图形符号（三）	图号	CZ9-2

序号	名称	图形符号	备注
S00286	接触器；接触器的主动断触点		在非操作位置上触点闭合
S00287	断路器		
S00288	隔离开关；隔离器		
S00289	双向隔离开关；双向隔离器		具有中间断开位置
S00290	隔离开关；负荷隔离开关		
S00291	带自动释放功能的负荷隔离开关		具有由内装的测量继电器或脱扣器触发的自动释放功能

6. 驱动器件（附表 B-10）

驱动器件　　　　　　附表 B-10

序号	名称	图形符号	备注
S00305	驱动器件，一般符号；继电器线圈，一般符号		

序号	名称	图形符号	备注
S00307	驱动器件；继电器线圈(组合表示法)		具有两个独立绕组的驱动器件的组合表示法
S00311	缓慢释放继电器线圈		
S00312	缓慢吸合继电器线圈		
S00313	延时继电器线圈		
S00314	快速继电器线圈		快吸快放
S00315	对交流不敏感继电器线圈		
S00316	交流继电器线圈		

图名	附录B　常用电气图形符号（四）	图号	CZ9-2

7. 熔断器和熔断器式开关（附表 B-11）

熔断器和熔断器式开关　　　　　　　　　　　附表 B-11

序号	名称	图形符号	备注
S00362	熔断器、一般符号		
S00363	熔断器		熔断器烧断后仍带电的一端用粗线表示
S00364	熔断器；撞击式熔断器		带机械连杆
S00367	带撞击式熔断器的三极开关		任何一个撞击式熔断器熔断即自动断路的三极开关
S00368	熔断器开关		
S00369	熔断器式隔离开关；熔断器式隔离器		
S00370	熔断器负荷开关组合电器		
S00373	避雷器		

8. 测量仪表（附表 B-12）

测量仪表　　　　　　　　　　　附表 B-12

序号	名称	图形符号	备注
S00913	电压表	V	
S00914	无功电流表	A / $I\sin\phi$	
S00915	最大需量指标器	P_{max}^{W}	由积算仪表操纵
S00916	无功功率表	var	
S00917	功率因数表	$\cos\phi$	
S00918	相位表	ϕ	
S00919	频率计	Hz	
S00933	电能表(瓦时计)	W·h	
S00945	无功电能表	var·h	

9. 灯和信号器件（附表 B-13）

灯和信号器件　　　　　　　　　　　附表 B-13

序号	名称	图形符号	备注
S00965	灯、一般符号	⊗	

图名	附录B　常用电气图形符号（五）	图号	CZ9-2

序号	名称	图形符号	备注
S00966	闪光型信号灯		
S00972	报警器		

10. 线路、配线、电杆及附属设备

（1）线路（附表 B-14）

线路   附表 B-14

序号	名称	图形符号	备注
S00407	地下线路		
S00408	水下线路		
S00409	架空线路		
S00410	套管线路		
S00411	六孔管道的线路		
S00412	人孔、用于地井		
S00413	带接头的地下线路		
S00446	中性线		N
S00447	保护线		PE
S00448	保护线和中性线共用线		PEN
S00449	带中性线和保护线的三相线路		

序号	名称	图形符号	备注
11-05-17	事故照明线		
11-05-18	50V 及其以下电力及照明线路		
11-05-19	控制及信号线路（电力及照明用）		
11-05-20	用单线表示的多种线路		
11-05-21	用单线表示的多回路线路（或电缆管束）		
11-05-22 11-05-23	母线的一般符号 当需要区别产交流直流时：（1）交流母线（2）直流母线		

（2）配线（附表 B-15）

配线   附表 B-15

序号	名称	图形符号	备注
S00450	向上配线；向上布线		
S00451	向下配线；向下布线		
S00452	垂直通过配线；垂直通过布线		

图名	附录B 常用电气图形符号（六）	图号	CZ9-2

（3）电杆及附属设备（附表 B-16）

电杆及附属设备　　　　　　附表 B-16

序号	名称	图形符号	备注
11-07-01	电杆的一般符号（单杆、中间杆） 注：可加注文字符号表示 A—杆材或所属部门 B—杆长 C—杆号	A－B ○ C	
11-07-05	L 形杆	○ L	
11-07-06	A 形杆	○ A	
11-07-11	带撑杆的电杆	○→⊢	
11-07-12	带撑拉杆的电杆	○←→⊢	
11-07-13	引上杆 （小黑点表示电缆）	○●	
11-07-14 11-07-15 11-07-16	带照明灯的电杆 （1）一般画法 a—编号 b—灯型 c—杆高 d—容量 A—连接相序 （2）需要示出灯具的投照方向时 （3）需要时允许加画灯具本身图形	$\frac{b}{c}Ad$ ○ a ○↓ ○ $a\frac{b}{c}Ad$ ⊗	
11-07-18	投光灯塔架 T—投光灯塔 C—装在建筑物顶上的投光灯架 a—编号 b—投光灯型号 c—容量 d—投光灯安装高度 e—塔架高度 A—连接相序 θ—偏角 α—俯角	$a\cdot b \frac{c}{d\cdot e}\alpha\cdot A$ θ ●——— T或C	投照方向偏角的基准线可以是坐标轴线或其他基准线

序号	名称	图形符号	备注
11-07-19	装有投光灯的架空线电杆 （1）一般画法 （2）需要时允许加画投光图形 a—编号 b—投光灯型号 c—容量 d—投光灯安装高度 A—连接相序 θ—偏角 α—俯角	$a\cdot b \frac{c}{d}\alpha\cdot A$ ○ θ $a\cdot b \frac{c}{d}\alpha\cdot A$ ⊕ θ	投照方向偏角的基准线可以是坐标轴线或其他基准线
11-07-25 11-07-26	拉线一般符号 （示出单方向拉线）	形式1 ○→ 形式2 ○⊢	
11-07-27 11-07-28	有 V 形拉线的电杆	形式1 ○←→ 形式2 ○⊢⊢	
11-07-29 11-07-30	有高桩拉线的电杆	形式1 ○→○→ 形式2 ○—○⊢	
11-07-31	装设单担的电杆	⊖	
11-07-32	装设双担的电杆	⊜	
11-07-33 11-07-34	装设十字担的电杆 （1）装设双十字担的电杆 （2）装设单十字担的电杆	⊞ ⊟	
11-08-14	电缆预留	─⌒─	
11-08-17	母线伸缩接头	─◠◠─	
11-08-20	接地装置 （1）有接地极 （2）无接地极	─○┤┼┤○─ ─┤┼┤─	

图名	附录 B　常用电气图形符号（七）	图号	CZ9-2

序号	名称	图形符号	备注
11-08-37 11-08-38	电力电缆与其他设施交叉点 a—交叉点编号 (1)电缆无保护 (2)电缆有保护		

11. 配电箱（屏）、控制台（附表 B-17）

配电箱（屏）、控制台　　　　　附表 B-17

序号	名称	图形符号	备注
11-15-01	屏、台、箱、柜一般符号		
11-15-02	动力或动力照明配电箱		需要时符号可标示电流种类符号
11-15-03	信号板、信号箱(屏)		
11-15-04	照明配电箱(屏)		需要时允许涂红
11-15-05	事故照明配电箱(屏)		
11-15-06	多种电源配电箱(屏)		
11-15-07	直流配电盘(屏)		
11-15-08	交流配电盘(屏)		

12. 照明灯、照明引出线盒附件（附表 B-18）

照明灯、照明引出线和附件　　　　附表 B-18

序号	名称	图形符号	备注
S00487	投光灯，一般符号		
S00488	聚光灯		

序号	名称	图形符号	备注
S00489	泛光灯		
S00491	专用电路上的应急照明灯		
S00492	自带电源的应急照明灯		

13. 其他（附表 B-19）

其他　　　　　附表 B-19

序号	名称	图形符号	备注
11-A1-01	用电设备 a—设备编号 b—额定功率(kW) c—线路首端熔断片或自动开 　关释放器的电流(A) d—标高(m)	$\dfrac{a}{b}$ 或 $\dfrac{a}{b}+\dfrac{c}{d}$	
11-A1-02	电力和照明设备 (1)一般标注方法 (2)当需要标注引入线的规 格时 a—设备编号 b—设备型号 c—设备功率(kW) d—导线型号 e—导线根数 f—导线截面(mm^2) g—导线敷设方式及部位	$a\dfrac{b}{c}$ 或 $a-b-c$ $a\dfrac{b-c}{d(e\times f)-g}$	

图名	附录B　常用电气图形符号（八）	图号	CZ9-2

325

序号	名称	图形符号	备注
11-A1-03	开关及熔断器 (1)一般标注方法 (2)当需要标引入线的规格时 a—设备编号 b—设备型号 c—额定电流(A) i—整定电流(A) d—导线型号 e—导线根数 f—导线截面(mm^2) g—导线敷设方式	$a\dfrac{b}{c/i}$ 或 $a-b-c/i$ $a\dfrac{b-c/i}{d(e\times f)-g}$	
11-A1-04	照明变压器 a—一次电压(V) b—二次电压(V) c—额定容量(VA)	$a/b-c$	
11-A1-05	照明灯具 (1)一般标注方法 (2)灯具吸顶安装 a—灯数 b—型号或编号 c—每盏照明灯具的灯泡数 d—灯泡容量(W) e—灯泡安装高度(m) f—安装方式 L—光源种类	$a-b\dfrac{c\times d\times L}{e}f$ $a-b\dfrac{c\times d\times L}{-}$	
11-A1-06	最低照度⊙	⑮	示出 151×
11-A1-07	照明照度检查点 (1)a:水平照度(lx) (2)a-b:双侧垂直照度(lx) c:水平照度(lx)	$\dfrac{a-b}{c}$	

序号	名称	图形符号	备注
11-A1-08	电缆与其他设施交叉点 a—保护管根数 b—保护管直径(mm) c—管长(m) d—地面标高(m) e—保护管埋设深度(m) f—交叉点坐标	$\dfrac{a-b-c-d}{e-f}$	
11-A1-09	安装或敷设标高(m) (1)用于室内平面、剖面图上 (2)用于总平面图上的室外地面	▽±0.000 ▼±0.000	
11-A1-10	导线根数,当用单线表示一组导线时,若需要示出导线数,可用加小短斜线或画一条短斜加数字表示	/// /3 /n	表示 3 根 表示 3 根 表示 n 根
11-A1-11	导线型号规格或敷设方式的改变	$3\times16\times3\times10$ $\times\phi2\frac{1}{2}''$	$3\times16mm^2$ 导线改变 $3\times10mm^2$ 无穿管敷设改为导线穿管($\phi2\frac{1}{2}''$)敷设
11-A1-12	电压损失(%)	V	
11-A1-13	直流电压 220V	—220V	
11-A1-14	交流电 m—相数 f—频率(Hz) V—电压(U)	m~fV 3N~50Hz,380V	示出交流,三相带中性线 50Hz 380V

图名	附录B 常用电气图形符号（九）	图号	CZ9-2

序号	名称	图形符号	备注
11-A1-15	相序 交流系统电源第一相 交流系统电源第二相 交流系统电源第三相 交流系统设备端第一相 交流系统设备端第二相 交流系统设备端第三相	L_1 L_2 L_3 U V W	

14. 城市照明有关图形符号（附表 B-20）

城市照明有关图形符号　　　附表 B-20

序号	名称	图形符号	备注
11-B1-01	电缆交接间	△	
11-B1-02	架空交接箱	⊠	
11-B1-03	落地交接箱	⊠	
11-B1-04	壁龛交接箱	◧	
11-B1-05	分线盒的一般符号 注:可加注 $\dfrac{A-B}{C}D$ A—编号 B—容量 C—相序 D—用户数	◠	
11-B1-06	室内分线盒	◠	同 11-B1-05 的注
11-B1-10	避雷针	⋀	

序号	名称	图形符号	备注
11-B1-19	深照型灯		
11-B1-20	广照型灯（配照型灯）		
11-B1-21	防水防尘灯		
11-B1-22	球形灯		
11-B1-23	局剖照明灯		
11-B1-24	矿山灯		
11-B1-25	安全灯		
11-B1-26	隔爆灯		
11-B1-27	天棚灯		
11-B1-28	花灯		
11-B1-29	弯灯		
11-B1-30	壁灯		
B-14-01	室外杆上变压器 （不含控制系统）		
B-14-02	室外变压器(不含控制系统)		
B-14-03	室内配电屏、箱、柜一般符号		
B-14-04	室外箱式变、包括 照明电控制在内		
B-14-05	室外电杆上的照明配电箱		

图名	附录B　常用电气图形符号（十）	图号	CZ9-2

序号	名称	图形符号	备注
B-14-06	室外落地照明配电箱		
B-14-07	室内高,低压城市照明配电箱、柜(屏)		
B-14-08	室内城市照明监控系统箱、柜、屏		
B-14-09	室外照明监控系统箱(柜)		
B-14-10	夜景照明专用配电箱(柜)		
B-14-11	人孔井(工作井)	人	井深≥1.8m
B-14-12	浅埋式暗人孔井	人	一般离地面≥0.25m
B-14-13	手孔井(工作井)	手	井深≥0.8m
B-14-14	浅埋式暗手孔井	手	一般离地面≥0.25m
B-14-15	电缆中间接线盒		
B-14-16	电缆分支接线盒		

序号	名称	图形符号	备注
B-14-17	电缆穿聚氯乙烯管(非金属管保护)		可加注文字符号表示其规格数量
B-14-18	电缆穿钢管保护		
B-14-19	电缆铺砖或混凝土盖板保护		
B-14-20	全线穿管敷设采用防盗措施的点		
B-14-21	高杆灯		
B-14-22	中杆灯		
B-14-25	探照灯		
B-14-26	单挑灯		
B-14-27	双挑灯		
B-14-28	步道灯		

图名	附录B 常用电气图形符号(十一)	图号	CZ9-2

序号	名　称	图形符号	备注
B-14-29	功能性装饰灯（多火）		
B-14-30	太阳能灯		
B-14-31	单火庭院灯		
B-14-32	双火庭院灯		
B-14-33	多火庭院灯		
B-14-34	LED 灯		
B-14-35	水下灯		
B-14-36	地埋灯		
B-14-37	草坪灯		
B-14-38	隧道灯		
B-14-40	指示灯		

序号	名　称	图形符号	备注
S00484	光源，一般符号；荧光灯，一般符号		
S00485	多管荧光灯		
S00486	多管荧光灯		

说明：城市照明有关图形符号中 B-14-1～B-14-40 系城市照明专用符号，其他均为国际图形符号。

15. 机械制图剖面符号（附表 B-21）

机械制图剖面符号（GB 4457.5—1984）　　　　附表 B-21

金属材料（已有规定剖面符号者除外）		木材纵剖面	
非金属材料（已有规定剖面符号者除外）		木材横剖图	
钢筋混凝土		液体	
砂,粉末冶金,砂轮,陶瓷及硬质合金等		胶合板（不分层数）	
玻璃及其他透明材料		格网（筛网、过滤网）	
砖		自然土壤	
		夯实土壤	

图名	附录B　常用电气图形符号（十二）	图号	CZ9-2

16. 焊缝符号和表示方式（附表 B-22）

焊缝符号和表示方式（GB/T 324—2008）

基本符合的应用示例　　附表 B-22

序号	符号	示意图	标注示例
1			
2			
3			
4			
5			

补充符号应用示例　　续表 B-22

序号	名称	示意图	符号
1	平齐的 V 形焊缝		
2	凸起的双面 V 形焊缝		
3	凹陷的角焊缝		
4	平齐的 V 形焊缝和封底焊缝		
5	表面过渡平滑的角焊缝		

补充符号的标注示例　　续表 B-22

序号	名称	示意图	符号
1			
2			
3			

图名	附录B　常用电气图形符号（十三）	图号	CZ9-2

17. 电工常用符号及含义（附表 B-23～附表 B-25）

电工常用基本符号

附表 B-23

名 称	符 号	名 称	符 号	名 称	符 号
安培表	A	转速表	n	稳流器	WL
毫安表	mA	测量仪表	CB	调压器	TY
微安表	μA	电阻器	R	调相器	TX
伏特表	V	电感器	L	继电器	J
毫伏表	mV	电容器	C	电流继电器	LJ
瓦特表 （有功功率表）	W	电抗器	DK	电压继电器	YJ
		变压器	B	时间继电器	SJ
乏表 （无功功率表）	var	互感器	H	热继电器	RJ
		熔断器	RD	中间继电器	ZJ
频率表	Hz	接触器	C	传声器	S
功率因数表	cosϕ	起动器	Q	扬声器	Y
瓦时表	Wh	整流器	ZL	示波器	SB
安时表	Ah	避雷器	BL	自耦变压器	ZOB
乏时表 （无功电度表）	varh	滤波器	LB	控制变压器	KB
		调节器	T	电力变压器	LB
欧姆表	Ω	分压器	FY	整流变压器	ZLB
兆欧表	MΩ	分流器	FL	发电机	F
相位表	ϕ	控制器	KZ	电动机	D
温度表	T	稳压器	WY	电话机	DH

注：供设计制图时参考。

图名	附录B　常用电气图形符号（十四）	图号	CZ9-2

常用电工及设备文字代号　　　　　　　　　　　　　　　　　　　　　　　　附表 B-24

名　称	符　号	名　称	符　号	名　称	符　号	名　称	符　号
电流	I	千伏安	kVA	电流互感器	LH	控制母线	KM
安培	A	兆伏安	MVA	开关	K	信号母线	XM
电压	U	无功功率	Q	断路器	DL	事故母线	SM
伏特	V	乏	Var	负荷开关	FK	电压母线	YM
电阻	R	千乏	kVar	隔离开关	GK	线圈	Q
欧姆	Ω	瓦·时	wh	自动开关	ZK	跳闸线圈	TQ
电感	L	千瓦·时	kwh	控制开关	KK	合闸线圈	HQ
电容	C	乏·时	Varh	辅助开关	FK	信号继电器	XJ
电抗	X	千乏·时	kVarh	切换开关	QK	接地继电器	JDJ
阻抗	Z	周期	T	按钮	AN	重合闸继电器	ZSH
有功功率	P	秒	t、f	起动按钮	QA	灯	D
瓦特	W	频率	f	合闸按钮	HA	绿色信号灯	LD
千瓦	kW	赫兹	Hz	停止按钮	TA	红色信号灯	HD
视在功率	S	功率因数	cosΦ	钢母线	TMY	指示灯	SD
伏安	VA	电压互感器	YH	铝母线	LMY	信号灯	XD

注：供设计制图时参考。

动力及照明线路的表示方法　　　　　　　　　　　　附表 B-25

线路敷设方式	符　号	线路敷设方式	符　号
一、线路配线方式的符号		沿墙明配	QM
1. 基本符号		沿地板明配	DM
明配	M	三、表达线路暗配部位的符号	
暗配	A	在梁内暗配或沿梁暗配	LA
2. 具体符号		在柱内暗配线或沿柱暗配	ZA
瓷瓶或瓷珠配线	CP	在墙体内暗配	QA
塑料线夹配线	VJ	在顶棚或屋面内暗配	PA
槽板配线	CB	在地面下或地板下暗配	DA
塑料线槽配线	XC	四、表达线路用途的代号	
水煤气钢管配线	G	配电干线	PG
电线管配线	DG	照明干线	MG
硬塑料管配线	VG	配电分干线	PFG
软塑料管配线	RVG	照明分干线	MFG
二、表达线路明配部位符号		控制线	KZ
沿钢索配线	S	保护接地	PE
沿梁或屋架下弦明配	LM	保护接地与中性线共用	PEN
沿柱明配	ZM	无噪声(防干扰)接地	TE

注：供设计制图时参考。

图名	附录B　常用电气图形符号（十五）	图号	CZ9-2

18. 汉、英语、字母、读音表（附表 B-26～附表 B-29）

罗马数字 　　附表 B-26

罗马数字	表示意义	罗马数字	表示意义
I	1	XI	11
II	2	XVI	16
III	3	XL	40
IV	4	L	50
V	5	C	100
VI	6	D	500
VII	7	M	1000
VIII	8	X̄	10000
IX	9	C̄	100000
X	10	M̄	1000000

汉语拼音读音表 　　附表 B-27

声母表				韵母表					
字母	读音	字母	读音	字母	读音	字母	读音	字母	读音
b	玻	q	欺	a	啊	ie	耶		
p	坡	x	西	o	喔	üe	约		
m	摸	zh	知	e	鹅	er	耳		
f	佛	ch	吃	i	衣	an	安		
d	得	sh	诗	u	乌	en	恩		
t	特	r	日	u(v)	鱼	in	因		
n	讷	z	资	ai	哀	un	温		
l	勒	c	刺	ei	诶	ün	晕		
g	哥	s	思	ui	威	ang	昂		
k	科	y	衣	ao	熬	eng	亨		
h	喝	w	乌	ou	鸥	ing	英		
j	鸡			iu	优	ong	翁		
整体音节									
字母	zhi	chi	shi	ri	zi	ci	si		
读音	织	吃	狮	日	资	次	丝		
字母	wu	yi	yu	ye	yue	yuan	yin		
读音	屋	衣	鱼	椰	约	元	因		
字母	yun	ying							
读音	云	鹰							

希腊字母及读音 　　附表 B-28

字母		读音	字母		读音
大写	小写		大写	小写	
A	α	阿尔法	N	ν	纽
B	β	贝塔	Ξ	ξ	克西
Γ	γ	嘎马	O	o	奥米克戎
Δ	δ	得尔塔	Π	π	派
E	ε	衣普西龙	P	ρ	罗
Z	ζ	仄塔	Σ	σ	西格马
H	η	衣塔	T	τ	套
Θ	θ	西塔	Υ	υ	宇普西龙
I	ι	约塔	Φ	φ,φ	费衣
K	κ	卡帕	X	χ	喜
Λ	λ	兰姆达	Ψ	ψ	普西
M	μ	廖	Ω	ω	欧米嘎

拉丁字母及读音 　　附表 B-29

字母		读音	字母		读音
大写	小写		大写	小写	
A	a	爱	N	n	恩
B	b	比	O	o	喔
C	c	西	P	p	皮
D	d	低	Q	q	克由
E	e	衣	R	r	啊耳
F	f	爱福	S	s	爱斯
G	g	基	T	t	提
H	h	爱曲	U	u	由
I	i	哀	V	v	维衣
J	j	街	W	w	打不留
K	k	开	X	x	爱克思
L	l	爱耳	Y	y	歪
M	m	爱姆	Z	z	挤

注：拉丁字母与英文字母在字形上完全相同，但读音多不相同，为照顾一般习惯仍注英文字母的读音。

图名	附录B　常用电气图形符号（十六）	图号	CZ9-2

附录C 路灯常用技术数据资料

一、城市照明术语

(1) 城市道路 urban road 在城市范围内，供车辆和行人通行的、具备一定技术条件和设施的道路。按照道路在道路网中的地位、交通功能以及对沿线建筑物和城市居民的服务功能等，城市道路分为快速路、主干路、次干路、支路、居住区道路。

1) 快速路 express way：城市中距离长、交通量大、为快速交通服务的道路。快速路的对向车行道之间设中间分车带，进出口采用全控或部分控制。

2) 主干路 major road：连接城市各主要分区的干路，采取机动车与非机动车分隔形式，如三幅路或四幅路。

3) 次干路 collector road：与主干路结合组成路网、起集散交通作用的道路。

4) 支路 local road：次干路与居住区道路之间的连接道路。

5) 居住区道路 residential road：居住区内的道路及主要供行人和非机动车通行的街巷。

(2) 常规照明 conventional road lighting 一台或两台灯具安装在高度通常为15m以下的灯杆上，按一定间距有规律地连续设置在道路的一侧、两侧或中间分车带上进行照明的一种方式。采用这种照明方式时，灯具的纵轴垂直于路轴，因而灯具所发出的大部分光射向道路的纵轴方向。

(3) 高杆照明 high mast lighting 一组灯具安装在高度等于或大于20m的灯杆上进行大面积照明的一种照明方式。

(4) 半高杆照明（也称中杆照明）semi-height mast lighting 一组灯具安装在高度15～20m的灯杆上进行照明的一种照明方式。当按常规照明方式配置灯具时，属常规照明；按高杆照明方式配置灯具时，属高杆照明。

(5) 泛光照明 flood lighting 通常由投光灯来照射某一情景或目标，使其照度比其周围照度明显高的照明。

(6) 轮廓照明 outline lighting，contour lighting 利用灯光直接勾画建筑物和构筑物等被照对象轮廓的照明方式。

(7) 内透光照明 lighting from interior lights 利用室内光线向室外透射的照明方式。

(8) 重点照明 accent lighting 为提高特定区域或目标的照度，使其比周围区域亮的照明。

(9) 动态照明 dynamic lighting 通过对照明装置的光输出的控制形成场景明、暗或色彩等变化的照明方式。

(10) 建筑物夜景照明 architectural nightscape lighting 将夜景照明光源或灯具和建筑立面的墙、柱、檐、窗、墙角或屋顶部分的建筑结构连为一体，并和主体建筑同步设计与施工的照明方式。

(11) 夜间景观 landscape in night，nightscape 在夜间，通过自然光和灯光塑造的景观，简称夜景。

(12) 夜景照明 nightscape lighting 泛指除体育场场地、建筑工地和道路照明等功能性照明以外，所有室外公共活动空间或景物的夜间景观的照明，亦称景观照明（landscape lighting）。

图名	附录C 路灯常用技术数据资料（一）	图号	CZ9-3

（13）建筑物照明 building lighting　用灯光重塑建筑物的夜间景观的照明。照明对象有房屋建筑、纪念建筑、陵墓建筑、园林建筑和建筑小品等。建筑物夜景照明，应根据不同建筑的形式、布局和风格充分反映出建筑的性质、结构和材料特征、时代风貌、民族风格和地方特色。

（14）构筑物照明 structure lighting　也称特殊景观元素照明，用灯光重塑构筑物（特殊景观元素）夜间景观的照明。照明对象（元素）有碑、塔、路、桥、隧道、上下水道、运河、水库、矿井、烟囱、水塔、蓄水池、贮气罐等。鉴于构筑物为特定目的建造，一般人们不在其内生产或生活的特点，构筑物夜景照明除考虑构筑物功能要求外，还必须注意构筑物形态，以及和周围环境协调的要求。

（15）园林照明 garden lighting　根据园林的性质和特征，对园林的硬质景观（山石、道路、建筑、流水及水面等）和软质景观（绿地、树木及花丛等植被）的照明进行统一规划，精心设计，形成和谐协调并富有特色的照明。

（16）夜景照明规划 planning of nightscape lighting　以城市或地区的建设和发展规划为依据，结合其自然景观和人文景观的历史文化、艺术特征和发展现状，对夜景照明布局和设施建设做出的综合部署。夜景照明规划包括总体规划和详细规划。

（17）截光 cut-off　为遮挡人眼直接看到高亮度的发光体，以减少眩目作用的技术。

（18）截光型灯具 cut-off luminaire　灯具的最大光强方向与灯具向下垂直轴夹角在0°～65°之间，90°角和80°角方向上的光强最大允许值分别为10cd/1000lm和30cd/1000lm。且不管光源光通量的大小，在90°角方向上的光强最大值不得超过1000cd。

（19）半截光型灯具 semi-cut-off luminaire　灯具的最大光强方向与灯具向下垂直轴夹角在0°～75°之间，90°角和80°角方向上的光强最大允许值分别为50cd/1000lm和100cd/1000lm，且不管光源光通量的大小，其在90°角方向的光强最大值不得超过1000cd。

（20）非截光型灯具 non-cut-off luminaire　灯具的最大光强方向不受限制，90°角方向上的光强最大允许值不得超过1000cd的灯具。

（21）灯具 luminaire　能透光、分配和改变光源光分布的器具，包括除光源外所有用于固定和保护光源所需的全部零、部件，以及电源连接所必需的线路附件。

（22）普通灯具 ordinary luminaire　无特殊的防尘或防潮等要求的灯具。

（23）防护型灯具 protected luminaire　有专门防护构造外壳，以防止尘埃、水气和水进入灯罩内的灯具。表示防护等级的代号通常有特征字母IP和两个特征数字组成。

（24）投光灯 projector　利用反射器和折射器在限定的立体角内获得高光强的灯具。

（25）泛光灯 floodlight　光束扩散角（光强为峰值光强的1/10的两个方向之间的夹角）大于10°，作泛光照明用的投光器。通常可转动并指向任意方向。

（26）光强分布（配光曲线）distribution of luminous intensity　用曲线或表格表示光源或灯具在空间各方向的发光强度值。

| 图名 | 附录C　路灯常用技术数据资料（二） | 图号 | CZ9-3 |

（27）灯具效率 luminaire efficiency　在相同的使用条件下，灯具发生的总光通量与灯具内所有光源发出的总光通量之比。

（28）维护系数 maintenance factor　照明装置使用一定时期之后，在规定表面上的平均照度或平均亮度与该装置在相同条件下新安装时在同一表面上所得到的平均照度或平均亮度之比。

（29）利用系数 utilization factor　投射到参考平面上的光通量与照明装置中光源的额定光通量之比。

（30）灯具的安装高度 luminaire mounting height　灯具的光中心至路面的垂直距离。符号为 H。

（31）灯具的安装间距 luminaire mounting spacing　沿道路的中心线测得的相邻两个灯具之间的距离，符号为 S。

（32）悬挑长度 overhang　灯具的光中心至邻近一侧缘石的水平距离，即灯具伸出或缩进缘石的水平距离。

（33）灯臂长度 bracket projection　从灯杆的垂直中心线至灯臂插入灯具那一点之间的水平距离。

（34）路面有效宽度 effective road width　用于道路照明设计的路面理论宽度，它与道路的实际宽度、灯具的悬挑长度和灯具的布置方式等有关，符号为 Weff。当灯具采用单侧布置方式时，道路有效宽度为实际路宽减去一个悬挑长度。当灯具采用双侧（包括交错和相对）布置方式时，道路有效宽度为实际路宽减去二个悬挑长度。当灯具在双幅路中间分车带上采用中心对称布置方式时，道路有效宽度就是道路实际宽度。

（35）诱导性 guidance　沿着道路恰当地安装灯杆、灯具，可以给驾驶员提供有关道路前方走向、线型、坡度等视觉信息，称其为照明设施的诱导性。

（36）平均半柱面照度 average semi-cylindrical illuminance　光源在给定的空间一点上一个假想的半个圆柱面上产生的平均照度。圆柱体轴线通常是竖直的。该量的符号为 Esc。

（37）立体感 modelling　用光造成亮暗对比效果，显示物体三维形体及表面质地的能力。

（38）亮度 luminance　由公式 $d\Phi/(dA \cdot \cos\theta \cdot d\omega)$ 定义的量，即单位投影面积上的发光强度，其公式为：$L = d\Phi/(dA \cdot \cos\theta \cdot d\omega)$

$d\Phi$ 为通过指定点的光束元在包含指定方向立体角 $d\omega$ 内传播的光通量；dA 为包括给定点的光束截面积；θ 为光束截面法线与光束方向间的夹角，该量的符号为 L，单位为 cd/m^2（坎德拉每平方米）。

（39）路面平均亮度 average road surface luminance　按照 CIE 有关规定在路面上预先设定的点上测得的或计算得到的各点亮度的平均值。符合为 Lav。

（40）路面亮度总均匀度 overall uniformity of road suface luminance　路面上最小亮度与平均亮度的比值。符号为 Uo。

（41）路面亮度纵向均匀度 longitudinal uniformity of road surface luminance　同一条车道中心线上最小亮度与最大亮度的比值。符号为 UL。

（42）亮度对比 luminance contrast　视野中识别对象和背景的亮度差与背景亮度之比，即：$C = (Lo - Lb)/Lb$ 或 $C = \Delta L/Lb$

图名	附录C　路灯常用技术数据资料（三）	图号	CZ9-3

式中　C——亮度对比；

Lo——识别对象亮度；

Lb——识别对象的背景亮度；

ΔL——识别对象与背景的亮度差。

当 Lo＞Lb 时为正对比；

当 Lo＜Lb 时为负对比。

(43) 照度 illuminance　表面上一点的照度是入射在包含该点面元上的光通量 $d\Phi$ 除以该面元面积 dA 之商，即 $E＝d\Phi/dA$

照度的符合为 E，单位为 lx（勒克斯），$1lx＝1lm/m^2$。

(44) 路面平均照度 average road surface illuminance　按照 CIE 有关规定在路面上预先设定的点上测得的或计算得到的各点照度的平均值，符号为 Eav。

(45) 路面照度均匀度 uniformity of road surface illuminance　路面上最小照度与平均照度的比值，符号为 UE。

(46) 路面维持平均亮度（照度）maintained average luminance (illuminance) of road surface　路面平均亮度（照度）维持值。它是计入光源计划更换时光通量的衰减以及灯具因污染造成效率下降等因素（即维护系数）后设计计算时所采用的平均亮度（照度）值。

(47) 灯具的上射光通量比 upward light ratio　灯具安装就位时，其发出的位于水平方向及以上的光通量占灯具发出的总光通量的百分比。

(48) 反射比 reflectance　在入射光线的光谱组成、偏振状态和几何分布指定条件下，反射的光通量与入射光通量之比，符号为 ρ。

(49) 上射光通比（ULOR）Upward Light Output Ratio　当灯具安装在规范的设计位置时，灯具发射到水平面以上的光通量与灯具中全部光源发出的总光通量之比。

(50) 眩光 glare　由于视野中的亮度分布或者亮度范围的不适宜，或存在极端的对比，以至引起不舒适感觉或降低观察目标或细部的能力的视觉现象。

(51) 直接眩光 direct glare　由视野中，特别是在靠近视线方向存在的发光体所产生的眩光。

(52) 反射眩光 glare by reflection　由视野中的反射所引起的眩光，特别是在靠近视线方向看见反射像所产生的眩光。

(53) 光幕反射 veiling reflection　视觉对象的镜面反射，它使视觉对象的对比降低，以致部分地或全部地难以看清细部。

(54) 不舒适眩光 discomfort glare　产生不舒适感觉，但并不一定降低视觉对象的可见度的眩光。

(55) 失能眩光 disability glare　降低视觉对象的可见度，但不一定产生不舒适感觉的眩光。

(56) 阈值增量 threshold increment　失能眩光的度量。表示为存在眩光源时，为了达到同样看清物体的目的，在物体及背景之间的对比所需增加的百分比。该量的符号为 TI。

(57) 环境比 surround ratio　车行道外边 5m 宽的带状区域内的平均水平照度与相邻的 5m 宽车行道上平均水平照度之比。符号为 SR。

(58) 交会区 conflict areas　道路的出入口、交叉口、人行横道等区域。在这种区域，机动车之间、机动车和非机动车及行人之间、车辆与固定物体之间的碰撞有增加的可能。

图名	附录C　路灯常用技术数据资料（四）	图号	CZ9-3

（59）（道路）照明功率密度 lighting power density of road surface　单位路面面积上的照明安装功率（包含镇流器功率）。符号为 LPD，单位为 W/m^2（瓦特每平方米）。

（60）远动终端 remote terminal unit　由主站监控的子站，按规约完成运动数据采集、处理、发送、接收以及输出执行等功能的设备。

（61）熄灯时段 Curfew　也称宵禁。为控制干扰光光污染要求比较严格的时间段。通常是政府管理部门按时间分段方式控制照明的一种作法。照明时段一般分上半夜和下半夜两段，也可按钟点划分。

（62）三级负荷 three-class load　根据供电可靠性和中断供电在政治上、经济上所造成的损失或影响程度，将电力负荷分为一种负荷、二级负荷和三级负荷。

（63）夜景照明控制 nightscape lighting control　对夜景照明设施照射的亮度、色彩与时间进行调节的总称。

（64）三级控制 three class control　夜景照明设施按平日、节日和重大节日三级开关灯的控制方式。

（65）绿色照明 green lights　节约资源、保护环境、有益于提高人们的学习、工作效率和生活质量以及保障身心健康的照明。

（66）光效能 efficacy light　用光输出与能耗来度量，光效能用流明每瓦计量。

（67）溢散光 spill light（spray light）照明装置发出的光线中照射到被照目标范围外的部分光线。

（68）干扰光 obtrusive light　由于光的数量、方向或光谱特性，在特定场合中引起人的不舒适、分散注意力或视觉能力下降的溢散光。

（69）天空辉光 sky glow　又称天空变亮，源自于大气中各种成分（气体分子、气溶胶和颗粒物质）的散射形成的辐射（可见和非可见）反射，在天文观测方向看到的夜空变亮现象。它由以下两个独立部分组成：

1）自然天空光——天体和地球大气上层辐射过程引起的那部分天空光。

2）人为天空光——人工辐射光源形成的那部分天空光（例如室外照明），它包括直接向上和地面反射到空中的光辐射。

（70）光污染 light pollution　指干扰光或过量的光辐射（含可见光、紫外和红外光辐射）对人、生态环境和天文观测等造成的负面影响的总称。

（71）环境区域 enviroment zones　按规划或活动的内容，对限制干扰光光污染的提出相应要求的区域。区域划分为 E1 至 E4 共 4 个区域：E1 区为天然暗环境区，如国家公园和自然保护区等；E2 区为低亮度环境区，如乡村的工业或居住区等；E3 区为中等亮度环境区，如城郊工业或居住区等；E4 区为高亮度环境区，如城市中心和商业区等。

（72）无线电频率干扰 radio frequency interference（RFI）　由其他高频设备或元器件引起的对其最接近区域产生的无线电频率干扰。

（73）电磁干扰 electromagnetic interference（EMI）　由电子元器件或荧光灯所引起的高频干扰（电噪声），它们干扰电子元器件的运行，EMI 用 μV（微伏）来度量。

图名	附录 C　路灯常用技术数据资料（五）	图号	CZ9-3

（74）谐波畸变 harmonic distortion　谐波是一个周期波的正弦波形包含有基波频率的次数（倍数量），由镇流器产生的谐波畸变可影响电器和电网的运行。总谐波畸变（THD）通常用基波电流的百分数表示。

（75）白炽灯 incandescent lamp　用通电的方法加热玻壳内的灯丝，导致灯丝产生热辐射而发光的光源。

（76）卤钨灯 tungsten halogen lamp　填充气体内含有部分卤族元素或卤化物的充气白炽灯。

（77）荧光灯 fluorescent lamp　主要由放电产生的紫外辐射激发荧光粉层而发光的放电灯。

（78）高频荧光灯 high-frequency fluorescent lamp　利用高频电子镇流器产生的 20～100kHz 高频电流使灯管工作的荧光灯。

（79）三基色荧光灯 three-band fluorescent lamp　由蓝、绿、红谱带区域发光的三种稀土荧光粉制成的荧光灯。

（80）紧凑型荧光灯 compact fluorescent lamp　将放电管弯曲或拼结成一定形状，以缩小放电管线形长度的荧光灯，它包括单端和自镇流荧光灯。

（81）高频无极感应灯 high-frequency induction lamp　不需要电极，利用在气体放电管内建立的高频（频率达几兆赫）电磁场，使管内气体发生电离而产生紫外辐射激发玻壳内荧光粉层而发光的气体放电灯。

（82）低压钠灯 low pressure sodium lamp　放电稳定时，灯内钠蒸气的分压强为 0.1～1.5Pa 的钠灯。

（83）高压汞灯 high pressure mercury lamp　放电稳定时，汞蒸气的分压强达到或大于 105Pa 的汞灯。

（84）高压钠灯 high pressure sodium lamp　放电稳定时，灯内钠蒸气的分压强达到 104Pa 的钠灯。

（85）金属卤化物灯 metal halide lamp　由金属蒸气与金属卤化物分解物的混合物的放电而发光的放电灯。

（86）微波硫灯 microwave sulphur lamp　利用微波能量直接耦合到无电极的等离子体放电空间，激发硫或硒等非金属元素产生分子发光机理所制成的光源。

（87）发光二极管（LED）light emitting diode（LED）　发光二极管是一种场效发光光源，是将电能直接转换成光能的半导体器件。

（88）镇流器 ballast　为使放电稳定而与放电灯一起使用的器件，镇流器可以是电感式、电容式、电阻式或这些的组合方式，也可以是电子式的。

（89）电感镇流器 magnet ballast　电感、电容或电阻，单个或组合成的一种器件，接入电源或一个或多个灯之间，主要用于将光源的电流限制在所规定的数值。

（90）节能型电感镇流器 energy saving ballast　是电感镇流器的一种类型，它比普通电感镇流器效率高、温升低且寿命软长。

（91）电子镇流器 electronic ballast　用电子器件组成，将50～60Hz 变换成 20～100kHz 高频电流供给放电灯的镇流器。它同时兼有启动器和补偿电容器的作用。

图名	附录C　路灯常用技术数据资料（六）	图号	CZ9-3

(92) 电子调光镇流器 electronic dimming ballast　一种能变化荧光灯电子镇流器光输出的镇流器。

(93) 镇流器功率因数 ballast power factor　通过镇流器的交流电压（V）与电流（A）的乘积除以镇流器功率（W）的比值。

(94) 触发器 ignitor　产生脉冲高压（或脉冲高频高压）使放电灯启动的附件。

(95) 启动器 starter　启动放电灯的附件。它使灯的阴极得到必须的预热，并与串联的镇流器一起产生脉冲电压使灯启动。

(96) 色温（颜色温度）colour temperature　当光源的色品与某一温度下黑体的色品相同时，该黑体的绝对温度为此光源的色温度。该量的符号为 Tc，单位为 K。

(97) 相关色温（度）correlated colour temperature　当光源的色品点不在黑体轨迹上，且光源的色品与某一温度下黑体的色品最接近时，该黑体的绝对温度为此光源的相关色温。该量的符号为 Tcp，单位为 K。

(98) 一般显色指数 general colour rendering index　光源对国际照明委员会（CIE）规定的 8 种标准颜色样品特殊显色指数的平均值，通称显色指数，该量的符号为 Ra。

(99) 颜色对比 chromatic contrast, colour contrast　同时或相继观察视野中相邻两部分颜色差异的主观评价。色对比分为色调对比，明度对比和彩度对比等。

(100)（灯的）额定功率 rated power（of a type of lamp）　灯泡（管）的设计功率值，单位为 W。

(101)（灯的）全功率 total power（of a type of lamp）　给定某种气体放电灯的额定功率与其镇流器损耗功率之和。

(102)（灯的）额定光通量 rated luminous flux（of a type of lamp）　由制造厂给定的某种灯泡在规定条件下工作的初始光通量值，单位为 lm。

(103)（灯的）寿命 life（of a lamp）　灯泡点燃到失效、或者根据某种规定标准，点到不能再使用的状态时的累计燃点时间。

(104) 平均寿命 average life　在规定条件下，同批寿命试验灯所测得寿命的算术平均值。

(105) 光通量维持率 luminous flux maintenance factor　灯在给定点燃时间后的光通量与其初始光通量之比，通常用百分比表示。

(106)（灯的）发光效率 luminous efficiency（of a lamp）　灯的光通量与灯消耗的电功率之比，单位为 lm/W。

(107) 导体 conductor　能导电的物体称为导体。

(108) 绝缘体 insulator　不能导电的物体称为绝缘体。

(109) 半导体 semiconductor　导电性能介于导体与绝缘体之间的物质称为半导体。

(110) 电流 electric current　电荷有规则的运动称为电流。

(111) 电动势 electromotive force（EMF）　单位正电荷由低电位移向高电位的非静电力对它所做的功，称为电动势。

(112) 电压 voltage　单位正电荷由高电位移向低电位时电场力对它所做的功，称为电压；电压又叫电位差，它表示电场中两点间电位的差别。

| 图名 | 附录 C　路灯常用技术数据资料（七） | 图号 | CZ9-3 |

（113）电功率 electric Power　电场力（或电源力）在单位时间里所做的功就叫做电功率。

（114）电路 circuit　电流所流经的路径。

（115）电阻 resistance　加在导体两端的电压和通过导体的电流的比值叫做电阻。

（116）电压降 voltage drop　当电流通过电路时，产生的电压降落叫做电压降。

（117）电容 capacitance　电容器极板上的带电量 Q 和电容器的端电压 U 成正比，常数 C 就叫做电容器的电容量，简称电容。

（118）电感 inductance　线圈的磁链与电流的比值叫做自感系数，又叫做电感。

（119）自感 self inductance　表征一个载流线圈及其周围导磁物质性能的参量 L，叫做自感。

（120）互感 mutual inductance　表征两个线圈和其间导磁物质性能的参量 M，叫做互感。

（121）磁感应强度 magnetic induction　是表征空间某一点磁场特性的物理量，其量值是单位正电荷以单位速度向与磁场方向相垂直的方向运动时受到的磁场力。

（122）磁通 magnetic flux　磁感应强度 B 和垂直于磁场方向的面积 S 的乘积，叫做通过这块面积磁通 ϕ。

（123）磁链 magnetic chain　线圈的匝数 N 和磁通 ϕ 的乘积叫做磁链。

（124）直流电 direct current（DC）　电流的大小和方向都不随时间而改变的恒定电流，称为直流电。

（125）交流电 alternating current（AC）　电流的大小和方向随时间不断变化的交变电流，称为交流电。随时间按正弦规律变化的电流，称为正弦交流电。

（126）三相正弦交流电路 Three-phase AC、circuit　由 3 个频率相同彼此间的相位差为 120° 的电源组成的电路，称为三相正弦交流电路。

（127）周期 period　正弦量完成一次循环所需的时间叫做周期。

（128）频率 frequency　每秒内正弦量交变的次数叫做频率。在我国和世界其他大多数国家，电力工业的标准频率采用 50 赫，50 赫的频率在工业上应用最广，因此又叫做工频。

（129）相位 phase　电角度（$\omega t + \phi$）称为正弦交流电流的相角或相位。正弦量在 t＝0 时的相位叫做初相位。

（130）相位差 phase difference　两个同频率正弦量的相位差值叫相位差。

（131）有效值 effective value　交流电流 I 的有效值是指在同一电阻中分别通以直流电流与交流电流，如经过一个交流周期时间，它们在电阻上所损失的电能是相等的，则将该直流电流的大小作为交流电流的有效值 I。

（132）感抗 inductive reactance　电感线圈在电感电路中所起的限制电流通过的作用，叫做电感电抗，简称感抗。

（133）容抗 capacitive reactance　电容在电容电路中所起的限制电流通过的作用，叫做容抗。

图名	附录C　路灯常用技术数据资料（八）	图号	CZ9-3

（134）中线 midline　电源星形（Y）连接时，三个末端连接在一起的那一点，叫做中点或零点，从中点引出的连接线叫做中线或中性线（也称零线）。

（135）相线 phaseline　电源星形连接时，从始端引出的三根连接线叫做端线或相线（俗称火线）。

（136）相电压 phase voltage　电源星形连接时，相线与中线之间的电压称为相电压。

（137）线电压 line voltage　各相线之间的电压称为线电压。

（138）有功功率 active power　单位时间（s）内在电路的电阻上所作的功叫有功功率。

（139）视在功率 apparent power　交流电路中电压和电流的有效值的乘积，称为视在功率。

（140）功率因数 power factor　有功功率与现在功率的比值称为功率因数。

（141）无功功率 peactive power　以 Q 表示，单位为 var，定义为 $Q=UIsin\phi$，当 $\phi>0$ 时为感性，且 $Q>0$；当 $\phi<0$ 时为容性，且 $Q<0$。

（142）灯具效能 luminous efficacy of a luminaire

在规定的使用条件下，LED 灯具发出的总光通量与输入的功率所得之商，单位为流明每瓦特（lm/W）。

（143）适应性照明 adaptive lighting

一种根据道路条件、交通状况及周边环境影响合理选择道路亮度等级的动态照明智能控制方式。

（144）恒照度控制 constant illuminance control

一种利用调光技术确保照明系统在整个维护周期内，照度水平保持不变照明控制方式。

（145）灯具损坏率 failure rate of luminaires

灯具自安装使用后失效累计数量与该型号灯具安装数量之比。

（146）色容差 chromaticity tolerances

表征一批光源中各光源与光源额定色品的偏离，用颜色匹配标准偏差 SDCM（standard deriation of color matching）表示。

（147）显色指数 colour rendering index

光源显色性的度量，以被测光源下物体颜色和参考标准光源下物体颜色的相符合程度来表示。

（148）特殊显色指数 special colour rendering index

Ri 光源对国际照明委员会（CIE）选定的第 1～15 号标准颜色样品的显色指数。

（149）相关色温（度）correlated colour temperature

Tcp 当光源的色品点不在黑体轨迹上，且光源的色品与某一温度下的黑体的色品最接近时，该黑体的绝对温度为此光源的相关色温（度），简称相关色温，单位为开（K）

（150）色品 chromaticity

用国际照明委员会（CIE）标准色度系统所表示的颜色性质。由色品坐标定义的色刺激性质。

（151）照明节电率 lighting energy saving rate

LED 照明工程全年累计设计用电量和全年累计标准用电量的差值与全年累计标准用电量之比。

图名	附录C　路灯常用技术数据资料（九）	图号	CZ9-3

二、基本电学定律和定理（附表C-1），基本电学公式（附表C-2）

附表C-1

基本电学定律和定理

名　称	内　容	公式表示
欧姆定律	线性电阻的电流大小与电阻两端电压的高低成正比，而与电阻的阻值大小成反比	$I=\dfrac{U}{R}$
基尔霍夫第一定律	在电路的任一节点上，流入（或流出）节点的电流的代数和恒等于零	$\sum I=0$
基尔霍夫第二定律	沿任一回路一个方向在任一时刻其各段的电压代数和恒等于零	$\sum U=0$
叠加定理	线性电路中任一支路的电压或电流，等于电路中各个电源单独作用时在该支路所产生的电压或电流的代数和	$I=I'+I''$ $U=U'+U''$
戴维南定理	线性有源一端口网络，对外电路而言，都可以简化为一个等效的电压源。该电压源的电压等于端口处的开路电压，其内阻等于一端口中诸独立电源置零后，增口处的入端电阻	
楞次定律	线圈中感应电动势的方向总是企图使它所产生的感应电流反抗原有磁通的变化，也就是说，当磁通要增加时，感应电流产生的磁通的方向要反抗它的增加；当磁通要减少时，感应电流产生的磁通的方向要反抗它的减少。这个规律就叫做楞次定律	
感应电动势	线圈中的感应电动势等于其磁链变化率的负值	$e=-N\dfrac{\Delta\phi}{\Delta t}\times10^{-8}$
换路定则	电感中的电流或电容两端的电压，在换路后的瞬间应和换路前瞬间的数值相等	$U_c(0+)=U_2(0-)$ $i_1=(0+)=i_2(0-)$

图名	附录C　路灯常用技术数据资料（十）	图号	CZ9-3

基本电学公式 附表C-2

名称	公式	备注
导体的电阻	$R=\rho\dfrac{l}{S}\times10^4$	R——导体的电阻(Ω) l——导体的长度(m) S——导体的截面积(mm^2) ρ——导体的电阻率($\Omega\cdot m$)
负载的功率	$P=UI=I^2R=\dfrac{U^2}{R}$	P——负载功率(W) U——负载两端电压(V) I——通过负载的电流(A) R——负载的电阻(Ω)
均匀磁场中,磁感应强度	$B=\dfrac{F}{Il}$	F——载流导线所受到的电磁力(N) B——磁场中某点的磁感应强度(Wb/m^2) l——与磁场方向垂直的导线长度(m) I——导线中通过的电流(A)
磁通	$B=\dfrac{\phi}{S}$	ϕ——磁通(Wb) S——磁路截面积(m^2) B——磁感应强度(Wb/m^2)
线圈的电感	$L=\mu\dfrac{N^2S}{L}$	N——线圈匝数 S——线圈截面积(m^2) L——线圈长度(m) μ——线圈芯材料的导磁系数(H/m)

图名	附录C 路灯常用技术数据资料(十一)	图号	CZ9-3

名称	公式	备 注
感抗	$X=\omega L=2\pi fL$	L——线圈的电感(H) f——电源电压的频率(Hz) $\omega=2\pi f$——电源的角频率(rad/s) X——感抗(Ω)
容抗	$X_c=\dfrac{1}{\omega C}=\dfrac{1}{2\pi fC}$	C——电容元件的电容量(F) X——容抗(Ω) ω、C——同上
单相交流电路的功率	$P=UI\cos\varphi$ $S=UI$ $Q=UI\sin\varphi$	P——有功功率(W) S——视在功率(VA) Q——无功功率(Var) U——电压有效值(V) I——电流有效值(A) φ——电压超前电流的角度(也称阻抗角)
功率因数	$\lambda=\cos\varphi=\dfrac{P}{S}$	I、S——同上 λ——功率因数
并联补偿 电容值	$C=\dfrac{P}{\omega U^2}(\tan\phi_1-\tan\phi)$ $=\dfrac{P}{2\pi fU^2}(\tan\phi_1-\tan\phi)$	P——电源向负荷供给的有功功率(W) U——系统电压(V) ω——同上 f——系统频率(Hz) ϕ_1——并联电容前,负荷的阻抗角 ϕ——并联电容后,负荷的阻抗角 C——补偿电容(F)

图名	附录C 路灯常用技术数据资料（十二）	图号	CZ9-3

续表 C-2

名　称	公　式	备　注
三相电路 的功率	$P=\sqrt{3}UI_1\cos\varphi$ $S=\sqrt{3}UI_1$ $Q=\sqrt{3}UI_1\sin\varphi$	P——三相对称电路的有功功率（W） S——三相对称电路的视在功率（VA） Q——三相对称电路的无功功率（Var） U_1——线电压（V） I_1——线电流（A） $\lambda=\cos\varphi$——一相负荷的功率因数 注 　（1）对于三相对称电路,不论负荷是接成星形还是三角形,计算功率的公式是完全相同的 　（2）如果三相负荷不对称,则应分别计算各相功率,三相的总功率等于三个单相功率之和

图名	附录C　路灯常用技术数据资料（十三）	图号	CZ9-3

三、城市照明有关计算公式及相关符号（附表 C-3～附表 C-4）

光度量的名称、符号、定义和单位

附表 C-3

名称	符号	定义和公式	单位名称和代号		说明
			SI 制	换算关系	
光量	Q	人眼能感知的辐射能量即 $$Q=383\int_{800}^{700}Q_oVQ\,\mathrm{d}x$$ 或为光通量对时间的积分	流明·秒 lm·s		Q_e 光谱辐射能量，$V(\lambda)$ 明视觉光谱光效率
光通量	ϕ	单位时间内辐射或传递的光量 $$\phi=\frac{\mathrm{d}Q}{\mathrm{d}t}$$	流明 lm	流明是一个导出单位，即具有均匀光强度 1 坎德拉的点光源在单位立体角（1 球面度）内发射的光通量为 1 流明	$1lm=1cd\times1Sr$ Sr（球面度）
发光强度（光强）	I	单位立体角中发出的光通量 $$I=\frac{\mathrm{d}\Phi}{\mathrm{d}\omega}$$	坎[德拉] cd		1cd 的定义是频率为 540×10^{13} Hz 的单位辐射光源，在辐射强度为 1/683W/Sr（每球面度 1/683W）方向上的光强值
亮度	L	发光体在给定方向上单位投影面积中发出的发光强度 $$L=\frac{\mathrm{d}l}{\mathrm{d}S\cos\theta}$$ $$=\frac{\mathrm{d}^2\Phi}{\mathrm{d}\omega\mathrm{d}S\cos\theta}$$	坎/米² cd/m²	1nt（尼特）$=1cd/m^2$ 1sd（熙提）$=10^4cd/m^2$ 1asd（亚熙提）$=\frac{1}{\pi}cd/m^2$ 1L（郎伯）$=\frac{10^4}{\pi}cd/m^2$ 1fL（英尺郎伯）$=3.426cd/m^2$	
照度	E	被照面单位面积入射的光通量 $$E=\frac{\mathrm{d}\Phi}{\mathrm{d}S}$$	勒克斯 lx	1ph（幅脱）$=10^2lx$ 1fc（英尺·烛光）$=10.764lx$	$1lx=1lm/m^2$ $1ph=1lm/cm^2$ $1fc=1lm/ft^2$（平方英尺）
光出射度	M	单位面积上发出的光通量 $$M=\frac{\mathrm{d}\Phi}{\mathrm{d}S}$$	流明/米² lm/m²		

图名	附录 C 路灯常用技术数据资料（十四）	图号	CZ9-3

名　称	公　式	备　注
路面上任意一点照度的计算	(1) 一个灯具在 p 点上产生的照度 $E_p = \dfrac{I_{vc}}{h^2}\cos^3\gamma$ (2) n 个灯具在 p 点上产生的总照度 $F_p = \sum\limits_{i=1}^{n} E_{pi}$	I_{vc}——灯具在 v,c 方向的光强(cd) γ, c——分别为计算点 p 相对于该灯具的垂直角和水平角(°) h——灯具安装高度(m)
路面平均照度计算	(1) 数值计算 $$E_{av} = \dfrac{\sum\limits_{i=1}^{n} E_i}{n}$$ (2) 根据利用系数曲线图进行计算 $$E_{av} = \dfrac{\eta\phi MN}{WS}$$	E_{av}——路面平均水平照度 E_i——第 i 个计算点上的照度 n——计算点的总数 η——利用系数 ϕ——光源光通量(流明/只) M——维护系数，一般取 0.6~0.7 范围内 N——每个灯具内实际点燃的灯泡数 W——路面宽度(m) S——灯杆间距(m)
照度均匀度的计算	$U = E_{min}/E_{av}$	U——照度均匀度 E_{min}——路面上的最小照度 E_{av}——平均照度
路面上任意一点亮度的计算	$L_p = \sum\limits_{i=1}^{n} \dfrac{I(C_1\gamma_1)}{h^2}\cos^3\gamma_2 \cdot q(\beta_1 \cdot \gamma_1)$ $= \sum\limits_{i=1}^{n} r(\beta_1 \cdot \gamma_1)\dfrac{I(C_1 \cdot \gamma_1)}{h^2}$	$C_1 \cdot \gamma_1$——计算点(p)相对于第 i 个灯具的角度 $I(C_1 \cdot \gamma_1)$——第 i 个灯具在 $C_1 \cdot \gamma_1$ 方向的光强值可由该种灯具的等光强曲线图查出 $r(\beta_1 \cdot \gamma_1)$——查《城市道路照明设计标准》附录 A
亮度均匀度的计算	(1) 总均匀度的计算 　　$U_o = l_{min}/L_{ay}$ (2) 纵向均匀度的计算 　　$U_2 = L'_{min}/L'_{max}$	U_o——亮度总均匀度 L_{min}——整个路面最小亮度； L'_{min}——每条车道中心线上的最小亮度 L'_{max}——每条车道中心线上的最大亮度

名称	公 式	备 注
路面平均亮度的计算	(1)数值计算 $$L_{av}=\frac{\sum_{i=1}^{n}L_i}{n}$$ (2)利用亮度输出曲线图计算 $$L_{av}=M\eta q\phi/SW$$	L_{xv}——路面平均亮度 L_i——第i点的亮度值 n——计算点的总数 η——亮度利用系数 ϕ——光源光通量(lm) q——路面平均亮度系数(cd/m² · lx) S——照明器的间距(m) W——路面宽度(m) M——维护系数
眩光计算	一、不舒适眩光的计算 (1)根据公式计算 $G=13.84-3.31lgl+1.3(lg/l)^k-0.08lg(l_{so}/l_m)$ $+1.29lgF+C+0.97lgl_{av}+4.41lgh^1-1.46lgP$ (2)根据诺模图计算 二、失能眩光的计算 (1)根据计算公式计算 $TI=\frac{65L_4}{L_{uv}^{ox}}$ (2)根据诺模图进行计算 首先由计算等效光幕亮度的诺模图查出的等效光幕亮度L_v,再由计算相对阈值增量的诺模图2-3查出相对阈值增量 TI(%)见《城市道路照明设计标准》	l、l——灯具在和路轴平等的平面内,与向下垂直轴形成80°、88°夹角方向上的光强值(cd) F——灯具在和路轴平行的平面内,投影在76°角方向上的发光面积(m²) C——所用光源的颜色系数,当采用低压钠灯时,其值为+0.4;高压钠灯时,其值为+0.1;高压汞灯时,其值为-0.1;其他光源时,其值为0 l_{ax}——路面平均亮度 P'——水平视线(1.5m)距灯的高度(m) P——等公里安装灯具的数目 L——等效光幕亮度,其值为$\sum_{i=1}^{n}k\frac{E_i}{Q_i^2}$,当$Q_1$以度表示时,$k=10$;当$Q_1$以弧度表示时,$k=3\times10^3$ E——第i个眩光源在眼睛上(与视线相垂直的平面上)产生的照度 Q——观看方向和第i个眩光源入射到眼睛里的光线之间的夹角(rad或度)

图名	附录C 路灯常用技术数据资料(十六)	图号	CZ9-3

349

名 称	公 式	备 注
照度测量的计算	一、平均照度的计算 (1)按四点法布点的计算 $$E_{平均}=\frac{1}{4MN}(\sum E_e+2\sum E_a+4\sum E)$$ (2)按中心法布点的计算 $E_{平均}=\frac{1}{MN}\sum E$ 二、照度均匀度的计算 $$U_1=E_{最小}/E_{最大}$$ $$U_2=E_{最小}/E_{平均}$$	E——平均照度(lx) E_e——测量区 4 个角处测点的照度(lx) E_a——除 4 个角外四条外边上测点的照度(lx) E——测量区 4 条外边以内的照度(lx) E——第 i 个测点上测得的照度(lx) M——测量区纵方向格子数 N——测量区横方向格子数 $E_{最小}$——最小照度,可在规则布置的测点上测得的照度值中找出 $E_{最大}$——最大照度,可在规则布置的测点上测得的照度值中找出 U_1——照度均匀值(极差) U_2——照度均匀值(均差)
路灯线路电压损失计算公式	一、三相四线平衡配电 $\Delta U\%=M\cdot\Delta L_a\%$ 二、单相配电 $\Delta U\%=U[(\Delta u_a\%)_2+(\Delta u_a\%)_0]$,若相线和零线截面积相同,$\Delta U\%=2M\cdot\Delta u_a\%$ 三、两相配电 $$\Delta U\%=M\left[(\Delta L_1\%)_0+0.5(\Delta u_a\%)_0\pm\frac{\sqrt{3}}{2}\Delta U\%\right]$$ 若相线和零线截面积相同 $\Delta U\%=$ $$M_1\left[1.5\Delta U\%\pm\frac{\sqrt{3}}{2}\Delta U_4\%\right]$$	$\pm U\%$——电压损失百分数 M_1——电流矩(A·km),$M_1=I\cdot L$ I——线路工作电流(A) L——线路始端至末端的距离(km) $(\Delta U\%)_0$——单位电流矩的电压损失百分数(%A·km) $(\Delta u_a\%)_0$——相线上的电压损失百分数 $(\Delta u_a\%)_0$——零线上电压损失百分数 $\Delta U\%$——电抗性压降百分数
路灯线路的功率损耗计算	(1)对于末端的集中负荷 $$P=I^2R=I^2OL$$ (2)路灯线路沿线均匀布灯,无支路安装灯泡规格相同 $$P_2\approx\frac{1}{3}I_k^2R$$	P_1——线路的功率损耗(W) T——线路的工作电流(A) R——长度为 L(km)的导线电阻(Ω) L——导线的长度(km),如需计入零线的功率损耗,当零线电流的有效值与相线相同时,L 是线路地埋长度的两倍 r_a——单位长度导线的电阻(Ω/km) L_a——n 只同一规格灯泡总的额定工作电流(A)

图名	附录 C 路灯常用技术数据资料(十七)	图号	CZ9-3

续表 C-4

名 称	公 式	备 注
路灯容量的计算	一个供电点路灯的总容量 $\sum S = 0.22\sum I$ 如果一个供电范围内使用 n 种灯泡,每种灯泡有 N_1 个,N_2 个……N_3 则总电流的有功分量为 $(\sum I)p = N_1 I_1 \cos\varphi_1 + N_2 I_2 \cos\varphi_2 + \cdots + N_n I_n \cos\varphi_n$ 总流的无功分量为 $(\sum I)o = N_1 I_1 \sin\varphi_1 + NL\sin\varphi_2 + \cdots + NL\sin\varphi_n$ 总电流为 $\sum I = \sqrt{(\sum I)^2 p + (\sum I)^2 q}$ 总的功率因数为 $\cos\varphi = \dfrac{(\sum I)p}{\sum I}$ 总的有功功率为 $\sum P = \sum S\cos\varphi$ 如果该范围内的路灯是三相配电,每相的灯数分别为 N_1、N_2、N_3,则按上述方法分别算出各相的总电渡 $\sum I$、$\sum I_a$、$\sum I$,以及每相的有功功率 $\sum P_1$、$\sum P_2$、$\sum P_3$ 则:$\sum S = 0.22(\sum I_3 + \sum I_a + \sum I)$ $\sum p = \sum P_1 + \sum P_2 + \sum P_3$ 每只电感限流的气体放电灯的功率因数 $\cos\varphi = \dfrac{P_e + p}{220 I_e}$ 镇流器损耗的功率 $P_z = I_z^2 Z\cos\varphi_z$	$\sum I$——该供电点总的工作电流(A) I_1、I_2……I_n——为对应的各种灯泡的额定工作电流(A) $\cos\varphi_1$、$\cos\varphi_2$……$\cos\varphi_n$——与对应的各种灯的功率因数 $\sin\varphi_1$、$\sin\varphi_2$……$\sin\varphi_n$——与 $\cos\varphi_1$、$\cos\varphi_2$……$\cos\varphi_n$ 相对应的 φ_1、φ_2……φ_n 角的正弦值 P_a——灯泡的标称功率(W); I——灯泡的额定工作电(A); 如实行单灯补偿,则 I_A 是补偿后每套灯的工作电流 I——镇流器的额定工作电流(A); Z——镇流器的阻抗(Ω); $\cos\phi_2$——镇流器的功率因数。 对 400W 以下的汞钠灯 $\cos\varphi_z \leqslant 0.075$

图名 附录C 路灯常用技术数据资料(十八) 图号 CZ9-3

351

名 称	公 式	备 注
路灯低压电源供电半径的计算	一、没有分支路灯时路灯低压电源的供电半径： (1)单相配电 $$R_{单相}=\sqrt{\frac{\Delta U\%}{\Delta U_a\%}\cdot\frac{U_{a\varphi}\cos\varphi}{P_c}}\ (km)$$ (2)三相配电 $$R_{三相}=\sqrt{6}\cdot\sqrt{\frac{\Delta U\%}{\Delta U_a\%}\cdot\frac{U_{a\varphi}\cos\varphi}{P_a}}\ (km)$$ 二、支路和住宅区路灯干线的供电半径 $$R_{单相(线)}=\sqrt[3]{\frac{\Delta U\%}{\Delta U_a\%}\cdot\frac{2U_{a\varphi}\cos\varphi}{P_c}}\ (km)$$ $$R_{本相(线)}=\sqrt[3]{6}\cdot\sqrt[3]{\frac{\Delta U\%}{\Delta U_a\%}\cdot\frac{2U_{a\varphi}\cos\varphi}{P_o}}\ (km)$$	$\Delta U\%$——电压损失百分数(%) $\Delta U\%$——单位电流矩的电压损失百分数(%/A·km) P_o——两侧布灯的道路中，每一侧的负荷(kW/km) $U_{c\varphi}$——相电压=0.22kV $\cos\varphi$——灯的功率因数 $P_{单相}$、$R_{三相}$——路灯负荷密度为 P_o 时，单相配电，三相配电的供电半径。它的面积为 2R×2R 的正方形的内接圆半径(km) P_a——路灯负荷的密度(kW/km²)
补偿电容器的容量计算	(1)单灯补偿 $$C=\frac{3180}{U^2}P(\tan\varphi_1-\tan\varphi_2)$$ $$=\frac{3180}{220^2}(P_L+P_2)(\tan\varphi_1-\tan\varphi_2)$$ $$=0.0657(P_L+I^2Z\cos\varphi_2)(\tan\varphi_1-\tan\varphi_2)$$ (2)集中补偿 1)单相接线的电容器,其容量为 $$Q=\omega U_\varphi^2 C\times10^{-3}\ (kvar)$$ 2)三相三角形接线的电容器,其容量为 $$Q=3\omega U_1^2 C\times10^3\ (kvar)$$ 3)三相星形接线的电容器,其容量为 $$Q=U_1^3 C\times10^3\ (kvar)$$	C——电容(μF) P——一套灯的有功功率(W),包括灯泡和镇流器消耗的功率 L——灯泡的工作电流 Z——镇流器的阻抗 $\cos\varphi_2$——镇流器的功率因素 $\tan\varphi_2,\tan\varphi_2$——与补偿前后 $\cos\varphi_1$、$\cos\varphi_2$ 相对应的 φ_1、φ_2 的正切值 R——灯泡的标准功率(W) P_a——镇流器的损耗功率(W) U_φ——相电压(kV) U_o——线电压(kV) $\omega=2\pi f,f=50Hz$

图名	附录C 路灯常用技术数据 资料（十九）	图号	CZ9-3

名　称	公　式	备　注
接地装置 的计算	一、埋设在地下的金属管道的接地电阻值的计算： $$R_L=\frac{\rho}{2\pi L_g}\cdot\ln\frac{L_g^2}{2rh_g}$$ 二、单根棒形垂直接地体的接地电阻的计算 $$R_L=\frac{\rho}{2\pi L_g}\cdot\ln\frac{4L_g}{d_g}$$ 三、埋入地下 h 米时单根水平接地体的接地电阻值的计算 $$R_o=\frac{\rho}{2\pi L_a}\left(\ln\frac{L_g^2}{d_3h_3}+K\right)$$ 四、复合接地体的接地电阻值计算 $$R_1=\frac{R_L\cdot R_g}{n\eta_iR_L+\eta_gR_g}$$	r——管道的外半径（cm） h_g——管道的几何中心埋深（cm） L_g——管道的电气长度（cm） ρ——土壤电阻率（$\Omega\cdot$cm） $\ln$——自然对数 d_o——垂直接地体的直径（cm） L_g——垂直接地体的长体（cm） L_3——水平接地体的总长度（cm） h_g——接地体埋入地下的深度（cm）；市内不宜小于50cm，郊 　　　区和农村不宜小于80cm d_s——扁钢或圆钢的等效直径（cm） R_L——单根垂直接地体接地电阻（Ω） R_S——单根水平接地体接地电阻（Ω） η_i——垂直接地体利用系数 n——垂直接地体根数 η_S——水平接地体利用系数

图名	附录C　路灯常用技术数据 资料（二十）	图号	CZ9-3

四、常用单位换算表（附表C-5～附表C-14）

英寸和毫米换算

英寸 （分数）	英寸 （小数）	我国习惯 称呼	毫米	英寸 （分数）	英寸 （小数）	我国习惯 称呼	毫米
1/16	0.0625	半分	1.5875	9/16	0.5625	四分半	14.2875
1/8	0.1250	一分	3.1750	5/8	0.6250	五分	15.8750
3/16	0.1875	一分半	4.7625	11/16	0.6875	五分半	17.4625
1/4	0.2500	二分	6.3500	3/4	0.7500	六分	19.0500
5/16	0.3125	二分半	7.9375	13/16	0.8125	六分半	20.6375
3/8	0.3750	三分	9.5250	7/8	0.8750	七分	22.2251
7/16	0.4375	三分半	11.1125	15/16	0.9375	七分半	23.8125
1/2	0.5000	四分	12.7000	1	1.000	一英尺（八分）	25.4000

注：英制单位是应废除的计量单位，仅在旧的设备上沿用，故列此仅作对照。

面积单位换算

厘米²	米²	公亩	公里²	市尺²	市亩	市里²	英寸²	英尺²	英亩	英里²
1	0.0001			0.0009			0.1550	0.0011		
1000	1	0.0100		9.000	0.0015		1550	10.764	0.00025	
	100.00	1	0.0001	900.00	0.1500			1076.4	0.0247	
		10000	1		1500	0.0004			247.12	0.3861
1111.1	0.1111			1	0.0017	4	172.22	1.1960		
666.67	6.667			6000	1			7176	0.1647	0.00026
	2500	0.2500			375.00				61.763	0.0965
6.4516				0.0058		1	1	0.0069		
929.03	0.0929			0.8361	0.00014		144	1		
	4046.9	40.467		36422	6.0700			43560	1	0.0016
	25900	2.59		3885	10.36				640	1
	0.0918			0.8264				0.9881		

图名	附录C 路灯常用技术数据 资料（二十一）	图号	CZ9-3

厘米^3	米^3	升	尺^3	英寸^3	英尺^3	美加仑	英加仑	日尺^3	日升
1				0.061					
	1	1000	27	61024	35.315	264.18	219.98		
1000	0.001	1	0.027	61.027	0.035	0.264	0.220		
	0.037	37.046	1	2260	1.308	9.784	8.1515		
16.387		0.0164	0.0004	1	0.0006	0.0043	0.0036		
	0.0283	28.317	0.7646	1728	1	7.4805	6.229		
	0.0038	3.7853	0.1022	231	0.1337	1	0.8327		
	0.0045	4.546	0.1227	277.34	0.1605	1.201	1		
	0.0278		0.7513		0.9827			1	
		1.8039			0.0637	0.4816	0.3968		1

克	公斤	吨	市两	市斤	市担	盎司	磅	美吨（短）	英吨（长）	日斤	普特
1	0.001		0.02	0.002		0.0353	0.0022				
1000	1	0.001	20	2	0.02	35.274	2.2046				
	1000	1	20000	2000	20	35274	2204.6	1.1023	0.9842		
50	0.05		1	0.1		1.7637	0.1102				
500	0.5		10	1	0.01	17.637	1.1023				
	50	0.05	1000	100	1	1763.7	110.23	0.0551	0.0492		
28.35	0.0284		0.567	0.0567		1	0.0625				
453.59	0.4536		9.072	0.9072		16	1				
	907.19	0.9072		1814.4	18.144	32000	2000	1	0.8929		
	1016.1	1.016	20321	2032.1		35840	2240	1.12	1		
	0.6			1.2			1.3226			1	
	16.38			32.76			36.112			27.30	1

图名	附录C　路灯常用技术数据 资料（二十二）	图号	CZ9-3

千瓦	公制马力	英制马力	公斤·米/秒	磅·英尺/秒	千卡/秒	英热单位/秒
1	1.3596	1.3410	101.9716	737.6527	0.2391	0.9486
0.7355	1	0.9863	75	542.300	0.1758	0.6977
0.7457	1.0139	1	76.0402	550	0.1783	0.7068
0.0098	0.0133	0.0132	1	7.2330	0.0023	0.0003
0.001356	0.00184	0.00182	0.1383	1	0.00032	0.0013
4.1824	5.6859	5.6082	426.4453	3084.516	1	3.9583
1.0550	1.4345	1.4148	107.58	778.168	0.2520	1

正多边形的边长及面积速算表 附表C-11

n	a	b	c	d	e	f
3	0.433	1.299	1.732	3.464	0.577	0.289
4	1.000	2.000	1.414	2.000	0.707	0.500
5	1.721	2.378	1.176	1.453	0.851	0.688
6	2.598	2.598	1.000	1.155	1.000	0.866
8	4.828	2.828	0.765	0.828	1.307	1.207
10	7.694	2.939	0.618	0.650	1.618	1.539

特殊角的三角函数值 附表C-10

α	0°	30°	45°	60°	90°
角α的弧度数	0	$\frac{\pi}{6}$	$\frac{\pi}{4}$	$\frac{\pi}{2}$	$\frac{\pi}{2}$
sinα	0	$\frac{1}{2}$	$\frac{\sqrt{2}}{2}$	$\frac{\sqrt{3}}{2}$	1
cosα	1	$\frac{\sqrt{3}}{2}$	$\frac{\sqrt{2}}{2}$	$\frac{1}{2}$	0
tgα	0	$\frac{\sqrt{3}}{3}$	1	$\sqrt{3}$	不存在
Ctgα	不存在	$\sqrt{3}$	1	$\frac{\sqrt{3}}{3}$	0

$S=$面积，$A=$边长

$R=$正多边形外接圆半径

$r=$内切圆半径

$n=$正多边形的边之数

$S=aA^2=bR^2$

$A=dR=dr$ $A=2\sqrt{R^2-r^2}$

$R=eA$ $r=fA$

图名	附录C 路灯常用技术数据 资料（二十三）	图号	CZ9-3

平面形的面积公式表

名称	符号	面积(S)
正方形	a—边,b—半边,d—对角线	$S=a^2=4b^2=\dfrac{1}{2}d^2$
矩形	a,b—边,d—对角线	$S=ab=b\sqrt{d^2-b^2}=a\sqrt{d^2-a^2}$
三角形	B—底,R—高,abc—各边,$P-\dfrac{1}{2}(a+b+c)$	$S=\dfrac{1}{2}BH=\sqrt{P(P-a)(P-b)(P-c)}$
梯形	a—顶边,b—底边,h—高	$S=\dfrac{1}{2}h(a+b)$
圆形	d—直径,r—半径,c—周长,n—中心角,l—弧长	$c=2\pi r,l=\dfrac{n}{360}\cdot 2\pi r,S=\pi r^2=\dfrac{1}{2}lr$
扇形	r—半径,l—弧长,n—中心角	$S=\dfrac{n}{360}\cdot\pi r^2=\dfrac{1}{2}lr$
缺圆形(弓形)	r—半径,l—弧长,n—中心角,c—弦长,h—高	$S=\dfrac{n}{360}\cdot\pi r^2-\dfrac{1}{2}r^2\sin(n°)=\dfrac{1}{2}[lr-c(r-h)]$
抛物线形	b—底边,H—高	$S=\dfrac{2}{3}BH$
椭圆形	a—长半径,b—短半径	$S=\pi ab$

图名	附录C 路灯常用技术数据 资料(二十四)	图号	CZ9-3

立体的表面积和体积公式表

名称	符号	表面积(S)	体积(V)
球	r—半径	$S=4\pi r^2$	$V=\dfrac{4}{3}\pi r^2$
圆环体	D—中心环径,d—环直径	$S=\pi^2 Dd$	$V=\dfrac{\pi^2}{4}Dd^2$
球缺	r—半径,h—高,c—小圆直径	$S=2\pi Rh+\dfrac{\pi}{4}c^2$	$V=\pi h^2\left(r-\dfrac{1}{3}h\right)$
圆柱体	r—半径,h—高	$S=2\pi Rh+2\pi R^2$	$V=\pi R^2 h$
圆锥体	r—底面半径,h—高,l—母线长	$S=\pi rl+\pi r^2$	$V=\dfrac{1}{3}\pi r^2 h$
圆台	R—下底半径,r—上底半径,l—母线长	$S=\pi(R+r)\cdot l+\pi R^2+\pi r^2$	$V=\dfrac{1}{3}\pi h(R^2+r^2+Rr)$
正棱锥	p—底周长,h'—斜高,S'—底面积,h—高	$S_{侧}=\dfrac{1}{2}p\cdot h'$	$V=\dfrac{1}{3}S'\cdot h$
正棱台	p—底周长,h'—斜高 p'—上底周长,h—高 S_1,S_2 分别为两底面的面积	$S_{侧}=\dfrac{1}{2}(p+p')\cdot h'$	$V=\dfrac{1}{3}h(S_1+S_2+\sqrt{S_1 S_2})$

图名	附录C 路灯常用技术数据 资料（二十五）	图号	CZ9-3

三角函数表

角(度)	sin		cos		tan		cot		↑
	真数	对数	真数	对数	真数	对数	真数	对数	
0	.0000	$-\infty$	1.0000	10.0000	.0000	$-\infty$	∞	∞	90
1	.0175	8.2419	.9998	9.9999	.0175	8.2417	57.2900	11.7851	89
2	.0349	8.5428	.9994	9.9997	.0349	8.5431	28.6363	11.4569	88
3	.0523	8.7188	.9986	9.9994	.0524	8.7194	19.0811	11.2806	87
4	.0689	8.8436	.9976	9.9989	.0699	8.8446	14.3007	11.1554	86
5	.0871	8.9403	.9962	9.9983	.0875	8.9419	11.4301	11.0581	85
6	.1045	9.0192	.9945	9.9976	.1051	9.0216	9.5144	10.9784	84
7	.1219	9.0859	.9925	9.9968	.1228	9.0891	8.1443	10.9109	83
8	.1392	9.1436	.9903	9.9958	.1405	9.1478	7.1154	10.8522	82
9	.1564	9.1943	.9877	9.9946	.1584	9.1997	6.3138	10.8003	81
10	.1763	9.2397	.9848	9.9934	.1763	9.2463	5.6713	10.7537	80
11	.1908	9.2806	.9816	9.9919	.1944	9.2887	5.1446	10.7114	79
12	.2079	9.3179	.9781	9.9904	.2126	9.3275	4.7046	10.6725	78
13	.2250	9.3521	.9744	9.9887	.2309	9.3634	4.3315	10.6366	77
14	.2419	9.3837	.9703	9.9869	.2493	9.3968	4.0108	10.6032	76
15	.2588	9.4130	.9659	9.9849	.2679	9.4281	3.7321	10.5719	75
16	.2756	9.4403	.9613	9.9828	.2867	9.4575	3.4874	10.5423	74
17	.2924	9.4659	.9562	9.9806	.3057	9.4853	3.2709	10.5147	73
18	.3090	9.4900	.9511	9.9782	.3249	9.5118	3.0777	10.4882	72
19	.3256	9.5126	.9455	9.9757	.3443	9.5370	2.9042	10.4630	71
20	.3420	9.5341	.9397	9.9730	.3640	9.5611	2.7475	10.4389	70
21	.3584	9.5543	.9336	9.9702	.3839	9.5842	2.6051	10.4158	69
22	.3746	9.5736	.9272	9.9672	.4040	9.6064	2.4751	10.3936	68
↓	真数	对数	真数	对数	真数	对数	真数	对数	角
	cos		sin		cot		tan		(余)

图名	附录C 路灯常用技术数据 资料（二十六）	图号	CZ9-3

角(度)	sin 真数	sin 对数	cos 真数	cos 对数	tan 真数	tan 对数	cot 真数	cot 对数	↑
23	.3907	9.5919	.9205	9.9640	.4245	9.6279	2.3559	10.3722	67
24	.4067	9.6093	.9135	9.9607	.4452	9.6486	2.2460	10.3514	66
25	.4226	9.6259	.9063	9.9573	.4663	9.6687	2.1445	10.3313	65
26	.4384	9.6418	.8988	9.9537	.4877	9.6882	2.0503	10.3118	64
27	.4540	9.6571	.8910	9.9499	.5095	9.7072	1.9626	10.2928	63
28	.4695	9.6716	.8829	9.9459	.5317	9.7257	1.8807	10.2743	62
29	.4848	9.6856	.8746	9.9418	.5543	9.7437	1.8040	10.2563	61
30	.5000	9.6990	.8660	9.9375	.5774	9.7614	1.7321	10.2386	60
31	.5150	9.7118	.8572	9.9331	.6009	9.7788	1.6643	10.2212	59
32	.5299	9.7242	.8480	9.9284	.6249	9.7958	1.6003	10.2042	58
33	.5446	9.7361	.8387	9.9236	.6494	9.8125	1.5399	10.1875	57
34	.5592	9.7476	.8290	9.9186	.6745	9.8290	1.4826	10.1710	56
35	.5736	9.7586	.8192	9.9134	.7002	9.8452	1.4281	10.1548	55
36	.5878	9.7692	.8090	9.9080	.7265	9.8613	1.3764	10.1387	54
37	.6018	9.7795	.7986	9.9023	.7536	9.8771	1.3270	10.1229	53
38	.6157	9.7893	.7880	9.8965	.7813	9.8928	1.2799	10.1072	52
39	.6293	9.7989	.7771	9.8905	.8098	9.9084	1.2348	10.0916	51
40	.6428	9.8081	.7660	9.8843	.8391	9.9238	1.1918	10.0762	50
41	.6561	9.8169	.7547	9.8778	.8693	9.9392	1.1504	10.0608	49
42	.6691	9.8255	.7431	9.8771	.9004	9.9544	1.1106	10.0456	48
43	.6820	9.8338	.7314	9.8641	.9325	9.9697	1.0724	10.0303	47
44	.6947	9.8418	.7193	9.8569	.9657	9.9848	1.0355	10.0152	46
45	.7077	9.8495	.7071	9.8495	1.0000	10.0000	1.0000	10.0000	45
↓	真数 cos	对数	真数 sin	对数	真数 cot	对数	真数 tan	对数	角(余)

图名	附录C 路灯常用技术数据资料（二十七）	图号	CZ9-3

参 考 文 献

[1] 中国建筑科学研究院. 国家建筑标准设计图集 [M]. 北京：中国计划出版社，2008.

[2] 吕光大. 建筑电气安装工程图集 [M]. 北京：水利电力出版社，1987.

[3] 张华. 城市照明设计与施工 [M]. 北京：中国建筑工业出版社，2012.

图名	城市照明安装工程施工图集	图号	CZ